第十三届中国（徐州）国际园林博览会

园林文化与艺术观风

秦 飞 邵桂芳 等著

中国建筑工业出版社

著　者
　　　秦　飞　邵桂芳　刘晓露　李旭冉
　　　言　华　种宁利　刘禹彤　董　彬

审　定
　　　单春生　孙冒举　何付川　刘景元

组织单位
　　徐州市徐派园林研究院

前　言

第十三届中国（徐州）国际园林博览会在住房和城乡建设部、江苏省人民政府的领导下，在各参展城市的共同支持下，在参建院士、大师的专业工作和全体规划设计、施工单位的共同努力下圆满建成开放！"绿色城市·美好生活"主题、"共同缔造""美丽宜居"理念、"生态、创新、传承、可持续"特色，彰显了本届园博会的宗旨，铸造了本届园博会的高度。本届园博会创造性地提出了"全城园博"营城理念，采取"1+1+N"联动模式举办园博会。其中，一个主展园实景展现34个省级行政区共39个展园，9个徐州国际友好城市展园，1个上合组织友好园和1个展现"徐风汉韵"人文本底的徐州园。

本书旨在对园博会主展园所再现的文化意韵和相地、理水、山石、建筑、铺装、雕塑、小品、植物景观等造园艺术特色进行解读，为游人理解、观赏园博会提供指引，为园林规划建设人士提供参考。本书具体撰著人员分工如下：《吕梁园博园记》秦飞撰著；第1章秦飞、李旭冉、邵桂芳撰著；第2章言华撰著；3.1、3.2节种宁利撰著，3.3节刘禹彤撰著；第4章刘禹彤撰著；5.1节言华撰著，5.2节种宁利、董彬、刘晓露撰著，5.3节刘晓露撰著；附录1由中国建设科技集团股份有限公司提供，种宁利整理；附录2由徐州市风景园林设计院有限公司提供，言华整理；全书由秦飞、邵桂芳统稿。本书编著过程中，徐州市住房和城乡建设局、徐州市园林建设管理中心给予了大力支持和指导；建设单位徐州新盛园博园建设发展有限公司、总规单位深圳媚道风景园林与城市规划设计院有限公司及各设计、施工单位帮助提供了相关资料；江苏省住房和城乡建设厅园林处、徐州市摄影家协会及相关人员提供了照片；中国建筑工业出版社的编辑们就本书编辑、校对和出版等做了大量细致的工作，在此特向他们表示由衷的感谢。

园博园内容浩瀚，园林艺术博大精深，编著者限于能力，书中难免论述不妥、疏漏讹误之处，恳切希望能得到各界专家和同行们的匡正。

编著者

2023年4月

目　录

吕梁园博园记 ··· 001

1 文化盛宴 ·· 006
  1.1 天人合一，古意化裁 ·· **007**
    1.1.1 中国造园的文化逻辑 ··· 007
    1.1.2 缘山度水，景与天调——天人合一宇宙观的落地 ········ 009
  1.2 景以载道，境以传意 ·· **011**
    1.2.1 同心同德，上善若水 ··· 013
    1.2.2 崇礼尚乐，尚中贵和 ··· 017
    1.2.3 自强不息，奋发有为 ··· 021
    1.2.4 负薪构堂，丹心永继 ··· 024
  1.3 西学东渐，异质同构 ·· **030**
    1.3.1 主客二分，性理秩序 ··· 030
    1.3.2 有容乃大，珠联玉映 ··· 034

2 相地、理水、山石艺术 ·· 043
  2.1 相地艺术 ·· **044**
    2.1.1 巧于因借，景以境出 ··· 044
    2.1.2 空间变幻，取舍合宜 ··· 047
    2.1.3 人地合宜，随势生机 ··· 053
  2.2 理水艺术 ·· **061**
    2.2.1 随曲合方，得景随形 ··· 061
    2.2.2 山水相映，动静交呈 ··· 063
    2.2.3 因境选型，借宜理水 ··· 065
  2.3 山石艺术 ·· **067**
    2.3.1 立意问名，以名抒意 ··· 068
    2.3.2 千石一碧，随形得趣 ··· 069
    2.3.3 片山有致，寸石生情 ··· 069

3 建筑艺术 ··· 074

3.1 场馆艺术 ··· 075
- 3.1.1 吕梁阁 ··· 075
- 3.1.2 清趣园建筑群 ··· 077
- 3.1.3 奕山馆 ··· 079
- 3.1.4 魔尺馆 ··· 081
- 3.1.5 创意园建筑 ··· 082
- 3.1.6 运河史话园建筑群 ··· 087
- 3.1.7 徐州园建筑群 ··· 090
- 3.1.8 一云落雨 ··· 094
- 3.1.9 隆亲门 ··· 098

3.2 园筑艺术 ··· 101
- 3.2.1 仿古风格 ··· 101
- 3.2.2 地域风格 ··· 107
- 3.2.3 民族风格 ··· 115
- 3.2.4 中外交融风格 ··· 120

3.3 铺装文化 ··· 123
- 3.3.1 传统图案的"清雅之韵" ··· 123
- 3.3.2 地域文化的"传承之韵" ··· 126
- 3.3.3 色彩构图的"恬淡之韵" ··· 127

4 入口、雕塑、小品艺术 ··· 129

4.1 入口空间艺术 ··· 130
- 4.1.1 文化谐融的自然景观 ··· 130
- 4.1.2 托物寄情的历史剪影 ··· 132
- 4.1.3 形式优美的视觉导引 ··· 135

4.2 雕塑艺术 ··· 138
- 4.2.1 传统文化符号的演绎 ··· 138
- 4.2.2 地域文化特征的凸显 ··· 141
- 4.2.3 时代特色的展现 ··· 144

4.3 小品艺术 ··· 144
- 4.3.1 汉韵古风公共园林小品 ··· 144
- 4.3.2 独有千秋省级展园小品 ··· 146
- 4.3.3 西风悠悠国际展园小品 ··· 149

5 植物景观艺术 ……………………………………………… 151
5.1 花境 152
5.1.1 路缘花境 152
5.1.2 滨水花境 154
5.1.3 草坪花境 154
5.1.4 林下花境 155
5.2 植物配景 157
5.2.1 山石配景 157
5.2.2 建筑配景 159
5.2.3 小品配景 162
5.2.4 园路植物景观 163
5.2.5 庭院植物景观 166
5.2.6 滨水植物景观 172
5.3 植物意境营造 175
5.3.1 接天莲叶，浮香华池 175
5.3.2 高松出众木，伴我向天涯 178
5.3.3 金粟奇芬，遥语广寒 179
5.3.4 棕林疏影，青波落霞 181
5.3.5 幽林花溪，桃源仙境 181
5.3.6 群芳争艳，莺歌燕舞 183
5.3.7 半塘烟柳，一树春风 184
5.3.8 花惹青岩，云田欢歌 185
5.3.9 绿缛争茂，疾风劲草 186
5.3.10 树树皆秀色，茫茫落丹青 188
5.3.11 竹林通幽，仰聆萧吟 189
5.3.12 山上层层桃李花，云间烟火是人家 191

附录1 第十三届中国（徐州）国际园林博览会之展园建筑技术 ……… 193

附录2 第十三届中国（徐州）国际园林博览会之展园植物配置 ……… 201

吕梁园博园记

庚子仲春①，徐州市获"第十三届中国国际园林博览会"承办权，于吕梁山麓建设主展园，欣而为记，以襄其盛。

壬寅建亥，吕梁园成，国博会臻②。环球襄展，园林精美绝伦。淑景荟萃，胜日泗滨脱尘。四海戮力，吕梁不知秋春。八方客至，彭城③满座朋宾。

古之吕梁，域小名胜；雄踞泗畔，连淮溯汴；风云聚散，佩刻苍穹。千里运河，喉吻胜地④：飞瀑过双碛，横梁亘一洲⑤；悬水三十仞，流沫四十里⑥；大河西来走长洪，建水直下青云中⑦。四千冬夏，鸾翔凤集：泗滨浮磬，后夔谐音⑧；宣父临洪，千年一叹⑨；骚人墨客，余韵流风。三千春秋，英雄聚散：大禹治水，凿川疏洪⑩；吕氏东徙，筑城营国⑪；刘项数度⑫，大汉济功。二千寒暑，樯橹遮天：河通汴泗，修缆牵船；客舫漕艘，舳舻千帆；舟车之利，福广八纮⑬。

嗟呼斗转星移，世事沧桑。黄泛泗水，吕梁蒙殃。山川沉寂，街市凋凉。水易

---

① 2020年3月11日，住房和城乡建设部办公厅下发《关于公布第十三届和第十四届中国国际园林博览会承办城市的通知》，确认"2021年在江苏省徐州市举办第十三届中国（徐州）国际园林博览会"。
② 2022年11月6日，"第十三届中国（徐州）国际园林博览会"开幕。
③ 徐州市区在先秦时被尧封给彭祖，彭祖筑城建大彭氏国。楚汉时，西楚霸王建都彭城（《史记·十二本纪·项羽本纪》）。至三国时，曹操迁徐州刺史部于彭城，彭城自始称为徐州。
④ 北宋·苏轼《答吕梁仲屯田》："吕梁自古喉吻地，万顷一抹何由吞。"
⑤ 元·刘梭《吕梁洪》。
⑥ 《庄子·外篇·达生》。
⑦ 明·王洪《夜过吕梁洪》。
⑧ 《郁离子·卷二·泗滨美石》。
⑨ 《论语·十二章·子罕》：子在川上曰："逝者如斯夫，不舍昼夜。"
⑩ 元·袁角《徐州吕梁神庙碑》记："神禹水功，龙门、吕梁惟。"
⑪ 《路史·周世国名纪》《左传·襄公元年》等载，"东吕故地"吕姓人迁到今徐州东南，仍称"吕国"。
⑫ 《史记》《汉书》载："彭城之战"后，"垓下之战"前，刘邦、项羽交战均经泗水吕梁南下。
⑬ 八方极远之地。《淮南子·墬形训》："九州之外，乃有八殥……八殥之外，而有八纮，亦方千里。"高诱注："纮，维也。维落天地而为之表，故曰纮也。"

竭，漕息城荒。园博举，再铸荣光。妙手丹青，院士教授谋华章。匠心独运，大师工匠筑苑场。地灵人杰，徐州儿女齐奋强。物华天宝，环球风光落汉乡。

放眼吕梁，一湖四岭，山拥水佑；峰巃溪曲，二龙抱珠；悬水碎金，香雾氤氲；天姿灵秀，其气宽舒。被山缘谷，丰草绿縟争茂；循阪下隰，佳木葱茏可悦。松竹柏桧，银杏英桐，枫榉榆栎，楧梿枇杷，豫樟并间，实叶葰楸，连卷榴椅。海棠梨杏，桃李榴梅，樱栾柏椿，丹桂玉兰，紫薇白蜡，虬枝扶疏，落英幡缅。绦柳棉槐，蓼蒲兼葭，菰莞蔺芋，芙蕖风菱，猗狔从风，不可胜图。新曦透霭，繁花带露香。彩云轻拢，蜂蝶戏花房。拂林随雨，鸢鹭翔山岗。乌金西坠，燕雀追残阳。众芳芬郁，乱于五风①，视之无端，察之无量。

走进吕梁，三廊一心②，构画经纬。徐风汉韵，梁王城肇③；马道长车，汉苑楼台④；嵌岩生秀，洞天翠帷⑤。运河诗画，柳影烟堤；明清画院，宋韵商肆；杏林花溪，唐泗飞玑。秀满华夏，礼乐南风⑥；海山仙馆，依山望泓⑦；澄塘天鉴，清趣鸿晖⑧。稚子野趣，儿童中心；树屋木乐，迷径森林；沼池沙埋，稚子试闱。卷玉字屋，奇构溪口映翠绿；竹技箬笠⑨，高棚源出万琅玕；悬树⑩凌波，续大汉之奇技；阁⑪出重霄，壮冈峦之峭巍。华夏全景，一园齐晖。七彩南道，墨章北疆；晕染西域，水韵东维⑫。环球襄展，友城助威。俄德芬法奥，日韩南北美；上合好伙伴，八国和岩扉。水木清华，展世纪园林；天高地迥，觉宇宙宏徽。

群苑争艳，卅四精萃⑬，巧夺天工，颠倒乾坤。白浮泉、拜源亭，木香廊、远瀛观，仙槎泛、远钟阁，玉虹桥、烟柳堤，水云榭、白莲潭、红鳞沼、芰荷香，悬水壁、吕梁轩，京畿运河北京园。津萃廊、津萃轩，汇津牌楼、西洋马车，美泉叠水、

---

① 语出西汉·枚乘《七发》，原指植物释放出来的物质，引为对人的保健作用。
② 展园布局包括"徐风汉韵廊""运河文化廊""秀满华夏廊""儿童友好中心"四部分。
③ "梁王城"——徐派园林的起源叙事区。
④ 汉代徐派园林叙事区。
⑤ 采石宕口花园——当代徐派园林生态修复叙事区。
⑥ 入口景观区。
⑦ 何昉大师创作设计的特色园林景观。
⑧ 孟兆祯院士创作设计的"清趣园"。汉·应瑒《正情赋》："发朝阳之鸿晖。"
⑨ 字屋、卷玉、箬笠、竹技园为孟建民院士创作设计的四个特色园林景观。
⑩ 徐派园林园中特色建筑仿汉代悬水堂榭。
⑪ 张锦秋院士创作设计的"吕梁阁"，位于展园中心山岭之巅。
⑫ 东维、南道分别为古代东方、南方的别称。
⑬ 指34个省级行政区展园。

百年楼园，津彩荟萃天津园。巍巍太行、燕赵慨歌，西柏坡院、俱卓村城①，紫岩飞瀑、清澜荷池，云亭观胜、清廊揽香，弦歌未止石家庄。管涔山、汾源亭，涌泉叠瀑、花谷剪影，汾河晚渡、晋阳八景，汾水新姿太原园。白骏昂首、细草微风，穹庐夜月、塞北眺台，多彩鄂博、重装再驰，西风应时内蒙古园。新乐破晓，辽塔夕照，盛京胜景，铁铸新辉，辽水依然沈阳园。白山寻鹿、林深溪曲，绿波流影、松江浮光，冰雪仙野长春园。飞龙乘云、雪雕冰墙，火山石景、森林木屋，鄂伦风情黑河园。苏州河栈、黄浦江水，岩石台地、历落五园②，光影秀场、都市舞台，海派精神上海园。竹香馆、会心亭，三曲桥、荡月廊，若墅堂、翠屏轩，松风迎客、梧竹清韵，幽然山居苏州园。香影榭、濠濮轩，楼揽胜、廊爬山，山亭远眺、盆中缩龙，秋林野趣、松下访菊，运河古韵扬州园。湖心岛、镜芳亭，长堤河埠、湖居古井，溪涧叠瀑、龙井茶园，竹隐云舍、问茶寻香，西湖人家杭州园。小九漈、小龙湫、江心屿、谢公亭、蚱蜢埠、石门台，行游山水、廊桥卧波，小须弥境、咫尺山林，瓯江蓬莱温州园。洗耳池、廉泉亭，庐趣透景、四水归堂，木雕森语、科技新风，徽风韶华合肥园。鹭明轩、流香亭，凌云桥、藏海廊，闽南大厝、鼓浪剪影，天风海涛厦门园。海昏汉韵、徐庭烟柳，东湖夜月、江右贾德，瓦罐吐雾、唐序长吟，古韵豫章南昌园。海誓礁、海云台，起云亭、赶海行，浮生记、云墙书，仙境海岸烟台园。夯土墙、溯心廊，嵩阳院、予茶阁，天光竹影、山水清音，寻真之道、九曲黄河，溯源寻根郑州园。长河觅迹、千叶融春，天津晓月、牡丹画屏，丹诗花韵、国色天香，富贵花开洛阳园。牌坊望楼、楚亭渚宫，曲池水榭、芙蓉芰荷，楚韵流芳武汉园。水雾泉、小瀛洲、吹香亭、东池阁，清歌采莲、岸芷汀兰，繁花绮梦、柯叶吟风，瀛洲瑶台、登堂致知，东池胜境长沙园。岭南廊苑、别有洞天，云山广场、珠水涟漪，奋发向上、智慧之厅，南粤花城广州园。呼吸步道、呼吸平台，呼吸水镜、呼吸涟漪、呼吸构架、呼吸肌理，时代新潮深圳园。同心楼、望乡亭，天籁池、贝侬桥，听蛙鸣、盼鹭归，骆越兴、敢壮山，铜鼓之路、金鼓迎宾，闻声寻桂南宁园。骑楼印象、黎苗图腾，雷琼火岩、椰风海韵，扁舟共济海口园。江行千里、坐石临流，秀湖滴翠、沁芳坡田，院坝茶叙、渝崖山廊，江滩潭瀑塘溪涧、梯坎台壁廊楼院，巴渝风情重庆园。佳音泉、文君坊，凤凰池、抚琴台，绿绮亭、合音廊，千古情话成都园。龙泉井、凤凰山，麒麟玖、品酒轩，金樽堡、回香廊，

---

① 西柏坡村和石家庄的故事。
② 五彩台地花园、旱生岩石花园、艺术云雾花园、山涧雕塑花园、谷间芬芳花园。

醉美酒城泸州园。木屋半山立、梯田满坡叠，云巅流涧、石壁奏泉，挑台谷仓、苗侗木楼，史诗苗绣贵州园。滇南泽、怡水台，纳罗虫、红嘴鸥，祥云献瑞、洞天花园，裁云剪水、月貌云容，云上秘境昆明园。冰川绝壁、玛尼石堆，格桑花海、阿嘎碉房，望断层梯瑞石、思连绝顶云天，雪域林卡西藏园。鼓舞安塞、水漾三秦，红色记忆、宝塔指引，全运盛典、时代新辉，三秦颂歌陕西园。莫高月牙、大梦敦煌，马窑汩锦、交响丝路，如意甘肃兰州园。彩陶盆、湟源灯，庄廊院、宁阅亭，雪山雪豹、沙草羚羊，河湟雅苑西宁园。贺兰岩刻、六盘红星，黄河湿地、朔方观景，连亭酒庄、河西风情①，塞上江南银川园。雄关漫道、大漠绿洲，丝路古语、万里同风，台地净水、维风民居，雪山在望、登峰品莲，长风万里新疆园。洋紫荆、泉石珠，雷生春、唐牌楼，维港剪影、旧街招牌，东方之珠香港园。龙环葡韵、金莲荷香、三巴圣迹、踏莲挽风，逸兴闲情澳门园。兰花谷、红桧林，阿里樱花、玉山枫林，少年会馆②、日月映潭，卑南风情台湾园。

　　东西意理，亨嘉之会，清流泛滟，十园十美③。花园玻吧、泉林水盘，几何花田、动物庇所，共享花园圣艾蒂安（Saint-Étienne，法国）园。五线谱、全音符，蘑菇塔、水幕墙，音符广场、音乐小品、琴键旋梯，爱乐之旅雷奥本（Leoben，奥地利）园。洋葱头、蘑菇眼，铁艺钟楼、伏特加屋，天鹅舞曲梁赞（Рязань，俄罗斯）园。酒瓶墙、啤酒屋、织布梭，波茨拉巨匠，速度激情埃尔福特&克雷费尔德（Erfurt & Krefeld，德国）园。篝火地、桑拿室，花境池塘、湖沼之国，芬兰之根拉彭兰塔（Lapeenranta，芬兰）园。生命花房、水母含秋④，朝圣旅程萨尔塔（Salta，阿根廷）园。披香亭、陂塘莲、九节草、韩风亭，木槿花开井邑（Jeongeup，韩国）园。狐狸像、狐形屋，镜池樱树、灵石花境，童话王国半田（Hanada，日本）园。火山坑、峭壁岩，瀑布小溪、壁画广场、疏林草地，阳光花园摩根敦（Morgantown，美国）园。上合门、上合猜、上合景、上合装，同心纽带、八音克谐⑤，家园意向、国旗指引，红橙蓝白上合园。

　　美哉吕梁！周览泛观，缤纷轧苏；寻幽探胜，目不暇接；仰取俯拾，渴饮琼

---

① 元·马祖常《河西歌效长吉体》："贺兰山下河西地"。
② 卑南人特色"猴祭"场所。
③ 园博园国际展园恰好为十个。
④ 元·萨都剌《虾助诗》："层涛濡沫缀虾行，水母含秋孕地灵。"以水母代指散布全园的卵形景石。
⑤ 语出《尚书·尧典》，原意"八种乐器奏出的乐音达到和谐"。引指八个成员国园及其"团结互信、共同发展"的"上海精神"。

浆。苍苍烝民，扶老携幼观游园；才子佳人，林沚花前秀爱恋；八方群贤，千诗百赋录炜煌。噫嘻吕梁，园兴城荣；运系国强。雄图宏阔，史乘昭章。仰以察古，俯以观今，一洪一园，一衰一昌。衰在断鹤继凫[①]，旺在进退有常。懈之怠之，盛世难久；奋之斗之，伟业永长！

吕梁如斯，天下岂非如斯哉！

---

① 指朝廷违背自然规律、人为改变黄河主流方向，致使徐州运河败落。

1
文化盛宴

"园林应以文化为魂"。第十三届中国（徐州）国际园林博览会主展园秉承文化传承之功用，全面展现徐州"徐风汉韵"历史文化魅力的同时，融国内外优秀地域文化于一园，缤纷荟萃、交相辉映，让宾客领略一场精彩纷呈的"文化盛宴"。

1.1 天人合一，古意化裁

金柏林先生在《理解园林文化》一文中指出："中国的园林艺术有两千多年的历史，是在世界上独成体系又影响深远的东方园林的代表。它的发展虽有盛衰曲折，但其主流一直是在为'天人合一'这个中国传统的宇宙观探索并创造最理想化的直观的艺术表现形式。它是中国人把自然人化和把人自然化的艺术方式，也就是中国园林最基本的文化内涵……殊不知，中国园林里固然附有大量的匾联题刻，也有典故传说，但是其文化的真谛却在于造景。"[①] 园博园的景观营造，将当今文化关注的生物多样性、人类文明多样性的价值理念，与"天地运而相通，万物总而为一"的传统哲学相契合，时宜得至，古意新好，集中华造园文化之精粹。

1.1.1 中国造园的文化逻辑

《国语·郑语·史伯为桓公论兴衰》曰："和实生物，同则不继。"中国古典哲学在某种意义上说是一种生命哲学，儒道释各家皆从不同角度阐释生命。老子《道德经》曰："人法地，地法天，天法道，道法自然。"《庄子·齐物论》云："天地与我并存，万物与我为一。"《论语·阳货篇》提出："天何言哉？四时行焉，百物生焉，天何言哉？"《孟子·尽心上》曰："尽其心者，知其性也。知其性，则知天矣。"老庄从天的方面奠定了哲学"道法自然，天人合一"观的宇宙论基础，孔孟从人的方面奠定了哲学"道法自然，天人合一"观的人生论基调。在这一哲学思想的土壤之上，中国古典园林艺术作为另一种形象性的存在，形成了厚重而浑然天成的生命精神和造园理念[②]（表1.1.1-1）。现代学者在传统哲学思想影响下，于借鉴中演绎出丰富多样的园林造园理论和方法，代表性的有孟兆祯的"人与天调、天人共荣理念"和"孟氏六边形法则[③]"、孙筱祥的"风景园林三境论"、刘滨谊的"风景园林三元论"、李树华的"风景园林三才观"、俞孔坚的"天地–人–神和谐理念"等，形成了符合现代人们审美需要的造园文化（表1.1.1-2）。

[①] 金柏林. 理解园林文化 [J]. 中国园林，2003（4）：51-53.
[②] 袁梦，俞楠欣，陈波，等. 中国园林造园理念的源流与发展 [J]. 浙江理工大学学报，2019，42（4）：414-422.
[③] 孟兆祯院士创立的中国园林规划设计"立意—相地—问名—借景—布局—理微—余韵"法理序列。

中国传统哲学思想影响下的造园理念 表1.1.1-1

哲学思想		核心内容	造园理念
主体思想	儒家	"仁义""礼乐""君子比德""中庸思想""尽人事,听天命",提倡发挥人的主观能动性,顺应自然变化的规律	崇尚自然之美,重视筑山、理水;注重秩序感;讲求园林的"和谐"之美
	释家	"众生平等""人在宇宙之中,宇宙也在人心中,人与自然两者是浑然如一的整体",强调"顿悟"与"自解自悟"	崇尚"淡""雅"之风;重视客观的"景"与主观的"情"的联系和意境的营造
	道家	"人法地,地法天,天法道,道法自然",主张出世、回归自然的境界	师法自然,合理、适当地改造自然;重视对自然美之中"道"与"理"的理解
	天人合一	"天地与我并生,万物与我为一",人类不能悖逆自然界的普遍规律,崇尚"天人谐和"	"虽由人作,宛自天开""外师造化,中得心源"
衍生思想	隐逸	"全性保真,不以物累形""小隐隐于野,中隐隐于市,大隐隐于朝"	寄情山水,注重物景与意境的营造,发扬以"自然美"为核心的美学观
	风水	"太极泛存观""场气万有观""场气导引观"	"负阴抱阳,背山面水"等原则,始终将"天成"与"人为"的关系整合如一
	神仙	老庄学说与原始的神灵、自然崇拜融揉在一起产生的神仙思想,古人面对不可抗拒灾难表现出的反抗意识	"一池三山"模式的产生,注重情境的体现

当代造园文化的创新 表1.1.1-2

造园理念	代表人物	核心内容
人与天调、天人共荣	孟兆祯	人是自然的,是社会的,两者的结合就是对宇宙论的诠释,即"天人合一"。充分尊重自然,强调人的主观能动性
三境论	孙筱祥	中国文人园林的创作过程是:首先创造自然美和生活美的"生境";再进一步通过艺术加工上升到艺术美的"画境";最后通过触景生情达到理想美的"意境",进入三个境界互相渗透、情景交融的高潮
三元论	刘滨谊	风景园林应包括环境生态、空间形态、行为活动三部分,优秀的景观环境效果必定包含着三元素的共同作用。由"风景园林三元论"发展而来的"人居环境三元论"概念,更强调"人居"概念,三大构成要素为人居背景、人居活动、人居建设
三才观	李树华	由天、地、人三要素共同作用于场地并形成特定的人居环境,在"三才"中一般为天决定地,地决定人,最终表现为天人谐和
天地-人-神和谐	俞孔坚	景观设计应遵从自然规律,遵从人的需求,遵从地方历史文脉,追求天地、人、神的和谐

基于中国哲学思想的造园文化逻辑，突出表现有四个方面的造园特色：一是道法自然，万物一体。中国园林在营构布局、配置建筑、山水、植物方面力求与自然融为一体，努力突出自然美，避免形式上的齐整，力求达到"虽由人作，宛自天开"的最高创作境界。二是巧于因借，虚实相生。造园家运用"借景"等造景手法使得园林曲折回环而变幻莫测。借景是借景言情，它将自然与生活紧密相连，这种手法极大地丰富了园林美的层次，以达到人与自然的和谐贯通境界。三是文景相依，诗情画意。中国园林追求自然天成之美，又以诗画入园，诗情画意，互为渗透，融二为一，形成"园中有诗画"的境界，使得游人在游览过程中，体悟出"人在画中游"的感受。四是外师造化，中得心源。这是唐代著名画家张璪提出的绘画理念。画理如此，园林建造亦是同理。中国园林是感性、主观的写意，通过对自然及其景观元素的类型化、抽象化使造园者赋予园林的精神传递给游园者。人们复杂的情感与自然景物的朝夕变化产生共鸣，自然美景与生活图景交融，形成融合了社会生活、自然环境、诗画意境的可居可游的园林空间。

1.1.2 缘山度水，景与天[①]调——天人合一宇宙观的落地

园博园具有很强的人为特征，造园创作中秉承中国造园的文化逻辑，缘山梳景，入奥疏源，就低理池，顺势筑路，随境布园。

首先，"不削山"，竖向顺应地形，保护好场地的地形地貌整体性。全园竖向设计顺应现状地形特征，不作大的土石方迁移，使规划前后山形山势保持一致。其次，"不砍树"，对土层厚度在30cm以下、没有剖面发育、结构不良、营养成分贫乏、石砾含量大、岩石裸露的山体中上部成片山林实施全面保护。展园为石灰岩山地，森林植被为20世纪50~60年代营造的人工林，保护好这些树木，不仅是保护了场地的生态基调，而且还保存了场地的历史。最后，"破坏区域生态修复"，对园博园选址内遗留的数处危崖乱石裸露、植被无存、岩体破碎的宕口区，通过生态保护、宕口修复、绿色基础设施等策略，以宕口修复利用为特色，完善山林、水体等生态系统，构建分级保护区域，建立多样化生态科普体系，形成生态特色。

在尊重"一湖四岭"山水肌理、保护现状青山绿水、和合自然地形地貌的基础上，综合各参展园的造园需要，进一步提炼出"一湖四岭三溪百池"的山水格局——依据现有山体、水体特征及场地高程梳理规划形成的湖、溪、池（潭、塘）、

---

① 指园址立地条件。

堤、坝、岸等不同尺度、不同形态的水景，形成岭、溪、池、湖四大类山水景观系统，并在雨水收集、径流管理、行蓄泄洪、管网建设、平台搭建等方面与海绵理念相结合；在此基础上，结合园博园需求进行设计要素的抽象提炼，打造具有强烈徐州地域生境特色的基础景观系统，得自然绿水青山之趣，达成既符合园博园功能需要，又充满中国传统造园哲学"天人合一"的理想境界。

保护与开发的和合——规划道路选线和设计因山就势。通过 GIS 分析，合理利用现状地形地貌，主展馆奕山馆等中大型建筑物选址主要利用既有采石宕口，用建筑整体以向上生长的态势修补缺失的山体，最大限度地还原原始地形特点，在实现功能目的的同时，完成人工对自然的修补（图 1.1.2-1）。

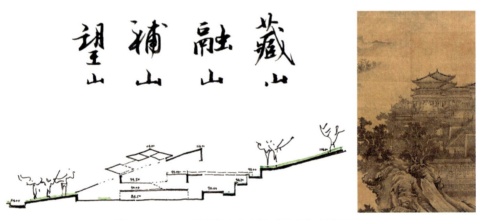

图 1.1.2-1　王建国院士奕山馆"补山"创意手稿

规划突出吕梁阁、主展馆和游客中心（主入口）建筑的地标性，其他建筑控制为小体量建筑形式，实现建筑与山体、植被、水系的有机融合。"吕梁阁"设在园中孤峰的峰顶，功能兼顾森林防火，阁高与山体相对高度比符合 0.618 的黄金分割，壮冈峦之体势。各展园主要布置在山体下部和谷地，展园标高均依山就势，坡地式布置，展现出层花叠树、层楼叠榭的景观效果。奕山馆[①]（综合馆暨自然馆）以"补山、藏山、融山、望山"为设计理念，建造了一座展示城乡建设、自然资源、生态保护、园林艺术及地域文化的室内综合展览馆。

---

① "奕"意美的，《诗经·大雅·韩奕》："奕奕梁山"；又意累（积）、重（叠）。建筑以汉代层台琼阁建筑抽象转换组合的形体组织，以山势衬建筑、建筑奕山势，实现宛若天开的自然效果，故名"奕山馆"。

景观与雨洪的和合——建设区域位于山林谷地，以现有自然形成的汇水沟为基础，充分考虑各个山坡汇水面，规划台地水景、雨水花溪等内部景观水系，既有收集山体及场地汇水之功，又起提升景观之效。整修山脚和悬水湖（水库）泄洪道，建设生态驳岸，生态化解决场地雨洪排放问题。规划设计中突出水韧性设计、生态修复技术，以依山观

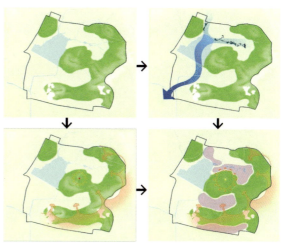

图 1.1.2-2　园博园"一湖四岭"山水格局梳理

湖、织补宕口、立体园林等设计手法，体现自然的东方气质，展现新时代生态园林新方式和新工艺，共同为行业和社会贡献传世之作（图 1.1.2-2）。

各展园的地形利用与再塑，则演绎出各具鲜明地域文化特点的天人合宇宙观。如广西（南宁）园"依山而建，傍那（田）而居"，水土较好的坡脚辟为耕作空间，山腰作为居住空间，山顶作为"水土保护林"，体现了壮族人民取之有度、与大自然和谐相处的"可持续发展的生态智慧"（图 1.1.2-3）。贵州园"八山一水一分田"的总体布局设计，充分体现了贵州人民合理开发和利用自然资源、建设山水田园诗意栖居环境、实现人与自然和谐共生的智慧（图 1.1.2-4）。吉林（长春）园通过"白山寻鹿""林深鹿影""鹿谷林语""卧鹿涟漪"的层层递进，以蜿蜒的白色挡墙设计来引导游览路径，白色挡墙从入口的景墙延续而来，将人们引入森林峡谷，走进蜿蜒的九曲夹道，徐徐展开一幅"山谷处觅林、遇水时见鹿"的优美自然画卷，传达对自然山水的意境追寻，开启了自然与人文的对话（图 1.1.2-5）。宁夏（银川）园则通过绿色低碳、节水节能和抗旱植物，诠释了宁夏人民在"九曲黄河万里沙"环境下实现与自然和谐共生的"塞上江南"成果（图 1.1.2-6）。

1.2　景以载道，境以传意

"中华优秀传统文化是中华民族的基因、文化血脉、精神命脉。"园博园"人为本，园为形，境为意，景以载道，境以传意，形意兼备"，彰显了中华优秀传统文化的深厚内涵，显示出中华民族的"精气神"。

图 1.1.2-3 广西（南宁）园与广西民居

图 1.1.2-4 贵州园与贵州民居

图 1.1.2-5 吉林（长春）园"林深鹿影"与"鹿乡"

图 1.1.2-6 宁夏（银川）园景观与"塞上江南"

1.2.1 同心同德，上善若水

《尚书·周书·泰誓中》记："惟戊午，王次于河朔，群后以师毕会。王乃徇师而誓曰：'……予有乱臣十人，同心同德。虽有周亲，不如仁人……乃一德一心，立定厥功，惟克永世。'"综观中华民族发展的历程，56个民族水乳交融、互相尊重、互相关怀、互相促进的道德情怀，使中华民族成为世界民族之林中唯一绵延五千年不衰的民族。《老子·道经·第八章》曰："上善若水，水善利万物而不争，处众人之所恶，故几于道。"水在中国哲学、伦理学思想体系中具有至高无上的地位，也是中国园林最重要的精神载体。"同心同德、上善若水"是全体中华儿女思想统一、信念一致、和谐共生的精神特质和优良传统。

徐州园（徐派园林园）的"台地城苑"体现的是徐州深厚的"仁"文化。文化元素的提取主要依据考古发现：一是商周时期梁王城遗址，由大城和宫城组成，宫城位于高台地之上成为台城，大城发现有人造园景的遗迹，又据文字记载，华夏大地最早"行仁义"者徐偃王。"梁王城"出土的

图 1.2.1-1　徐王粮鼎及其铭文

春秋早期"徐王粮鼎"（图 1.2.1-1）有铭文："余邑（徐）王井量（粮）用其良金，铸其馐鼎，用鬻（羹）鱼腊，用饔（雍）宾客，子子孙孙，世世是若。"[①] 铭文体现了《论语·学仁》所言："泛爱众，而亲仁。"二是梁王城遗址旁的"运女河"，传说是梁王的女儿与兰陵王的儿子喜结连理，二王为了梁王的女儿能经常安全地来往于娘家和夫家，在两城之间开的一条水路，运女河承载的是二王对梁王女儿满满的爱。徐王粮鼎与运女河的故事都体现了徐州的"仁"文化（图 1.2.1-2）。

安徽（合肥）园的"四水归堂"采用片墙与长廊结合的形式，围合成一个具有徽派建筑特征的合院空间，雨天时，雨水沿滴水檐落下自成雨帘，水落到地面后，顺地面上的线状水槽，汇集到庭院中心，传达出"四水归堂"的寓意，隐喻

---

① 吴振武. 说徐王粮鼎铭文中的"鱼"字 [C]// 中国古文字研究会，华南师范大学文学院. 古文字研究：第二十六辑. 北京：中华书局，2006：224-229.

合肥"合纳四方、开放共享"的城市精神（图 1.2.1-3）。京杭大运河是世界上最古老、里程最长、工程量最浩大的运河之一，它将全国的政治中心与经济重心连接在一起，将不同江河流域的生产区域联系在一起，同时，它也是一条商贸、驿务、政务融合，多民族融合的文化之河。北京园以"运河源"立意，集中了北京运河文化的精粹，设"十泉麓""拜泉亭""寻泉磴""白浮神碑"等北京"运河源"标志性景点，与"吕梁轩""悬水壁"等相呼应，讲述了北京与徐州两地的大运河故事，让游人体会文化碰撞、融通的无限魅力（图 1.2.1-4）。广西（南宁）园的"天籁池""贝侬桥""同心楼"表达了壮族与其他民族携手并肩、唇齿相依的"同心同德"思想（图 1.2.1-5）。台湾园以宝岛状水脉环绕，寓意两岸一脉相承，同根同宗同源（图 1.2.1-6）。

图 1.2.1-2　徐州园中的徐王粮鼎和运女河

图 1.2.1-3　安徽（合肥）园"四水归堂"与徽派民居

"漕运乃国家大事"石刻

乾隆咏徐州诗文墙

远钟阁[①]

图1.2.1-4 北京园"运河源"文化景观与通州"京城大运河之门"

---

① 位于湖堤东南端的"远钟阁",构思源自京城大运河之门——通州的标志性景观。通州有三座标志性高层古建:燃灯塔、文昌阁、钟鼓楼。远钟阁集三者要素为一体,并以"钟声"作为北京园以及"运河文化廊"景区的点睛之笔。

燃灯塔　　　　　　　　　钟楼　　　　　　　　　鼓楼

图 1.2.1-4　北京园"运河源"文化景观与通州"京城大运河之门"（续）

图 1.2.1-5　广西（南宁）园"民族同乐一家亲"表演

图 1.2.1-6　台湾园文化景观

1.2.2　崇礼尚乐，尚中贵和

从某种意义上说，"礼乐教化"是古代中国社会政治制度最基本的观念，也是思想文化、人文教育制度的基本观念，体现在中国传统文化的各主要部分，中华民族是以礼乐继世的。《说文解字》云："豊，行礼之器也。从豆，象形"，说明"豊"即上古时期的祭祀仪式。"豆"，即作为乐器的"鼓"。"乐"是古代乐舞、乐曲与乐歌的统称。《礼记·乐记》指出："凡音者，生人心者也。情动于中，故形于声。声成文，谓之音。""乐者，通伦理者也。""礼乐皆得，谓之有德。"可见人的"声"是动于情而发，具有某种生物性，而"音"则是"声"之"成文"，具有了人文性。但是只有"乐"才通于伦理，包含着道德因素。所以，"礼乐教化"中的"乐"是包含道德因素的，"乐"从属于礼，是礼仪的重要组成部分。

礼乐之体，八音之中，则以磬为主。磬古字写作"殸"，最早见于甲骨文，《说文解字》解磬曰："乐石也。从石殸。象县（xuán）虡之形。殳，击之也。古者母句氏作磬。殸，籀文省。硁，古文从巠。"说磬是一种用石或玉制成的形状像曲的尺打击乐器。古人重磬音，或者说重石声，由来已久。《尚书·虞书·舜典》记："帝曰：'夔！命汝典乐，教胄子，直而温，宽而栗，刚而无虐，简而无傲。诗言志，歌永言，声依永，律和声。八音克谐，无相夺伦，神人以和。'夔曰：'于！予击石拊石，百兽率舞。'"明·朱载堉《律吕精义》道："呜呼，古之圣君能兴乐教者，莫如舜；古之贤臣能明乐事者，莫如夔。然舜命曰八音克谐，而夔惟以击石为对，则石乃八音纲领可知矣。"[1]北宋·陈旸在其《乐书》中特别阐释了何以八音之中以石磬为重：

---

[1] 朱载堉. 律吕精义：卷九·石音之属·总序[M]. 冯文慈，点注. 北京：人民音乐出版社，1998：716.

"有虞氏命夔典乐，击石拊石，至于百兽率舞，庶尹允谐者，由此其本也。盖八卦以乾为君，八音以磬为主，故磬之为器，其音石，其卦乾。又云：古人论磬，尝谓有贵贱焉，有亲疏焉，有长幼焉，三者行然后王道得，王道得然后万物成，天下乐之。故在庙朝闻之，君臣莫不和敬；在闺门闻之，父子莫不和亲；在族党闻之，长幼莫不和顺。夫以一器之成而功化之敏如此，则磬之所尚，岂在夫石，盖存乎声而已。"[1] 八音以磬为主，乃君主之象征，以磬声寓贵贱、亲疏、长幼有序，而王道兴，万物成，帝王制礼作乐，意在化成天下，而特别标举磬声如何功化最敏，也正是以石磬为礼乐之核心象征的意思。因此，在具体的乐声协奏中，石磬实际起到定音与始音、并始终节音的功能，遂为一部乐声八音齐奏的纲领。

磬之优者，无出徐州（图1.2.2-1）。《尚书·夏书·禹贡》记载的贡品"泗滨浮磬"即来自徐州。《尚书正义·卷六·禹贡》"正义曰：泗水傍山而过，石为泗水之涯，石在水旁，水中见石，似若水中浮然，此石可以为磬，故谓之'浮磬'也。"园博园即坐落在"泗滨浮磬"之产地"泗滨"——吕梁洪[2]，主入口以礼乐文化为魂进行现代转译，结合古乐的篇章结构，设置韵律地形、古乐喷泉、观礼广场、翠笠廊，配以汉式主体建筑"隆亲门"[3]（主入口暨游客服务中心）整体雄浑的体量，充满"礼乐迎宾"的汉家风度和气派（图1.2.2-2）。

图1.2.2-1　徐州地区磬石——灵璧石和吕梁石

---

[1] 陈旸．乐书[M]// 中国古代音乐文献集成：第2辑第4册．北京：国家图书馆出版社，2011：164.
[2] 朱曙辉，霍美丽．灵璧磬石文化溯源考[J]．宿州学院学报，2021，36（5）：19-24.
[3] "隆亲"，隆意"盛大、兴盛。""隆亲"意思是所尊崇的、所亲爱的人，表示对游客的尊敬。南北朝·谢灵运《赠安成诗》："棠棣隆亲。颇弁鉴情。"宋·王日犟《云安监劝学诗》："蜀学乃孤陋，师友须隆亲。"杨简《蒙检讨封送所与诸同朝倡酬盛作乍拙愧后砾》："传闻归燕隆亲睦，天上云韶拱玉杯。"

图 1.2.2-2　隆亲门"礼乐迎宾"

《礼记·儒行》说:"礼之以和为贵。"《礼记·燕义》亦曰:"和宁,礼之用也",强调世间的和谐正是礼乐的最大功用与宗旨。《礼记·中庸》又说:"喜怒哀乐之未发,谓之中。发而皆中节,谓之和。中也者,天下之大本也。和也者,天下之达道也。致中和,天地位焉,万物育焉。""中"与"和"不仅是对人的情感与行为的伦理规定,也是对人类行为的理想道德状态的描述,乃天下之"大本"与"达道"。因此,"礼交动乎上,乐交应乎下,和之至也……故观其礼乐,而治乱可知也。"(《礼记·礼器》)"故乐者,天下之大齐也,中和之纪也,人情之所必不免也"(《荀子·乐论》)。"礼乐中和"不仅说明了一个人内心平和、安宁的状态,也描绘了一个各民族之间、各种文化之间、人与自然之间,能够相互尊重、并行不悖、和谐共生的世界。广西(南宁)园以"铜鼓"为文化主线,"闻声寻桂,壮美广西""鼓乐喧天,风调雨顺",将各族人民心手相牵、团结奋进的精神细致地展现出来(图 1.2.2-3)。清趣园"彭城水驿"东连"团金亭",西接"拥翠客舍",不忘"有朋自远方来不亦乐乎"之初想(图 1.2.2-4)。徐州 - 上合友好园"一带一环八园"共铸"上合之美、美美与共"的精神风貌,诠释了尊重多样文明、谋求共同发展的"上海精神"(图 1.2.2-5)。

图 1.2.2-3　广西（南宁）园"鼓乐表演"

图 1.2.2-4　清趣园"彭城水驿""团金亭""拥翠客舍"

图 1.2.2-5　徐州-上合友好园

1.2.3　自强不息，奋发有为

《易传·乾·大象》曰："天行健，君子以自强不息。"原意说的是"君子"明"天道"，以"健"及"自强不息"为基本特征。引申为作为优秀的人，遵循天道运行不殆的精神，严苛律己，坚忍不拔，迎难而上，积极进取、永不懈怠，不断"革故鼎新"，使有限的生命获得永恒价值。王安石说"君子之道始于自强不息"，司马光言"君子进德修业，自强不息也"，苏轼亦曰"君子庄敬日强"，把"自强不息"的人格精神确立为行为准则，要求人们以一种革新的姿态，适应并推动社会发展。

日往月来，时移世易。在中国历史上"自强不息"所承载的刚健有为、奋进不止的精神历久弥新，始终感召和激励着人们勇往直前。诚如鲁迅所言："我们从古以来，就有埋头苦干的人，有拼命硬干的人，有为民请命的人，有舍身求法的人……这就是中国的脊梁。"习近平总书记在一系列重要讲话中多次引用"自强不息"之语，强调"自强不息"精神的重要性，指出："正是这种'天行健，君子以自强不息''地势坤，君子以厚德载物'的变革和开放精神，使中华文明成为人类历史上唯一一个绵延5000多年至今未曾中断的灿烂文明。"①

---

① 习近平.在庆祝改革开放40周年大会上的讲话（2018年12月18日）[M].北京：人民出版社，2018.

重庆园通过场地空间序列的开合变化，演绎了一出"九天开出一仙乡"的行江—上崖—涉水—爬坡—望渝—汇聚—揽胜—回味的体验流线，生动展现了勤劳勇敢、不怕困难、勇往直前的巴蜀精神（图1.2.3-1）。台湾园主体以卑南族少年会馆

图1.2.3-1　重庆园景观与重庆古典民居

为核心,通过"猴祭"文化的演绎,展现卑南族人民"乐天知命、勤奋努力"的精神(图1.2.3-2)。上海园通过面向未来的新型展园景观"山水新赋"揭示上海人民海纳百川、兼容并蓄、追求卓越、勇于创新的"海派文化精神"(图1.2.3-3)。

图1.2.3-2 台湾园少年会馆与卑南族会所

图 1.2.3-3 上海园"山水新赋"

1.2.4 负薪构堂,丹心永继

从先秦时期的"仁者爱人"[1]思想,到中古时期的"先天下之忧而忧,后天下之乐而乐[2]"的情怀,再到近现代中国共产党人"为民族求解放、为人民谋幸福为己任"[3]的宏伟实践,中华民族"天下为公、担当道义的道德伦理,爱国爱民、忧国忧民、救国救民的使命感,天下兴亡、匹夫有责、自强不息的责任感"历久弥新。本届园博会传承中华民族传统美德,赓续红色血脉,勇担时代使命,用榜样的力量不断激励人们奋进新征程、建功新时代、创造新业绩成为展园重要的文化主题。

---

[1] 出自《孟子·离娄章句下·第二十八节》《荀子·子道》《孔子家语·三恕》等。
[2] 出自宋·范仲淹《岳阳楼记》。
[3] 习近平,2018 年 2 月 12 日在四川成都市主持召开打好精准脱贫攻坚战座谈会时的讲话。

1. 水漾三秦，延安精神照千秋；宝塔冲霄，"两个务必"指方向

延安是中国革命的圣地、新中国的摇篮。从 1935 年到 1948 年，党中央和毛泽东等老一辈革命家在延安生活和战斗了 13 年，领导中国革命事业从低潮走向高潮、实现历史性转折，扭转了中国前途命运。巍巍宝塔山，滚滚延河水。延安用五谷杂粮滋养了中国共产党发展壮大，支持了中国革命走向胜利。在延安时期形成和发扬的光荣传统和优良作风，培育形成的以坚定正确的政治方向，解放思想实事求是的思想路线，全心全意为人民服务的根本宗旨，自力更生艰苦奋斗的创业精神为主要内容的延安精神，是党的宝贵精神财富，要代代传承下去[①]。中国特色社会主义的伟大事业任重而道远，自力更生、艰苦奋斗的延安精神，是对中华民族优秀传统文化的有力诠释。在大生产运动中实行的发扬民主、集思广益、鼓励创新等措施，焕发了党员干部和人民群众高度的爱国情怀、敬业与求实态度和励志精神，这些重要的精神资源契合了社会主义核心价值观的基本内容，是涵养和践行社会主义核心价值观的宝贵精神财富。它过去是，现在依然是，将来也永远是激励中国人民为中国特色社会主义共同理想和共产主义终极目标而不懈奋斗的精神动力。陕西园以"红色传承 三秦颂歌"为主题，通过"致敬广场""玉成于汝[②]""水漾三秦""宝塔指引"等景观和"红色故事"展厅将以延安精神为核心的红色文化构成展园文化之魂，让观众在观赏中领略延安精神，使延安精神在新时代放射出更加璀璨的光芒（图 1.2.4–1）。

2. 福地黔乡，遵义会议定航向；六盘山巅，不到长城非好汉

"红军不怕远征难，万水千山只等闲。五岭逶迤腾细浪，乌蒙磅礴走泥丸。金沙水拍云崖暖，大渡桥横铁索寒。更喜岷山千里雪，三军过后尽开颜。"（毛泽东·七律 长征）红军长征是中华民族百折不挠、顽强拼搏的象征，而长征精神的灵魂是革命理想主义的坚守与信仰。《习近平：在纪念红军长征胜利 80 周年大会上的讲话》指出："伟大长征精神，就是把全国人民和中华民族的根本利益看得高于一切，坚定革命的理想和信念，坚信正义事业必然胜利的精神；就是为了救国救民，不怕任何艰难险阻，不惜付出一切牺牲的精神；就是坚持独立自主、实事求是，一切从实际出发的精神；就是顾全大局、严守纪律、紧密团结的精神；就是紧紧依靠人民群众，

---

① 习近平.继承和发扬党的优良革命传统和作风 弘扬延安精神[J].求是，2022（24）.
② 原设计名为"跌水之源"。

图 1.2.4-1　延安宝塔山与陕西园红色文化

同人民群众生死相依、患难与共、艰苦奋斗的精神。"①贵州是中央红军长征途中经过的 11 个省中活动时间最长、活动区域最广、发生重大事件最多的省份之一，黎平会议、遵义会议、强渡乌江、激战娄山关、四渡赤水等对中国工农红军乃至中国革命的发展有着重大意义。贵州园长征精神，红色文化代代相传（图 1.2.4-2）。六盘山古来即是"秦陇锁钥"之地，大散关与萧关镶嵌于南北两端，"山川险阻，旁扼夷落，中华襟带"，险峻奇绝，是中央红军长征时翻越的最后一座高山②，六盘山区还是红一、二、四方面军的胜利会师之地，红军的大会师标志着万里长征的胜利结束，毛泽东主席曾在高山之巅驻足远眺，豪情满怀，诗兴大发，随口吟诵出《长征谣》一首，后经修改，于 1949 年 8 月 1 日在《解放日报》以《清平乐·六盘山》发表③，抒发了将革命进行到底的豪情壮志。宁夏（银川）园，六盘山红色文化，让人们看到了长征路上的艰辛，领略到了红军的气势磅礴、势在必得的革命豪情（图 1.2.4-3）！

3. 土墙浮雕，艰苦奋斗溯"八路"；巍巍太行，百折不挠御外侮

随着抗日战争的全面爆发，中国共产党领导的八路军强渡黄河，挺进太行，建立了晋绥、晋察冀、晋西南、晋冀鲁豫等抗日根据地，在极其艰难、复杂、曲折、险恶的斗争环境中，进行艰苦卓绝的斗争，有力地打击了日军的疯狂进攻，极大地鼓舞了全国人民的抗战热情，谱写了中华民族万众一心、同仇敌忾的光辉抗战篇章。太行精神是中国共产党人领导太行军民在抗日战争中孕育创建的一种革命精神，主要表现在：坚定不移的理想信念、百折不挠的牺牲精神、军民融合的鱼水深情、毁家纾难的无私奉献、用小米加步枪支撑起的民族脊梁④。2009 年 5 月，习近平同志视察八路军太行纪念馆时对太行精神作了最新诠释："要结合新的实际与时俱进地大力弘扬太行精神，坚定正确的理想信念，始终保持对党对人民对事业的忠诚；坚持执政为民的政治立场，始终保持同人民群众的密切联系；锤炼坚忍不拔、百折不挠的品格，始终保持知难而进、奋发有为的精神状态；坚守党的政治本色，始终保持艰苦奋斗的优良作风"⑤。"太行浩气传千古"，河北（石家庄）园将太行精神融入到园林场景，通过土夯墙体、浮雕、铜雕等景观形式，讲述百团大战、挂云山舍身取义

---

① 习近平在纪念红军长征胜利 80 周年大会上的讲话.
② 杨红星. 红旗漫卷西风：红军长征西征中的六盘山 [J]. 北京档案, 2016, 10: 57-59.
③ 李喆. 从《长征谣》到《清平乐·六盘山》[J]. 党史博览, 2011, 10: 52-53.
④ 高怀碧. 太行精神在时代的弘扬与传承 [J]. 前进, 2023（9）.
⑤ 胡玥. 太行精神的内涵与由来 [N/OL]. 中国共产党新闻网, 2017-12-21.

图 1.2.4-2 遵义会议会址与贵州园红色文化

图 1.2.4-3 六盘山红军长征景区与宁夏(银川)园红色文化

六壮士、骁勇善战的平山团、子弟兵母亲戎冠秀、抗日少年英雄王二小等英雄故事，彰显了不怕牺牲、不畏艰险，百折不挠、艰苦奋斗，万众一心、敢于胜利，英勇奋斗、无私奉献的太行精神（图1.2.4-4）。

图1.2.4-4　河北（石家庄）园"子弟兵母亲戎冠秀"雕塑

1.3　西学东渐，异质同构

哲学思想与美学思想二者联系紧密，辩证统一，相辅相成。中西古典园林艺术是在中西相对隔离的哲学和美学基础上独立发生和发展，因而形成了对方所没有的独特风格和文化品质。而随着西方哲学观以及现代生活观的辐射，中国园林的本土形式也在发生着变化，从而推动了园林文化的内部重构，东方的"主客一体""天人合一""大象无形"与西方的"主客对立""天人相分""秩序规则"有机融合，形成"异质同构"的当代"新中式"园林文化。

1.3.1　主客二分，性理秩序

与中国哲学以人生哲学为核心、道德和艺术为精神、直觉和领悟为方法，充满诗意境界，突出致善致美的价值功能不同，西方哲学以本体论和认识论为基础、逻辑分析为主要方法，兼有科学精神和宗教幻想，充满理性色彩，强调求真求知的价值功能。西方哲学的源头在以采矿、捕鱼、经商和海运为业的古希腊人与大自然的搏斗中形成的人与自然的对立意识——对人来说，大自然是需待驾驭、需待征服的对立物，知识十分重要。西方哲学就此衍生出一系列的二元并立：心物并立、人神并立、自然观与人生观并立、理性与非理性并立、事实与价值并立、自由与必然并立等。在这样的二元格局中，西方哲学主张用法则和规律来处理人与自然的关系，用理性指导实践来改造自然，如毕达哥拉斯学派提出的黄金分割理论，强调秩序与对称；达芬奇从人体的角度来分析形式美；黑格尔则以抽象形式的外在美为命题，对整齐一律、平衡对称、符合规律、和谐等形式美法则作抽象概括等，都体现了西方强调理性、规律的思想，进而形成西方唯理的美学文化。西方古典园林深受这些观念的影响，几何规则式的造园风格几乎占据了西方造园史近两千年的发展历程，在造园时刻意讲求平衡对称的布局、设计精美的图案，追求形式美。

规则式花园与自然界景象的"无序性"形成极大对比。因此，作为对西方传统哲学理性至上的批判，17世纪以培根、霍布斯等人为代表的英国经验哲学家，突出了感觉以及感觉中的客观事物在认识世界时的价值。他们强调不能局限于传统理性，以一个主观假定的概念为前提去演绎推理，更不能把现实世界当作一种抽象"理念"模式的影子；正确的认识方法，应该是谦虚地面对现实世界，以感官对它们的感知为第一步，广泛深入地研究客观事物本身，归纳出规律性的原理。培根质疑传统中至高的几何比例美，指出"没有哪一种高度的美不在比例上显出几分奇特"，肯定了感官中多样动态的事物形成的整体①。他也热衷于园林艺术，提出园林的一部分"要尽量形成自然原始的状态"，其中的花草"不要任何秩序"②。然而，强大的传统哲学仍然使他们肯定自然世界只是为人类生存服务的。他们相信，只要人类不把"自己想象的梦幻拿出来作为世界的模型""随着知识的增长，随着科学技术的发展，人类对宇宙万物统治权的'复兴'是完全可能的"③。园博园国际园以有限的空间诠释了西方造园文化。

法国·圣埃蒂安（Saint-Étienne）园是圣埃蒂安居民亲善友好生活方式的写照，它以一组复合装置为基础，通过布置花园形成网格的变化。花园的构图在规则中求变化，以果蔬和园艺植物形成不同的色块，调成适合现场的网格结构。布局的主线围绕"亲善好客"进行，通过最简单的表达，向大家展示热情的元素，共享美好时光（图1.3.1-1）。

图1.3.1-1 法国·圣埃蒂安园

① 余丽嫦. 谈谈培根的美学思想[M]. 北京：商务印书馆，1987.
② 培根. 培根论说文集[M]. 东旭，等译. 海口：海南出版社，1995.
③ 余丽嫦. 培根及其哲学[M]. 北京：人民出版社，1987.

奥地利·雷欧本（Leoben）园以"爱乐之旅"为主题，以五线谱和音符为元素，阶梯黑白相间比喻琴键，旋转式楼梯比喻乐谱，开启一段爱乐之旅。雷欧本园的特色构筑物钟塔，为园内制高点，塔体正方形，顶部为蘑菇形的塔亭。钟塔周围点缀一些音乐小品雕塑烘托氛围，并设置大面积薰衣草及奥地利国花火绒草，让游客徜徉在音乐的海洋中（图1.3.1-2）。

俄罗斯·梁赞（Рязань）园的布局由天鹅形象演化而来。主入口有天鹅雕塑放置于水景之中，黑白两只天鹅的头部相互交错，象征《天鹅湖》舞曲的开篇。入口一侧放置克里姆林宫标志性"洋葱头"雕塑，园路两侧起伏的木桩象征《天鹅湖》舞曲的进程。园中心置城市标志性建筑及特色雕塑——带眼的蘑菇，白色、八柱、圆形、钢构穹顶的欧式圆亭，比喻舞曲结尾，白天鹅恢复人形，象征圆满幸福。园区乔木以雪松为主，契合《天鹅湖》纯洁、美好的主题氛围（图1.3.1-3）。

德国·埃尔福特&克雷费尔德（Erfurt & Krefeld）园采用地形起伏来划分地块，入口叠水处用"梭子"与黑、红、黄色丝线进行缠绕，呼应"丝绸之路"的主题。入口两侧置有波茨拉巨匠雕塑等特色小品，园中央的水景处有彩色玻璃啤酒屋和酒瓶景墙，以此来体现德国的啤酒文化（图1.3.1-4）。

图1.3.1-2　奥地利·雷欧本园

图 1.3.1-3 俄罗斯·梁赞园

图 1.3.1-4 德国·埃尔福特&克雷费尔德园

美国·摩根敦（Morgantown）园以"阳光草坪"为主题，园内由一条似方似圆的园路环绕，入口处置手拿书本、朝气蓬勃的学生雕塑，中心广场周边有圆弧形的绘有西弗吉尼亚大学标志性建筑立面造型的景墙。入口相对的一角叠石成山，衬以白色景墙。另一角是"篝火"区，以代表西弗吉尼亚州森林的树雕为主景，对面置发光立体座椅，旁边是阿拉巴契亚小提琴手雕塑。全园充溢着来自西弗吉尼亚大学校园的气息（图1.3.1-5）。

阿根廷·萨尔塔（Salta）园以宗教徒朝圣这一重大的充满道德和灵性的旅程——"朝圣者的旅程"为主题，曲折起伏的路线上镶嵌着一条涓涓细流，象征着信徒们必须经过河流才能到达目的地。小径中间的长椅模拟了山脉的起伏，园内不同地块覆以不同习性的植被，模拟不规则的地形和坡度，营造朝圣路上逼真的自然环境，给游客带来沉浸式体验（图1.3.1-6）。

图1.3.1-5　美国·摩根敦园

图1.3.1-6　阿根廷·萨尔塔园

1.3.2　有容乃大，珠联玉映

《尚书·周书·君陈》曰："有容，德乃大。""中华民族是一个兼容并蓄、海纳百川的民族，在漫长历史进程中，不断学习他人的好东西，把他人的好东西化成我们自己的东西，这才形成我们的民族特色。"[1] 综观中华民族文化发展历程，不仅域内56个民族的文化你中有我、我中有你、和谐共生，而且在面对域外文化时，以博大的胸怀广泛吸收、不断丰富发展自己——从汉代起吸纳印度次大陆的佛教文化，进而儒、释、道"三教合流"，共同充填着中国人的精神世界，到"新文化运动"时引入西方的"德先生（Democracy，民主）""赛先生（Science，科学）"，特别是"五四运动"后马克思主义在中国的传播和发展，国人的思维方式、价值观念再次发生重大变化，引发中华民族在近代发生重大革命。与此同时，西方造园思想也逐步输入，特别是伴随着外籍设计师在中国"租界"设计而实现，如上海外滩公园（1868年）、虹口公园（1900年）、无锡城中公园（1906年）、天津维多利亚花园（1887年）等的营造。本土的造园人也尝试接受西方造园艺术，随之出现了一批改良中国古典园林造园思想与手法的作品。如20世纪初营造的汉口中山公园，不仅辟有中国自然曲线形园路，还在东区仿建了网格状几何形园路，表现出东西方园林艺术风格交融共存的特点。北京恭王府花园的园路，将中国传统园路的曲线形态与西方园路的几何形态交融于一体，以至于无法具体指出哪一段是弯曲园路，哪一段是直线园路，反映出园林中西交融手法的巧妙和复杂。园博园更可称得上是"西学东渐"的一次大规模的具体实践。与此同时，沿海一带的民间花园也开始引入欧式风格。随着西方现代生活观、审美价值观的辐射，中国园林也通过吸收外来形式，从"仿外来西式"到"中西合璧式"再到"新中式"，使传统园林形式的自身发生变异，从而推动了园林文化内部的重构与更新。几何式平面布局或中西混合拼贴并置的应用，西方风格建（构）筑物的引入，植物的应用也一脱江南古典园林盆景式"点景"的表现手法，花坛、花境、花群和草地等大量运用，园林的景观空间变得极为通透，"花宫清敞"成为最显著的特征。园博园上海园、天津园、广州园、深圳园、黑河园、香港园、澳门园等展园生动呈现了中外文化的交融。

黑龙江（黑河）园整体布局用气韵流畅的行书书法"龙"字构图，融入黑河独特的欧亚文化、火山地貌、民族风情和冰雪元素，鄂伦春歌舞表演场、拉小提琴的少女大型雪塑墙与俄式风格的建筑，展现了中俄边境口岸城市的自然与文化特色，诠释了大冰雪、大森林、大粮仓、大湿地等地方特色文化与北国风光（图1.3.2-1）。

---

[1] 习近平. 在省部级主要领导干部学习贯彻十八届三中全会精神全面深化改革专题研讨班开班式上的讲话[N]. 人民日报，2014-02-18.

图 1.3.2-1 黑龙江大桥与黑龙江（黑河）园景观廊桥

图 1.3.2-2　上海园"园中园"

上海园采用现代创新手法掇山理水，构建了一条变化丰富的空间景观游线，串联起五彩台地花园、旱生岩石花园、艺术云雾花园、山间雕塑花园、谷涧芬芳花园五个园中园和近十个主题景点。上海园在有限的空间内，营造出立体展示空间，将单调的平面转化为具有未来感的立体空间，创造出了步移景异、面向未来的新型展园景观，突出表现了"自由形态与兼容并蓄的空间形式""功能主义与海纳百川的包容精神""颠覆传统与创新求变的海派文化"（图 1.3.2-2）。

天津园取材五大道为代表的"洋楼文化"，汲取典型元素，融合园林景观，营建津楼—津园—津城景观序列，展示了天津中西合璧的独特城市风貌和与时俱进的百年历程，"西楼博览、'津'彩荟萃"（图 1.3.2-3）。

广东（广州）园采用现代材料和工艺手法，以"风动·花动·心动"的"三动"为创意，组建百花迎宾、花岛蝶舞和花漾清漪三段结构，形成层层递进的主轴序列和段落清晰的规则式空间布局，每一个景观段落都围绕着"花"的主题展开，使游客如坠"花海"之中（图 1.3.2-4）。

广东（深圳）园通过"呼吸"这个最直观的生命标志，演绎出"深·呼吸"的造园主题，以自然、

图1.3.2-3 天津五大道建筑与天津园主体建筑

图 1.3.2-4 广东（广州）园"风动·花动·心动"

绿色为基调，以"S"形的呼吸步道与栈桥为纽带，融合抽象的生命细胞"呼吸泡"、红树林"呼吸根"及叶片"呼吸脉"元素，营造了"花·自然""树·生态""人·美好"的三重空间序列，诠释了深圳追求共生共建共享美好生活，率先打造人与自然和谐共生的全球城市典范（图1.3.2-5）。

香港园以活化香港具保育价值的旧建筑——雷生春大楼为聚焦点，展现香港昔日建筑特色，游人可细细品味其别致的外观，例如转角式外形、偌大的阳台等（图1.3.2-6）。仿雷生春大楼内设置了观景台，楼前方花圃运用现代园林理念设计布局，配以各式花卉铺砌成色彩斑斓的花海，让游人在花卉簇拥下，感受赏花带来的喜悦。园圃特以地道唐楼式样的牌楼为衬托，进一步让游人体会香港昔日的建筑风格。寓意"东方之珠"的石球在喷水池内转动，加上旁边的香港市花——洋紫荆，与现今的园林景致相互辉映。

澳门园以"莲岛逸情，中西交融"为主题，引入三巴圣迹、金莲荷香、龙环葡韵、踏莲挽风、葡国石仔路五个澳门历史元素，运用新材料、新技术，打造一轴（龙环葡韵主体建筑—三巴圣迹—金莲荷香景观中轴）一环（一条环形园路）三区（入口区、中心水景区、主体建筑区）的景观结构，展示中西文化融合、表现澳门独特城市意象的园林新景观，展示莲岛澳门之风采（图1.3.2-7）。

图1.3.2-5　广东（深圳）园"呼吸泡"

图 1.3.2-6　香港雷生春大楼与香港园仿雷生春建筑

图 1.3.2-7　澳门大三巴牌坊与澳门园"三巴圣迹"

2
相地、理水、山石艺术

  相地是中国传统造园艺术表现的基本法则,理水、山石的运用则是深化审美意识、以形媚道的重要途径。园博园集全国各地区相地与山石理水技法之大成,以多姿多彩的自然地貌为基底,注以各自的地域风格,时宜得致,古式何裁,在"虽由人作,宛自天开"的共性之中,彰显出中华园林丰富多彩的地域特色。

2.1 相地艺术

"相地"原指观察土地肥瘠或地形地物。《国语·齐语》:"相地而衰征,则民不移。"《史记·周本纪》:"(后稷)及为成人,遂好耕农,相地之宜,宜谷者稼穑焉,民皆法则之。"著名的明末造园家计成在《园冶》中提出"相地"是所有"兴造"的首要环节,将"相地"的内容由"观察土地肥瘠或地形地物"(现场踏勘,环境和自然条件的评价)扩展到园址的地形地势和造景构图、内容和意境的关系与规划利用的综合考虑,明确了"相地合宜,构园得体"的总体要求,建立了山林地、城市地、村庄地、郊野地、傍宅地和江湖地6类造园用地[①]"相地合宜"的原则与模式。园博园集数十个展园于一地,在同一地类(山林地)中,同中求异,通过微域与整体空间的系统分析评估,随势生机,精彩纷呈。

2.1.1 巧于因借,景以境出

各个展园因势利导,"因借体宜",每个展园以 5000m² 左右的规模控制,地势自有高低,园基不拘方向,或傍山林,欲通河沼,疏源之去由,察水之来历,高方就亭台厅堂,低凹设池溪榭舫,近远邻互,仰俯应时,纳烟水之悠悠,收云山之耸翠,随形得景,自成佳趣。

清趣园南、北、东三面皆山坡地,北侧山顶规划吕梁阁建筑(吕梁阁高大浑厚,是全园制高点,成为各展园借景的焦点)。借南、北、东三侧山地景色于园内,形成高低层次变化的大空间格局;中部洼地梳理形态,自然形成汇水湖面,呈现丰富的山水格局(图 2.1.1-1)。

由图 2.1.1-2 可以看出,其地界成倒丁字形,横长竖短,西阔东狭。此地宜掘"澄塘天鉴",寓意和平玉宇、澄清万里,横陈竖张,欲放先收,极尽漂远之能事,实践《园冶》郊野地园林"谅

图 2.1.1-1 清趣园地形图

---

① 当今的造园研究中仍多依此分类。

2 相地、理水、山石艺术　　045

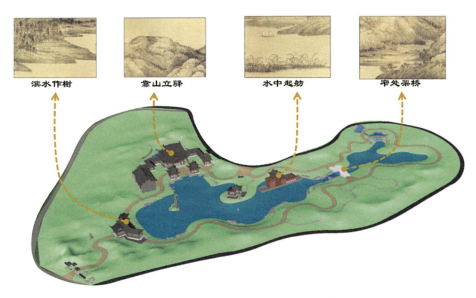

图 2.1.1-2　清趣园"巧于因借、景以境出"解析图

地势之崎岖，得基局之大小；围知版筑，构拟习池"之教诲。地脉自北向东，西递降筑土山，自成低岗大壑，在空山空壑之南背山面水。在南侧靠山的地方，建主体建筑群"彭城水驿、拥翠客舍、团金亭、明月亭、清风亭"，靠山立驿；潭中逆水入荫泊"共济花舫"，共济迁想同心，舫内香茗清鱼，画窗外秀色堪餐；西南滨水作"花语禅心"榭，由此地向东眺景，水景深远，借景园外群山及吕梁阁，景色层次丰富，湖光山色尽收眼底（图 2.1.1-3）。在东部水流狭窄处，更兼有"永济"汉白玉石拱桥跨水相通南北，碧潭东尽头百川归海处设自然山水景"一瓢水"寓"弱水三千，只取一瓢饮"。园内景物皆因水而筑，纳园外层峦叠嶂的群山入园，拓展了有限空间，以小见大，营造出"虚实相生，无画处皆成妙境"的自然山水画意境（图 2.1.1-4、图 2.1.1-5）。

北京园东启运河文化廊道，西望悬水吕梁远山，南峰塔影荡漾于前，北林群筑隐绿其后。半湾半堤皆为天赐良机，一萍一苇岂非地遣

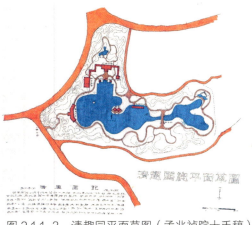

图 2.1.1-3　清趣园平面草图（孟兆祯院士手稿）

图 2.1.1-4　清趣园鸟瞰

图 2.1.1-5　清趣园借景

厚爱？于是因境立意："运河源·北京园"。空间结构由四处院落空间层层环套而成北京园主体。院之泉院：以拜源亭、白浮瓮山十泉要素为主，以土山、树木围合成半自然式涌泉小空间；院之庭院：以建筑围合空间，三进院由严谨渐变自然开放，配以宫廷花木、御笔、诗文、友谊树等文化表达；院之水院：提升水洼为湾景，悬廊亭于湖湾之中，以"红叶观鱼"

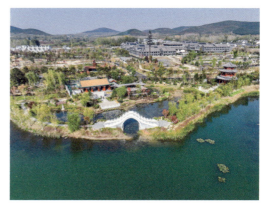

图 2.1.1-6　北京园鸟瞰

为主；院之湖院：通过堤柳、土山、建筑界面围合成自然空间，以点带面，引"昆明湖景落徐州"（图 2.1.1-6 ~ 图 2.1.1-8）。

徐州园以真山真水为背景，近借望山依泓园，远借吕梁阁。与望山依泓园隔水相望，漫步于河边纤道，可多视角欣赏望山依泓园的美丽景致；从望山依泓园望徐州园，园内亭台林立，俨然一幅楼阁仙山图。展园内建筑大多面山从水而构，从入口望去，远处山顶的吕梁阁高耸入云，在夕阳西下、落霞满天时，景象更加曼妙，好像一幅展开的天然山水画卷，将楼阁与青山纳入卷中（图 2.1.1-9）。

辽宁（沈阳）园地块规整，西南侧高差较大，东侧公共绿地区域存在一定的高差，内外视线良好，在整体设计上采用先围后开、先抑后扬的设计手法，大量运用景观石调整地形高差，结合丰富的植物配置，季相变化分明，色彩斑斓，假山之上矗立着一座双檐八角凉亭，既可观赏全园的美景，也可凭栏远望吕梁阁（图 2.1.1-10）。

2.1.2　空间变幻，取舍合宜

《园冶》认为最佳的园地"有高有凹，有曲有深，有峻而悬，有平而坦。"其中的"高""凹""曲""深""峻""悬""平""坦"8 个字高度概括了富于变化的园林地形所带来的独特空间感受。园博园的园址整体山水相济，景观优美。但是具体到各个展园，因规模所限，场地内的景观多简单无趣，因此各展园根据既有地形条件，通过竖向分析和视线分析，进行合理的地形改造，合理布局，低处挖湖，高处堆山或适当平整土地，使园林地形富于变化，空间变幻、取舍合宜，通过与建筑、山水、植物等园林要素的配合，形成一个个自然优美、独具特色的空间景观。

图 2.1.1-7 北京园院落空间景观

图 2.1.1-7　北京园院落空间景观（续）

◆ 细部着手

图 2.1.1-8　北京园平面布局

图 2.1.1-9　徐州园借景

山西（太原）园结合北高南低的基址条件，园内西北堆高地、叠假山，假山上设六角亭一座，寓意"汾源"，亭下泉水汩汩，叠石重重，向南随地形落差呈现层层清流叠瀑，象征"汾河"，沿山石两侧，点缀银杏、五角枫等乔木，栽植以月季为主景的缤纷花带，随溪流向南延展，形成锦绣斑斓的花溪谷。其中，水景面积约占整个展园面积的20%，陆地中约70%是绿化，山石面积约占20%，山水相依，水陆比例合宜（图 2.1.2-1）。

图 2.1.1-10 辽宁（沈阳）园借景与地形处理

图 2.1.1-10　辽宁（沈阳）园借景与地形处理（续）

图 2.1.2-1　山西（太原）园山石叠水与"锦绣花溪"

湖南（长沙）园按照真实的东池历史空间格局进行排布，骨架格局可谓一脉相承。其中，水面面积约占整个展园面积的 30%，陆地面积约占 70%，园内设计结合原有地形高差，以东池为景观核心，借势进行假山、亭、廊、花木等布局，体现"东池胜境"的主题。全园水系有疏有窄，有开有合，山石驳岸、水生植物疏密相间，溪流高低错落，呈现出一片静谧自然的景象。在入口处以长沙东池为源，通过照壁诗词墙、牌楼、鸳鸯井等，借景内部水体，凸显入口景观，有效地吸引游客进入；在花境竹林区，通过大片竹林沙沙作响的声音营造幽静的景观效果；在场地北侧全园最高处，建小瀛洲，在此地俯瞰，全园景致尽收眼底（图 2.1.2-2、图 2.1.2-3）。

2.1.3　人地合宜，随势生机

陈从周先生在《说园》里有论："造园在选地后，就要因地制宜，突出重点，作为此园之特征，表达出预想的境界。"[①] 能够让游人根据自身的文化素养，对展园的景观产生联想，去融入造园者所营造出的意境，即如何巧妙利用场地条件表达不同地区的形象，获得人与地的合宜，是各个展园设计的重要诉求。

---

① 陈从周. 说园 [M]. 上海：同济大学出版社，1984.

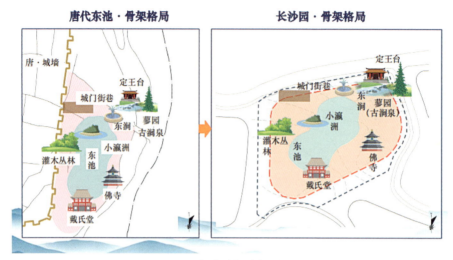

图 2.1.2-2　湖南（长沙）园场地规划

图 2.1.2-3　湖南（长沙）园"疏密相间"

徐州园地块位于园博园中部山谷南麓，南部多为洼地景观。园内山水格局依山就势，顺势而为，营造一个与周围环境相得益彰、与周边山形水脉融为一体的空间形态（图 2.1.3-1）。园中北部叠山、南部营池，起伏有秩，水流自北部山岩顺势而下，采取溪、涧、池等多种形式，最后汇入运女河，曲水萦园、动静相宜。池中碧水挺立三座"松石岛"，再现汉代"一池三山"的园林模式，建筑多绕水而设，利用地势高差悬于池面，再现汉画像石中描绘的水榭高悬的景观，再配以景石假山、瑞鸟、仙矶、宫灯等小品（图2.1.3-2、图2.1.3-3），汉代苑囿跃然而现。

图 2.1.3-1　徐州园水系布局

图 2.1.3-2　"仙矶"

图 2.1.3-3　瑞鸟雕塑、宫灯等小品

江苏（扬州）园在设计上充分尊重江南园林特别是扬州特有的历史文化，以《扬州画舫录》中描述的扬州生活为源，造园意境取自于瘦西湖的名句"两岸花柳全依水，一路楼台直到山"，因地制宜，展示扬州独特的人文风情和园林风貌，是整个园博园中江南园林的代表之作。该园地形从北向南有3m高差，按照古典园林造园中强调的顺应自然法则，随高就低安排建筑，通过随地形的变化以既曲折又起伏的爬山廊来连接揽胜楼、濠濮轩、香影榭各建筑，使之不仅达到平面上蜿蜒曲折的效果，而且在高程上也可以起伏自如，富于变化（图2.1.3-4）。

重庆园以"山水之城，美丽之地"为总体定位，展园内以"生活注魂"为线索，串联四处具有代表性的山城生活场景，结合场地地形走势变化，形成行江、上崖、涉水、爬坡、望渝、汇聚、揽胜、回味的体验流线，其中，入口处的"行江、上崖"节点，区别于周边展园传统的堆山叠石，以简明扼要的手法，融入江、滩、崖、石、瀑、廊等景观要素，在入口处就展示出重庆磅礴大气的江滩盛景，再现了重庆江滩记忆的休闲情境，体现了《园冶》"涉门成趣，得影随行……"的造园思想；拾级而上，至中部"涉水、爬坡"节点，远眺重叠错落的立体山城景象，体现了巴渝园林前园后院，山俏水绕、布局灵活的鲜明造园特征。最后到达"望渝、汇聚"节点，穿廊而出，错落有致、布局灵活的民居院落映入眼帘；再从前院穿巷通过，拾级而上至院坝平场，巴渝盛景一览无余。高低错落，开合变化的山地空间，让游客感受地道的山城特色。登顶而上，院坝人家，老井山泉，茶客如云，感受海阔天空、天南地北的重庆休闲生活，建筑挑台上遥望远处群峰叠翠，俯视窗下叠石流水，令人遐思不尽（图2.1.3-5）。

西藏园位于整个园博园最高点石山南侧，地块东西长约120m，南北宽约35m，从西向东地势渐高，高差在9m。设计灵感来自于西藏传统建筑对待自然、人的方式。基于特殊的地理位置和地貌特征，西藏特别是拉萨地区传统的建筑一般都会选择负阴抱阳、背山面水、坐北朝南的方式。建筑多顺应地势，依坡而建，与自然环境融为一体，这样既减少了对耕地的破坏，又可以避免因夏季雨多造成的山洪灾害。西藏园的建筑设计同样顺应地形，尽可能地减少对地面的处理，顺地形山势而成建筑。结合地块本身9m的高差与相对狭长的地形，设置多个层次，逐层递增，形成类似西藏本地高低起伏的高原地貌，在进入主展厅前，参观者可以从远、中、近三个维度，以及不同的高度去观看建筑，体验"游园"的乐趣（图2.1.3-6）。

四川（成都）园顺应场地前低后高的地势关系，形成景观的层次，又以文君井

图 2.1.3-4　江苏（扬州）园"曲折起伏"

图 2.1.3-5 重庆园"立体山城景象"

将全园自然划分为两部分,前园开朗舒旷,入口开门见山,以主体建筑——文君坊作为全园主入口,入院后眼前一阔,设一茶坪,为临水平台,视野开阔,可观对面辽阔水域和假山跌水之上的"琴台""合音廊"之美景,沿池水右侧缓坡游历而上至后园,曲折紧密,高差逐渐增大,通过假山跌水的空间布局巧妙地化解了高差严重的问题,使其开合有致,有机相连(图 2.1.3-7)。

图 2.1.3-6 西藏园"高原地貌"

图 2.1.3-7 四川(成都)园"开合有致"

2.2 理水艺术

《论语·雍也篇》记："子曰：'仁者乐山，知者乐水'。"《园冶·相地》说："高方欲就亭台，低凹可开池沼，卜筑贵从水面，立基先究源头。"① 中国园林"穷其源最深……依水而上，构亭台错落池面，篆壑飞廊，想出意外。"② 园博园的园址内自然水体偏于一隅，造园用地多为远离水体且较为陡峭的山坡地。各个展园基于现状地形以及设计意图，将坡度、坡向、土壤安息角、汇水面、景观视线等竖向地形表达作多要素动态分析，进行合理的地形改造，增设溪池瀑水等不同尺度、不同形态的水景，景观简单的山坡之地陡然间成为山水相依、比例合宜、自然优美、独具特色的空间景观，"林泉之趣"各擅其美。

2.2.1 随曲合方，得景随形

《园冶·相地》篇论述了造园布局与理水的基本准则，"如方如圆，似偏似曲；如长弯而环璧，似偏阔以铺云。高方欲就亭台，低凹可开池沼；卜筑贵从水面，立基先究源头；疏源之去由，察水之来历。临溪越地，虚阁堪支。"表达了水体与自然地形、建筑相互顺应、依存巧妙的布局关系。园博园的各个展园遵循"随曲合方"，即随自然地形、地貌的地宜并结合建筑来布局水体类型与平面形态，布局精炼，因借有方，曲折有情。

湖北（武汉）园以中国历史上第一座水上离宫"渚宫"为设计原型，意在表现楚辞中"高台邃宇""层台累榭""临槛曲池"的景象。全园中心为渚宫，渚宫由中央展厅、望楼、连廊、水榭共同组成，建筑群顺应场地高差变化，层台累榭，错落有致，整体气势雄浑。而曲池作为全园的主要水景，环渚宫而挖建，呈半圆状，渚宫和望楼面水而立，局部院落则循曲尺折方、以方跨曲之法布局，不拘于式，曲合有致（图 2.2.1-1）。

广东（广州）园中心水体"珠水涟漪"呈椭圆形，是全园中心水体的源头，"故乡馥水"代表着广州珠江的悠悠珠水，水中"轻音翔舞"是花瓣形景观亭，作为端景放置于最北边，行人游园至此，驻留于亭中，依亭中树休息，看花城风貌。"轻

---

① 武静. 论《园冶》中水景设计理法 [J]. 城市建筑，2019, 16 (12)：105-106.
② 计成. 园冶注释 [M]. 2 版. 北京：中国建筑工业出版社，2020：37-45.

图 2.2.1-1　湖北（武汉）园"临槛曲池"

音翔舞"亭外水景中层层涟漪的珠水，是雾喷及小涌泉打造出的景观高潮，水景中点缀着花瓣形的汀步，这些建筑小品的平面形态都与水体的椭圆形造型相互辉映、和谐统一（图 2.2.1-2）。

2.2.2 山水相映，动静交呈

陈从周先生在《说园》中写道："自来模水范山，未有孤立言之者。其得山水之理，会心乎此，则左右逢源，要之此二语"。《园冶·掇山》中说："池上理山，园中第一胜也。若大若小，更有妙境。就水点其步石，从巅架以飞梁；洞穴潜藏，穿岩径水；峰峦飘渺，漏月招云；莫言世上无仙，斯住世之瀛壶也。"园博园的各个展园以池、山多变的造型，增加水面空间层次，实现山、水相互映衬，形成多层次山水景观，凸显景致的灵动与布局的巧妙。山石与水体互动，不断流动的水体与山石碰撞产生的水花溅落石材步道，构成园中妙境之处，体现出水流蜿蜒变化的意境。

图 2.2.1-2　广东（广州）园水景

河北（石家庄）园位于园博园北区，东西长 124m，南北宽 49.6m，平面呈长方形，整体地势东高西低，高差 3m 左右。竖向设计在原有基础上略有调整，最低点位于西入口处，最高点位于东北角重檐亭处。循地形高低筑山理水，院落建筑沿水岸随曲安置，水系面积 573m²，由跌水、景观桥、亭廊、亲水平台等组成，通过 4 层跌水处理园区的高差，山石跌水宽 12m，高 3m，水系两侧种植水生植物，营造优美的滨水景观。借山塑水，以逶迤土石，怀抱水面，山顶最高处建重檐亭，可登高观景（图 2.2.2-1）。同时，又以水适山之法，置飞瀑瑞叠，引凉流曲溪于山谷之间，丰富山谷景致，实现动静交呈。

贵州园以"多彩贵州、锦绣黔城"为设计理念，体现贵州美丽富饶的自然山水，瀑布、山、洞穴、湿地、草原……显山露水的城乡布局和多彩多姿的民族文化。

图 2.2.2-1　河北（石家庄）园"借山塑水"

入口处在山水相叠的下沉式台地，粗犷而布满苔痕的老石墙与轻巧精致的白墙交互蜿蜒辗转，宛如原生态与现代之间的对话与碰撞，忽而转入，山石跌泉之间，木屋半山而立，梯田层叠，景观设计中通过多层跌水消化水体高差，在水面与苗侗民居的结合处，通过山石软化建筑与水面的衔接，随地形曲折变化，过渡自然，山水相映、动静交融（图2.2.2-2）。

2.2.3 因境选型，借宜理水

在视线所及的范围内，将美好的景色组织到园林视线中，收无限于有限，对扩大空间，丰富景观效果，提高园林艺术质量的作用很大。因此，《园冶》说："夫借景，林园之最要者也。"园博园的各个展园，根据用地条件和造景立意所需，借宜选型，景因境成，选择合宜的水体类型与形状布局合宜的园林山水格局，多样的水体形式创造出各具特色的园林景观。

重庆园运用巴渝理水特色，引水入园，分散、线性、动水为其特征，形态自然而丰富，形成了井、涧、溪、塘、瀑、潭、滩等多样的特色水景。区别于周边展园传统的堆山叠石，入口处景观以简明扼要的要素和手法，构建壮阔的江滩盛景，场景里融入江、滩、崖、石、瀑等景观要素，展现重庆江城典型的自然生态场景，浅水江滩也增加了游客互动体验的欲望，形成"波涛上下浪三千"的景观效果。折返归途，涉水驻足，听林风跌泉，观池底游鱼，享天光水色，方隅之间意无穷，体现了巴渝山峭水绕、布局灵活的鲜明特征，理水上动静结合，线面相交、分散布局的造园特征，充分展示了巴渝园林的造园特色（图2.2.3-1）。

杭州西湖之美在于山水相依，湖平如镜，山屏湖外；登山兼可眺湖，游湖亦并看山；山影倒置湖心，湖光反映山际，山环水抱，相映隽秀。浙江（杭州）园设计以"家在钱塘"命名，模拟西湖，以自然山水为骨架，中心水面开阔，湖心岛、长堤、竹林小径穿行其中，结合地形东高西低，在东部高处设置跌瀑，向西设置溪涧，水形宽窄有变，在小溪转弯处，置大石块分水或在岸际种植乔木，来突出水流方向的变化。同时，在溪床和岸际散置一些单块的或成组的石头，形成动静交呈之景。或者用天然石块铺筑过溪汀步，增加涉水赏景之趣。将泉、潭、涧、池、瀑、湖等各种水体类型组织在一起，平静的水面，奔流而下的瀑布和潺潺的溪流相映成趣，形成丰富多样而动静交呈的水景类型与风光（图2.2.3-2）。

上海园以"山水新赋"作为主题，利用现代创新手法掇山理水，通过地形营造出基本的空间骨架，以"一江一河"为骨架，一江象征"黄浦江"，是上海的母亲

图 2.2.2-2 贵州园"山水相映"

河，一河象征"苏州河"，是上海的外婆河，黄浦江与苏州河共同构成了上海城市发展的骨架。设计上以景观水路呼应"黄浦江"，以架空栈道模拟"苏州河"。在此空间骨架的基础上，将"水"元素创新利用到景观中，创造出了中央庭院的镜面水池和跌水瀑布、流水山谷中的人工溪流和缭绕云雾等不同形态的"水景观"，寓意山水相融并提升游客体验。在高低变化丰富的空间中，通过科技新技术的植入，多样的水景还能与"光"元素产生呼应，在墙面上反射出动人的光影效果，展现流动空间及光线反射下的山水景观（图2.2.3-3）。

2.3 山石艺术

宋代画家郭熙在《林泉高致·山水训》中说，"石者，天地之骨也"。掇山置石的山石艺术是中国园林"师法自然""山水比德"的重要表现形式。孟兆祯先生言："从自然的人化而言，山水地形是（园林的）骨架。"[①]《园冶》有"掇山""选石"两

图 2.2.3-1 重庆园"浅水江滩"

个专章以及散布于"兴造论""相地""立基""屋宇""装折""门窗""墙垣""铺地"等章节有关山石艺术的论述，从建构与体验两个层面建构了一套独特的山石运用的意义系统，成为中国造园艺术的基本逻辑之一。园博园山石的运用，除具有继

---

① 孟兆祯. 园衍 [M]. 北京：中国建筑工业出版社，2012：10-15.

图 2.2.3-2　浙江（杭州）园"西湖风光"

图 2.2.3-3　上海园"江河流光"

承传统、举实抒意、山石器设等观赏艺术价值和文化意义的同时，兼具驳岸、护坡等生态功能。正所谓"一拳知天地，顽石有乾坤"。

2.3.1　立意问名，以名抒意

《论语·子路》记："子曰：'名不正，则言不顺；言不顺，则事不成'"。画家黄公望在《写山水诀》中说道："或画山水一幅，先立题目，然后着笔，若无题目，便不成画。"山石无言，立意为先。园博园置石掇山根据展园主题，"立意问名""以名抒意"，依题选材，按意布景，造景抒情，以形传神。

清趣园中设石名"敢当"，就是立意问名佳例，主石高9m，肩宽3m，厚约3m，依选材而定，上宽下窄，收束至1m，独立傲然于池中。水生植物香蒲、慈姑、意大利银芦、红蓼等包围其间。"石敢当"的文字记载最早见于西汉史游的《急就章》："师猛虎，石敢当，所不侵，龙未央。"其本义就是：灵石可以抵挡一切。后来发展为一种中国民间习俗，所包含的"石敢当，镇百鬼，厌灾殃，官吏福，百姓康，风教盛，礼乐张"的"平安文化"，反映了人们渴求平安祥和的心理认知，它具有见证中华民族文化传统生命力的独特价值，同时也体现出我们国家构建和谐社会、维护人民安全的决心和勇气（图 2.3.1-1）。

望山依泓园中设"运女石"，以土起山，辅以不同风格、不同造型的吕梁石整石、片石、块石进行点缀，山体制高点以汉式四坡亭形式的景亭作为游人的休憩眺望点，视线朝向河沟方向，跨时空感受梁王盼女归来的心情（图 2.3.1-2）。其典故来自春秋战国时期，梁王和兰陵王结为儿女亲家，梁王为了使女儿能安全顺利抵达夫家，开挖人工运河名运女河。运女为两国和平发展所作出的奉献与牺牲彰显了女性对国家的担当与责任感。从山体沿吕梁石登山步道向下至水之澜景区，文化溯源于徐州历史上为华夏九州之一，根据《尚书·禹贡》的记载华夏九州自北向南分别为雍州、冀州、兖州、青州、徐州、益州、扬州、荆州、梁州；该场地以徐州楚王墓出土的龙形玉佩作为造型要素，将北、中、南的"九州"分别抽象定位，设置九州景石。

2.3.2 千石一碧，随形得趣

利用山石的连接，使不同空间达成一种特殊的连贯性，尤其是水岸区域，具有特殊的艺术表达效果。"水本无形，水曲因岸"，理水，更在于理岸，以奇山奇石点砌水岸，勾勒出水的形状，宛如天然，湖面广阔，宁曲毋直，颇有雅趣及韵律，显得自然而又随意。

江西（南昌）园"东湖水景"区，在水岸空间衔接处理上，采取"池上理山"的手法，在池边用纹理呈横向变化的长形山石驳岸，讲求用石或石与石组合大小错落，纹理一致，凸凹相间，呈现出出入起伏的变化，并适当地间以泥土，便于种植花木藤萝，在水陆之间形成自然的过渡（图 2.3.2-1）。

江苏（苏州）园采用苏州园林的布局手法，在平面空间的衔接上，以建筑为中心，以围墙分隔院落，石景穿插其间，连贯空间，软化空间棱角。外借石山，以砂石绘水，以竹为岛，缀以石块，营造创新写意山水园林，给游人宁静悠远的氛围感（图 2.3.2-2）。

2.3.3 片山有致，寸石生情

《园冶》说："片山有致，寸石生情。"说的是园林中的山石不但是造园要素的体现，而且还是造园家们艺术创造的一种汇聚。与自然山石有所不同，园林中的山石

图 2.3.1-1 清趣园"敢当"置石

图 2.3.1-2　望山依泓园"运女石""吕梁石登山步道"

图 2.3.2-1　江西（南昌）园山石驳岸　　图 2.3.2-2　江苏（苏州）园石景

通过堆叠、散置、特置以及与水体、植物、建筑相结合等手法艺术加工之后不仅能达到造景的目的，还可以传达情感。

温州地处浙江东南，素有"东南山水甲天下的美誉。"且它作为中国山水诗的发源地，其山水和文化成为密不可分的一个整体。此次浙江（温州）园的设计是一次溯源的思考，以"屹立亿年的山、流淌万年的河、吟诵千年的诗"为切入点，构建温州山水世界，探寻谢灵运的山水诗之路。自然山水世界以温州山水特征为原型，采用堆山叠石的造园技法，表现"虽由人作，宛自天开"的意境，结合山水绘画"平远、高远、深远"的空间营造，展现温州山水园林的艺术。在不同场所设置山石，或曲折叠落，形成溪谷，或堆叠成山石作为障，或散置、或群置于水边、花丛之内，与相邻景物融为一体，看似无心，实则精心布局。营造出两种入境方式，一为"近涧涓密石，远山映疏木"的旷奥视野，体验谢公"未若长疏散，万事恒抱朴"

的人生感悟；二为"涧委山屡迷，林回岩愈密"的深远体验，曲幽秘境，林崖悬壁，营造静谧的山水空间（图 2.3.3-1）。

山东（烟台）园整体设计围绕"仙境海岸，鲜美烟台"主题，以山、海、云为要素贯穿始终，采用一池三山的传统造园手法，运用园林美学进行空间分配，创造出一个开合有度、主次分明的游园场所，营造出三个仙岛横卧云雾波涛中的意境。主入口佳期广场设置山盟海誓礁石，采用招远金矿石材质，寓意情比金坚，为仙境海岸增添浪漫主义色彩，一方面指烟台园与游客相遇美好的时光，另一方面体现了烟台的爱情文化，整体结合，让人们对仙境烟台有了初步的印象。中心广场将海岸线作为创作原型引入概念，海水沿线配上砂石滩，再现了烟台海岸线的地貌景观（图 2.3.3-2）。

图 2.3.3-1　浙江（温州）园"林崖悬壁"　　图 2.3.3-2　山东（烟台）园"仙岛卧波"

青海（西宁）园以体现"看得见山，望得见水，记得住乡愁"为景观主线，充分利用现有的地势，在咫尺空间内营造具有青海地域特色和自然风貌的高山草地意境。主入口设计一组错落有致的矮夯土景墙，依附夯土墙采用立体绿化与片石相结合的形式勾勒出山形轮廓，呈现出一幅独具特色的高原山水画卷；展园东侧区域通过微地形营造结合雪山构筑物，展现河湟谷地地域特征、川谷区域高山、冰川、高原草甸的自然风貌山水格局；位于展园南侧的"河湟雅苑"是园内的主体建筑，周围山石随意散置于花丛之中，疏密有致、高低曲折、顾盼呼应、层次丰富，虽然用石量很少，但造景效果突出，表现出山石小品"以少胜多，以简胜繁"的造景特点（图 2.3.3-3）。

2 相地、理水、山石艺术　　073

图 2.3.3-3　青海（西宁）园景石

3
建筑艺术

著名的德国哲学家弗里德里希·谢林（Friedrich Schelling）在《艺术哲学》（*Philosophue Der Kunst*）里说："建筑是凝固的音乐（Architecture is frozen music）"[①]。建筑是民族文化的结晶，蕴涵着丰富的设计美学，是民族审美文化的体现和张扬，是文化的重要组成部分，其文化价值越来越受到社会的广泛关注。中国（徐州）国际园博园的建筑"功能"与"美学"、"艺术"与"科技"、"传统"与"现代"有机融合，院士大师聚智打造的传世之作与各省级展园的异彩纷呈，切实为大家呈现了一届不一样的园博建筑盛宴。

---

① F.W.J. 谢林. 艺术哲学 [M]. 魏庆征，译. 北京：中国社会出版社，2005.

3.1 场馆艺术

园博园主要场馆与功能建筑群的设计分别由张锦秋、孟兆祯、王建国、崔愷、何昉、韩冬青、贺风春等院士、大师团队完成,工巧独特的艺术构思,神至之笔,别有天地。

3.1.1 吕梁阁

吕梁阁由中国工程院张锦秋院士团队设计完成,选址遵循中国古代理想择地模式,位于园博园中部山顶,位置居中且"龙穴砂水无美不收,形势理气诸吉咸备"。高点楼阁式设计可俯瞰整个园区,在园博园及吕梁风景区内具有标识性,同时成为观赏园博园全貌及吕梁风景区的制高点和新地标,是园博园的"可视符号"。

吕梁阁建筑高度 54m,山体高度 85m,建筑高度与山体高度的比值和山体与总高 139m 的比值均约为黄金分割比例 0.618。建筑一层面阔、进深均为 33.6m,从下至上呈逐渐收拢的趋势,整体结构布置规则对称,高度与周围环境协调,体量适中,具有强烈的视觉表现力、冲击力和无与伦比的美感,引人入胜(图 3.1.1-1)。

吕梁阁为汉式建筑风格,从汉画像石建筑图像及汉代明器陶楼中,汲取汉代建筑之法,保留了屋面平直、一斗三升、方柱屹立、斗栱承托平座、栗柱灰顶的汉式建筑特征。同时,外立面风貌摒弃了传统汉代建筑过于写实的色彩,采用防氧化的深灰色金属瓦屋面,檐口勾边、屋脊描金和外露梁柱等部位外包仿栗色铝镁锰合金

图 3.1.1-1 吕梁阁高度示意图

板，具有时代感与科技感（图 3.1.1-2）。

吕梁阁建筑层数，地下一层、地上为明五暗七，基底建筑面积 $1183m^2$，总建筑面积 $4135m^2$。坐立在高达 6m 的台基上，台基设有前后出入口，周圈石栏杆围绕。一层正门入口位置前有廊道抱厦，廊道四周环绕主体建筑，采用方形钢管柱支撑。其余各明层均采用新型铝镁锰合金板金属（地栿、栜条、寻杖）栏杆，耐久、抗氧化。吕梁阁顶层屋檐 4 个翼角，以下每层屋檐 12 个翼角、8 个窝角，多角设计使建筑立面多姿多彩，造型优美。全装配式的钢楼梯，实现施工与永久楼梯结合使用，节能安全（图 3.1.1-3）。

图 3.1.1-2　吕梁阁

图 3.1.1-3　吕梁阁檐口节点

3.1.2 清趣园建筑群

清趣园主建筑群为明清时期风格，具有数量多、尺度大、体势庄严的特点，在有山有水的园林总体布局中，非常注重园林建筑的控制和主体作用。建筑群包含"彭城水驿""拥翠客舍""团金亭""明月亭""清风亭"及连廊等多处建筑，各建筑间联系、过渡、转换自然协调，空间序列铺陈层次丰富（图 3.1.2-1~图 3.1.2-4）。建筑屋顶形式多样，或重檐，或歇山，或悬山，或攒尖，或十字脊等，配以多种油漆彩绘以及屋脊走兽装饰。远远伸出的屋檐、富有弹性的屋檐曲线、由举架构成的稍有反曲的屋面、微微起翘的翼角（仰视屋角，角椽开展如同鸟翅，故称"翼角"），使建筑物产生独特而强烈的视觉效果以及艺术感染力。灰色筒瓦屋面，枣红色外墙、柱以及富丽堂皇的屋架外饰，使建筑主体更加华丽大气。

主建筑"彭城水驿"面阔三间，三进深，上下两层，南侧为伸入水湾带有栏杆的临水平台。歇山落翼式重檐屋顶，下层出透空式山花向前的歇山抱厦，抱厦位于中轴线上，"凸"字形的平面，使主建筑显得更有气势，同时也利用了檐下空间。正脊与垂脊形成的三角山花部分，朱红色的油漆装饰，为灰色的屋面增添了一份明快。抱厦及相邻两侧三面建有走廊，通高至檐口的抱柱，四面出厦。一层墙面四周设有槅扇棂窗、走廊及建筑装饰，有斗拱。二层腰檐四周设活泼的斜方格网纹花棂窗，以利采光通风。檐下斗拱硕壮，昂角突兀，交替勾连。屋面覆灰色筒瓦，飞甍檐翼翘角，正脊大吻雄健，套兽、走兽精巧齐整。主建筑东廊连十字脊重檐歇山方

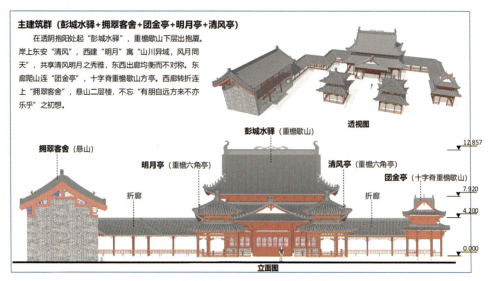

图 3.1.2-1　清趣园建筑效果图

图 3.1.2-2　清趣园建筑群

图 3.1.2-3　清趣园建筑单体

图 3.1.2-4　清趣园建筑细节

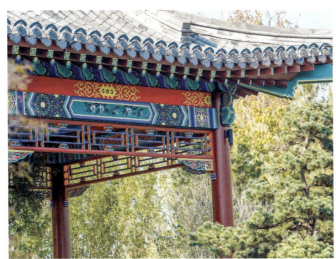

图 3.1.2-4　清趣园建筑细节（续）

亭"团金亭"，西廊转折处连"拥翠客舍"建筑，东西廊均衡而不对称。"拥翠客舍"亦面阔三间，三进深，上下两层，大屋脊悬山屋顶。

"清风亭""明月亭"为重檐四角攒尖顶，斗栱高耸，檐角翠飞，通高 7.9m，面阔 4.8m。挑檐和额枋上遍饰象征吉祥的天宫赐福、万事如意、蝙蝠双至、犀牛望月、凤凰展翅等图案，形象逼真、栩栩如生。

3.1.3　奕山馆

奕山馆[①]（自然暨综合馆）由中国工程院王建国院士团队设计完成，为园博园内体量最大的单体综合性展馆，外形由传统的亭、台、楼、阁建筑抽象转换而来（图 3.1.3-1~ 图 3.1.3-3）。设计以建筑重构场地，以山势烘托建筑，建筑与场地相互依存，互为背景。通过建筑形体的组织，达到以望山、补山、融山、藏山为意象宛若天开的自然效果，以及以地形与历史意象为载体的层台琼阁文化形象。建筑采用钢筋混凝土木装配结构，模数化的柱网与层高符合装配式建筑的发展方向，应用了缓粘结预应力技术，体现建造新工艺，展现新时代下的绿色建造方式。其构件、节

[①] "奕"意美的，《诗·商颂·那》："万舞有奕"；又意累、重，先秦·左丘明《祭公谏征犬戎》："奕世戴德"；魏晋·左思《三都赋·魏都赋》："邑屋相望，而隔逾奕世。"综合馆暨自然馆以汉代层台琼阁建筑抽象转换组合的形体组织（累重），以山势衬建筑、建筑奕山势，实现望山、补山、融山、藏山宛若天开的自然效果，故名"奕山馆"。

图 3.1.3-1　奕山馆

图 3.1.3-2　奕山馆南立面

点形式尺寸相对统一，易于工业化和规格化生产，并极具建筑表现力；整个建筑自上而下展现胶合木组合屋架，屋架大面积采用木构架屋盖，屋盖采用木纹清水混凝土，结构装饰一体成型，减少装饰面层，节能环保，体现了装饰主体一体化的新技术。底层建造利用预制混凝土技术，与宕口生态修复结合，能同时满足快速建造、生态环保、可持续的要求。顶层采用模数化控制下的胶合木木梁柱结构体系，表现汉代层台琼阁之气象。

3.1.4 魔尺馆

魔尺馆为儿童友好中心的主体建筑，由中国工程院崔愷院士团队设计完成。采用钢结构框架体系建筑，五边钢框架体系基本模块平面组合逻辑，属于高效、经济、环保的现代预制轻型结构，是崔愷院士团队研发的灵活可拆装建筑体系，可快速建造、可重复使用的建筑体系，延长了建筑生命周期，实现了可持续性（图 3.1.4–1、图 3.1.4–2）。以预制钢结构为基础材料，以五边形球体为基础造型，"魔尺"意味的单元拼装形

图 3.1.3-3　奕山馆屋檐节点

意结合，巧妙地表达了亲子场所的特殊功能性，体现了建筑空间、形象与结构形成逻辑性的整体。通过模块自由组合成教室、阅读室、游戏区、交流区、工坊、花园等主题空间，让孩子自由欢腾、快乐成长。外立面采用白色穿孔铝板，看上去轻盈、大气。玻璃幕墙分割大部分按照大小不等的三角形来实现，每个三角形的尺寸各有不同。墙板由水泥纤维板、铝皮、装饰铝板三层组成，施工便捷、整洁美观的同时，

图 3.1.4-1　魔尺馆

图 3.1.4-2　魔尺馆侧立面

兼具保温隔热、防水阻燃、隔声降噪、绿色环保的特性。折框架坡顶和架空的首层空间将孩童尺度的各种主题小屋——教室、阅读、游戏、交流、工坊、花园空间连接成一个微缩的乐园。

3.1.5　创意园建筑

创意园由孟建民院士主持创作，包括竹筑、林园、箬笠、字屋、园舍五个独特的单体建筑，它们散布于全园，成为重要的公共园林景观节点。

1. 竹筑

中国是世界上研究和利用竹子最早的国家，竹枝秆挺拔，修长，四季青翠，傲雪凌霜，倍受中国人喜爱，为梅兰竹菊"四君子"、梅松竹"岁寒三友"之一，苏轼《于潜僧绿筠轩》中说："宁可食无肉，不可居无竹。无肉令人瘦，无竹令人俗。"竹在中国传统文化发展和精神文化形成中占有重要地位。竹技园在设计中融合"竹海""竹境""竹筑"三级竹体验空间，塑造不同的空间层次和意境，探讨竹材在装配式绿色建筑中应用，诠释竹建筑与自然竹景观的相融，传承竹文化精髓（图 3.1.5-1）。

主体功能建筑竹筑，地上两层共设置六个文化活动空间，形成三个方形建筑模块，呈品字形排布。三个文化活动模块之间以架空连廊连接，满足所有展厅之间的通行联系（图 3.1.5-2）。建筑内营造不同的空间层次，策划竹园、竹厅、竹馆三个主题，体现竹材料与建筑空间的对话，体验与竹有关的文化活动空间（图 3.1.5-3）。

2. 林园

林园作为园博园竹文化系列的一个节点，一处休憩、户外活动场所，设计秉承"自然现、空间隐，景观强、建筑弱"和"取材于自然，回归于生态"的设计理念，

3　建筑艺术　　083

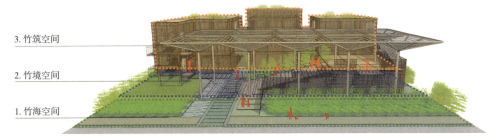

图 3.1.5-1　竹技园创意图

图 3.1.5-2　竹筑内部空间设计

图 3.1.5-3　竹筑——竹技园主体建筑

以一圆形竹环为中心，下方半弧形的竹墙发散错落环绕，形成更多的空间组合和趣味转折，在有限的场地下创造出更多活动和休憩空间，营造出高低错落、曲径通幽的体验感受。纯自然的竹材料与竹生境，让人们彻底回归于生态，与自然有机融合（图 3.1.5-4）。竹环、竹墙利用传统技术结合现代设计理念，模数化设计，模块化拼装，建造便捷。

3. 箬笠

箬笠本意指用箬竹叶及篾编成的宽边帽，即用竹篾、箬叶编织的斗笠。"箬笠"以箬笠为创意源泉，采用钢结构编制箬笠肌理，营造"青箬笠，绿蓑衣，斜风细雨不须归"的田园意境（图 3.1.5-5），从另一个角度诠释竹文化精神，与竹技园、林园共同构成多元化的"竹园林"艺术（图 3.1.5-6）。

4. 字屋

汉字是世界上最古老的文字之一，是人类上古时期各大文字体系中唯一的传承者。"象形、会意、形声、指事、转注、假借"的造字方法，让汉字拥有优美的形态、很高的辨识度、极强的关联性、易懂等独特优点，展现了中国文字的独特魅力。

图 3.1.5-4　林园

图 3.1.5-5　孟建民院士箬笠创意稿　　　　　图 3.1.5-6　箬笠

字屋的创意源于"光与影""文字与建筑",将积木、活字印刷术和书法等元素融合在一起,共筑一个富有文化情怀的景象(图 3.1.5-7)。

因篆书是秦始皇实施"书同文"政策采用的字体,隶书在东汉时期达到顶峰,徐州是两汉文化的催生之地,所以选择篆书和汉隶为墙面主要字体,诠释文化内涵。字屋采用条方组合的积木式造型,外墙双层 3mm 厚锈蚀钢板、龙骨在中间的结构,使建筑随着时间产生历史沉淀感。立面选取《千字文》《三字经》等儿童启蒙题材,汉隶体镂空字;二层悬浮的几个体块采用篆书;展厅中间玻璃隔断墙采用艺术玻璃,选用颜真卿版本的《千字文》(图 3.1.5-8)。立面镂空字的设计,建构了一个充满趣味的字屋空间,让建筑呈现个性、玲珑、剔透的光影体验。阳光下镂空的字在地面形成斑驳的影子,与墙面的字交相辉映。夜晚,通过内透顶棚灯光或内透立面灯光的整体渲染,点亮内部空间,使夜景呈现剪影的艺术效果,让夜景更舒适和谐,实现了全时体现"光影与建筑艺术完美结合"的效果。

5. 园舍

园舍①的设计以"园中有舍,舍中有园"相互交织的形态,让参观者体验传统园林神韵的同时,促其反思现今自然与人工之间的关系(图 3.1.5-9)。

不同于常规在室内看展品的展览模式,设计师将展品设置为室外的"园"。在"舍间"围绕着中心水园设置有不同主题的"园",如山水画般依次展开,"舍"尽可能轻盈,"舍"与"园"之间界面透明、视野交织;庭院与庭院之间、庭院与建筑

---

① 原设计名为"园中房,房中园"。"园舍"语出《魏书·列传·卷七十二》:"景裕止于园舍,情均郊野"。《资治通鉴·宋纪·宋纪十一》:"沈庆之……先有四宅,又有园舍在娄湖。"更名"园舍"符合"园中有房,房中有园"的设计本意,更简洁,与其他五个创意园命名规则相一致。

图 3.1.5-7　字屋创意手稿

图 3.1.5-8　字屋文字

之间边界模糊，相互之间或渗透、或开放、或隔离。人们在开敞的"房"下看"园"内的展品，或景观直接延伸至"房"内，将室内空间室外化。在这一观览过程中，"房"与"园"的边界逐渐模糊、消解，促进人们对山水自然保护与再利用的认识（图 3.1.5-10）。

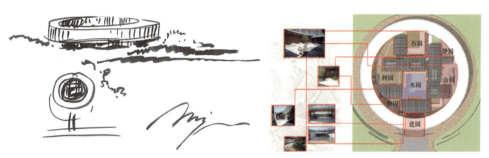

图 3.1.5-9　孟建民院士园舍创意手稿　　　　图 3.1.5-10　园舍园中园

　　园舍作为园区特色园林创意展场，具备近期展览与展后使用的双重功能。周圈观景长廊外立面材质选用白色夹胶钢化彩釉玻璃，玻璃幕墙按一定角度呈模数化转折，可 360°观看园内外的各景观建筑。园内各"舍"建筑单体均采用模数化造型，建筑界面皆采用半透性材料，木质格栅与白色彩釉玻璃幕墙，从而产生视线上的穿透，同时采用镂空砖墙围合形成半开敞庭院种植竹林，成为"自然"与"人工"之间的过渡。建筑结构采用纤细的钢结构桁架体系，钢结构外包木材；屋面荷载由屋架依次传至空腹桁架和钢结构立柱中。创新的结构造型体系，营造出具有节奏感与韵律感的室内空间（图 3.1.5-11），会展期可分观园、静思、游园三部分，用流线串联起一条可供游人学习思索到体验感悟园林意境的展览之路；会展后可按需用于展览，或休闲公园，也可提供休憩、茶饮的室内空间。

3.1.6 运河史话园建筑群

运河史话园建筑群由何昉大师主持规划设计，分为仿唐建筑群、仿宋建筑群及仿明清建筑群三个组群。

唐代建筑结构和装饰简单，色调简洁明快，屋顶舒展平远，门窗

图 3.1.5-11　园舍

朴实无华，给人庄重、大方的印象。宋代建筑风格特点趋向于系统化与模块化，建筑物慢慢出现了自由多变的组合，绽放出成熟的风格并拥有更专业的外形，采用了减柱法和移柱法，梁柱上硕大雄厚的斗栱铺作层数增多，更出现了不规整形的梁柱铺排形式，跳出了唐朝梁柱铺排的工整模式。在建筑方面，明清时期达到了中国传统建筑最后一个高峰，是建筑体系的最后一个发展阶段。这一时期的中国古代建筑虽然在单体建筑的技术和造型上日趋定型，但在建筑群体组合、空间氛围的创造上，却取得了显著的成就。建筑呈现出形体简练、细节烦琐的形象，建筑零件相对精细，突出了梁、柱、檩的直接结合，减少了斗栱这个中间层次的作用，这不仅简化了结构，还节省了大量木材，从而达到了以更少的材料取得更大建筑空间的效果。大量使用砖石，促进了砖石结构的发展。在此期间，中国普遍出现的无梁殿就是这种进步的具体体现。

仿唐建筑群位于运河史话园的上游，气魄宏伟，严整又开朗。斗栱的结构、柱子的形象、梁的加工等都令人感到构件本身受力状态与形象之间内在的联系，达到了力与美的统一（图 3.1.6-1）。

仿宋建筑群位于运河史话园的中游，建筑屋顶有歇山式、悬山式等。各个建筑构件的尺寸都比较大，比如屋脊、翼角，增强了室内的空间与采光度，注重园林建筑的意境设计，把自然美与人工美融为一体，建筑物的屋脊、屋角有起翘之势，给人一种轻柔的感觉。屋面、墙身、外饰面等与明清建筑群类似。正脊两头放置类似鸱尾的正吻，侧立面墙身青砖片贴面，三角部分白色外墙外露装饰性的檩条、童柱、梁等，建筑构件体量较大（图 3.1.6-2）。

仿明清建筑群位于运河史话园的下游，采用框架结构，建筑屋顶有歇山式、硬山式等。屋面为灰色筒瓦，正脊两头放置正吻，朱红色的平直飞檐连接檐椽，装饰

图 3.1.6-1　运河史话园仿唐建筑——洗心楼

图 3.1.6-2　运河史话园仿宋建筑群

性的檐檩、垫板及檐枋，外立面青砖片满面贴，套方锦花格图案的仿古木门窗，单体外形简单，但开间进深组合灵活多样。院落重叠纵向扩展与左右横向扩展配合的建筑组群，通过不同封闭空间的变化来突出主体建筑，空间尺度灵活舒适。建筑的组合在保证安全、防风及适应不同气候的条件下，将庭院的形状、大小、色彩进行变化，以体现建筑在功能上的思想性、艺术性。建筑群配以门、廊等小建筑，兼起联系和隔断作用（图3.1.6-3）。

图3.1.6-3　运河史话园明清建筑群

3.1.7 徐州园建筑群

徐州园建筑设计定位为新汉风，建筑与自然融合，现代功能、技术与传统风格和谐统一，形成"承古开新、新汉融合"的格局。展园总占地面积达860m²，建有泛观堂、盼亭、门厅和听石门等，形成厅亭门榭的完整布局。建筑群体布局模山范水、中轴对称、主次分明，建筑单体构造大气古拙、刚柔并济、清扬脱俗。同时建筑设计还融入"四新技术"理念，展现了徐派园林建筑以汉代形式为魂、以现代材料及技术为骨的特点。

1. 泛观堂

徐州汉画像中大量造型特异的用木结构斗栱架起的高层楼阁台榭，告别了先秦时期的夯土高台的建造手法，在结构上取得了实质性的飞跃，泛观堂为徐州园的主建筑，设计取材于汉画像之单梯悬水榭（图3.1.7-1）。为体现汉代建筑善用悬挑性能的特点，在泛观堂底部采用立柱、悬臂和斗栱承托伸出水面的挑台，结合挑台距水面的高度设计了一层一斗三升的斗栱，是新汉风临水建筑的一大创新。泛观堂采用"一斗三升""两层插栱"的形式，外檐悬挑2.1m，出檐深远。转角斗栱采用"半栱"和正、侧两面各出挑梁的形式。补间斗栱采用蜀柱加强柱间支撑，屋身下面

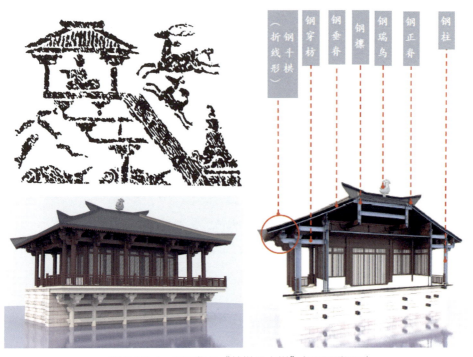

图 3.1.7-1　汉画像石"单梯悬水榭"与泛观堂设计

利用梁柱、悬臂和斗栱将主建筑托起，造成凌空之感。泛观堂由于出檐较大，斜脊过长，在屋脊处理方面采用"段脊"的形式，上部斜脊较高，檐柱出檐位置斜脊截面变小，使斜脊立面层次变化丰富（图 3.1.7-2）。

图 3.1.7-2　泛观堂

2. 盼亭

盼亭体量适中，四周设置吴王靠，建筑尺度宜人。继承：柱头铺作——"一斗六升式半栱"，转角铺作——"华栱双面出挑一斗三升"，补间铺作——"一斗三升"。创新：主体结构采用不锈钢轻质材料，大屋面采用玻璃顶，展现盼亭临水建筑的轻盈、通透之感（图 3.1.7-3、图 3.1.7-4）。

3. 门厅（主入口）

门厅采用三开间，中部高起，两侧稍低，簇拥成高大显赫的门户形象。继承：斗栱样式，正间柱头、转角铺作——大门正间柱头、转角铺作与盼亭一致为"一斗六升式半栱""华栱双面出挑一斗三升"；正间补间铺作——"蜀柱"，并采用"两重枋"；边间柱头、转角铺作——"丁字栱（华栱三面出挑）"；边间补间铺作——"蜀柱"。创新：大门主体结构采用不锈钢轻质材料，正间采用玻璃顶，创造挺拔之感，次间采用钢屋面簇拥，形成壮硕的门面（图 3.1.7-5、图 3.1.7-6）。

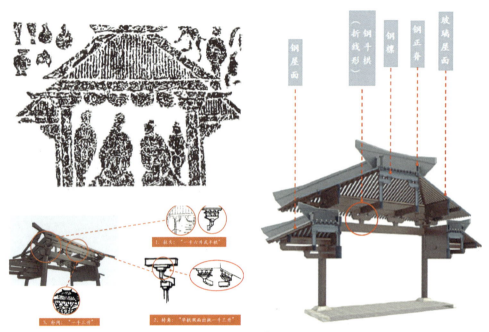

图 3.1.7-3 汉画像石"亭"建筑与盼亭设计

图 3.1.7-4 盼亭

3 建筑艺术　　093

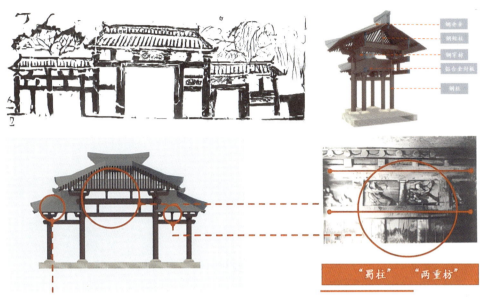

图 3.1.7-5　汉画像石"门楼"建筑与门厅（主入口）设计

图 3.1.7-6　门厅（主入口）

4. 听石门（次入口）

听石门体量最小，双柱落地，并利用悬臂、蜀柱和斗拱多层悬挑，屋面风格轻巧且深远。继承：柱头、转角铺作——"十字拱（华拱四面出挑）"；柱身——"斗子蜀柱"；补间铺作——"人字拱"。创新：采用不锈钢轻质材料，展现汉代建筑构架之美，创造灵动、轻巧的门面（图3.1.7-7、图3.1.7-8）。

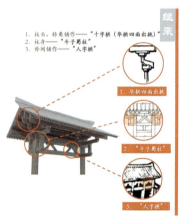

图3.1.7-7 听石门（次入口）设计

图3.1.7-8 听石门（次入口）

3.1.8 一云落雨

一云落雨（国际区服务中心）由韩冬青大师团队设计完成，为国际园区域的游客服务中心、重要的地标性功能建筑。一云落雨采用英式、现代建筑风格，创意延续"高技派建筑"①"画意派园林"的思想，着力诠释理性主义与浪漫主义的对立与统一。一云落雨由三个独立的四棱锥形建筑组成（图3.1.8-1~图3.1.8-4），四棱锥是宇宙中最完美的形式之一，金字塔和卢浮宫入口都采用了这种经典几何形式，表

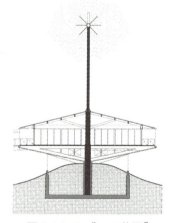
图3.1.8-1 "一云落雨"剖面示意图

---

① 高技派建筑：20世纪70年代，对"理性思维"的尊崇从工业界延续到建筑学领域，福斯特、罗杰斯用理性表达欲望，用技术表达美学。他们反对"表现主义"的惯用手法"包裹"，将结构、电梯、楼梯、管道全部外露，却造就了新的表现主义风格"高技派"。

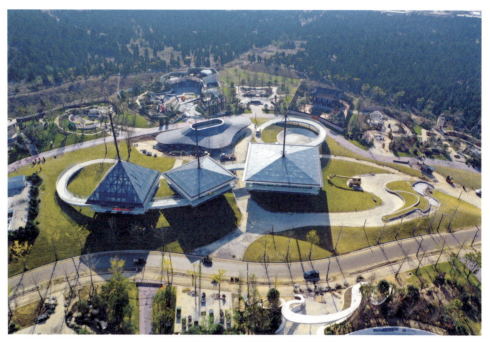

图 3.1.8-2 "一云落雨"建筑鸟瞰

图 3.1.8-3 "一云落雨"建筑

图 3.1.8-4 "一云落雨"建筑地面连接、结构节点

图 3.1.8-4 "一云落雨"建筑地面连接、结构节点(续)

达了纯粹的理性主义。建筑屋顶呈正四棱锥、基座呈倒正四棱锥。建筑利用中轴独柱承重，通过三角形桁架实现悬挑，支撑地板。桁架下有四根柔性拉索，防止结构倾覆。建筑地面由一个倒立金字塔支撑，与地面相接的触点仅有 $1m^2$，在绵延的草坡上"轻触大地"。这种人工建筑与自然地形之间仅通过一根柱子连接，就像芭蕾舞者踮起纤细脚尖的姿态，因而使得三个大小不一的四棱锥状展馆能够以轻盈的姿态矗立在起伏延绵的自然地形上。独柱结构一方面能够尽可能少地侵占自然土地，另一方面达成一种理性与浪漫"对立共生"的状态。极端理性的四棱锥人造建筑与浪漫主义风格的景观在对立的同时，达到共存的和谐。

徐州夏季的气温偏高，通过结合艺术与科技，在三个四棱锥形建筑的上空造出"一云落雨"，借人工云和雨降低建筑表面温度。工作原理是：建筑之上安装 15m 高柱，柱端有米字分叉，安装雾化喷头，喷射雾气，用以造云。雨水喷射器安装在高柱底端，喷射循环水，以冷却屋面。90% 的水用于冷却玻璃屋面，10% 用于雾化"造云"。为防止循环水喷溅，屋檐安装天沟，天沟下垂 PVC 索，将水导入下天沟，水沿锁链流到底部回收漏斗，随着"曲水流觞"汇到场地最低处景观水池内。

3.1.9　隆亲门

隆亲门[①]（一号门暨游客服务中心）由韩冬青大师团队设计完成。建筑整体以汉双阙门楼为设计元素，由汉画像砖中的菱形纹样进行抽象演变而来（表 3.1.9-1、表 3.1.9-2），用台斗结合的新形式来表达古风汉意，形制中轴对称，形成整体雄浑的建筑体量，体现徐派园林建筑古拙有力、粗犷、大气的形式特征。背衬连绵起伏的山峦，显示出两汉气度，全面展现徐风汉韵的独特魅力。

隆亲门建筑以树形结构为核心体系，向水平和垂直方向发展延伸，形成三种单元模块化的结构体系，解决了主要建筑内部大空间结构问题。各部分主体以台斗华宇的形态坐落在汉式高台上，表达出自然山水之中古阙叠石的意向。在主入口轴线两侧，于登临高台之处，立叠双亭，加强门户空间的进深和层次感，并进一步突出汉文化的空间意象（图 3.1.9-1）。

---

① "隆亲"音 lóng qīn，隆意"盛大、兴盛。""隆亲"意思为所尊崇的、所亲爱的人。南北朝·谢灵运《赠安成诗》曰："棠棣隆亲。颇弁鉴情。"宋·王日羣《云安监劝学诗》曰："蜀学乃孤陋，师友须隆亲。"杨简《蒙检讨封送所与诸同朝倡酬盛作某老拙愧后砾》道："传闻归燕隆亲睦，天上云韶拱玉杯。"一号（主）门名"隆亲门"，表示对游客的尊敬。

隆亲门古拙有力的形式特征与美学追求来源　　　　表 3.1.9-1

建筑分类	典型案例			特征总结
官衙建筑	内蒙古和林格尔东汉墓壁画《宁城图》所示官衙建筑	河北安平东汉墓壁画中府邸图像摹本	山东诸城东汉画像石墓中大型府邸图像摹本	1. 整体风格硬朗，造型直爽，坡屋面形制常以硬山形式出现，建筑空间形制与人的行为活动结合紧密。 2. 除官殿、园林及陵墓建筑外，社会豪富、地位较高之官吏与贵族等的宅第，大门处常有双阙，有时在两阙之间连以短檐，以强调其出入口的效果。 3. 在各类建筑中常有三四层的方形阁楼，每层有斗栱承托的挑檐，满足遮阳、避雨和远眺的要求，体现出多变的建筑形体
居住建筑	汉代居住建筑之廊庑		河南郑州市南关第159号汉墓封门空心砖图像	
	汉代居住建筑之楼屋			

隆亲门建筑外形创意的生长（台+斗一体整合）　　　　表 3.1.9-2

原型抽象（建筑元素提取）	原型拓展（组团或群体）	原型演变（核心元素保留）	原型叠加（形体意向建立）

屋面为双层，表面为金属格栅，将排水放在内侧铝镁锰屋面板，排水沟隐于金属格栅之下，保证屋面完整性。落水管材质选用木色金属，固定在斜撑之后。在

图 3.1.9-1　隆亲门

室内材料的选择上，除玻璃幕墙外，建筑主要使用了钢和集成竹材两种材料，同时将钢结构和竹结构直接暴露出来，不用过多地修饰，结构体系和围护体系得到清晰的表达，与汉代文化中古朴率真的材料使用原则相契合。室内顶板、室内钢结构柱等构件与汉代元素相结合，通过特殊的形式处理表达对汉代文化的理解与融合（图 3.1.9-2）。

图 3.1.9-2　隆亲门节点组图

采用钢木混合装配式结构体系，以钢结构为结构主体，辅以胶合木等再生材料，将材料尽可能地外露出来；整体考虑雨水收集再利用技术，满足园区绿化灌溉用水需求，实现水资源循环利用。结合徐州气候，采用外遮阳及自带开启扇的高性能通风节能天窗等绿色节能技术，降低建筑能耗，是隆亲门的建造亮点。

3.2 园筑艺术

中国（徐州）国际园博园各展园建筑的设计师们根据各自展园的主题，用心神领会和创造出各个独特的建筑艺术形象，仿古、地域、民族三大类园林建筑风格运用之妙，传神阿堵，各擅其美。

3.2.1 仿古风格

利用现代或传统建筑材料，仿照古代建筑风格，对建筑形式进行符合传统文化特征的再创造，建造具有历史风貌特征的建筑，是传承中华传统历史文化的重要形式。

1. 明清风格

1）北京园园筑

北京园位于运河史话园与吕梁水库的交汇处，为滩涂留下的水洼地带，自然条件较好，地势较为平坦。以远瀛观、吕梁轩、水云榭三组仿明清建筑配以宫廷花木、山石等形成三进院落空间，辅以起联系分割作用的连廊、拜泉亭等，再现圆明园——濂溪乐处景点（图3.2.1-1），延续传统精髓，同时又融合时代精神。

建筑群具有皇家风格，远眺，多种屋顶的组合，使建筑物的体形以及轮廓线变

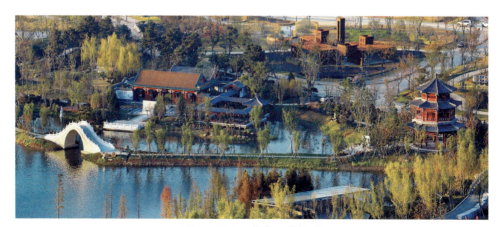

图 3.2.1-1　北京园建筑群

换更加丰厚；俯视，屋顶丰富的颜色及变幻的外形展示中国建筑最具魅力的"第五立面"；近观，建筑墙体与廊柱映衬林立，油漆彩画装饰富丽堂皇、雕梁画栋、色彩明快、装饰精巧、雍容大气、严谨典丽，犹如山之彩屏、水之锦帐（图3.2.1-2）。主建筑远瀛观屋面黄琉璃瓦绿剪边，单层五开间，形成气势恢弘而肃穆庄严的特色，皇家建筑特色突出。作为北京园标识性景观的远钟阁，既丰富了悬水湖的竖向景观效果，又是湖区的标志性景观，呼应大运河北京段的标志性景观"燃灯塔"，为运河文化带的景观收头。远钟阁为切角八角两层重檐攒尖楼阁，一层带檐廊，建筑风格新颖别致，美观大方，作为制高点，可以360°欣赏全景，又与西北侧的楼形成良好互补，协调搭配。

2）山西（太原）园园筑

园内主体建筑牌坊、亭台，均为砖木结构，梁柱绚丽夺目的油漆彩画、精致秀气的斗栱，以月梁造形式制作的木作，辅以传统木雕及油漆彩绘，无不带有太原建筑特色的元素，让人一眼就能看到太原古典园林建筑的风韵。立柱、横梁、顺檩等各主要构件之间以榫卯连接，构成富有弹性的装配式木框架结构。屋面瓦采用青瓦

图3.2.1-2　北京园建筑油漆彩画

打底琉璃剪边，尽显古朴风韵。

"锦绣太原"牌坊，四柱三楼，边柱加人字支撑，柱顶华丽的斗栱支撑着上面的屋盖。正六角形"汾源"亭和牌坊外饰面风格相同，二者一南一北遥相呼应。油漆彩绘为具有山西特色的汉文锦彩画，以古太原八景、人文景观、历史故事等为题材，精美的砖雕展现渔樵耕读、竹林七贤、梅兰竹菊等内容（图 3.2.1-3）。

图 3.2.1-3　山西（太原）园"锦绣太原"牌坊和"汾源"亭

2. 隋唐风格——河南（洛阳）园园筑

园内主要建筑为水榭、曲廊、景亭，以土黄色、黑色为主色调。建筑体量适中，造型庄重大方，骨架采用现代的铝合金建筑材料。水榭三开间，构架简单，四周围栏，唐风歇山顶。在林中穿梭的廊架，四折，曲折有致。景亭，4.2m见方，柱间距较大但不失协调（图3.2.1-4）。

图 3.2.1-4　河南（洛阳）园建筑

3. 荆楚风格——湖北（武汉）园园筑

展园充分利用地形，形成多层台地式园林格局，主要建筑包含亭、望楼、渚宫及水榭，均为楚式古建风格。建筑形制为高台及干阑式，装饰以红、黑为主体基调。建筑整体布局开敞，层台累榭，错落有致，气势雄浑，局部手法细腻，特色鲜明（图 3.2.1-5）。

图 3.2.1-5　湖北（武汉）园建筑群

亭、望楼、渚宫建筑一层架空，从园林空间到室内空间过渡自然。亭为重檐四角攒尖，一层檐下为八柱四角，二层檐下为四柱，两层檐中间为透气的槛窗。因地势大高差形成的高台通过设立围合栏杆的高架过道进入渚宫，五开间，明间前后外凸并设置栏杆，梢间设置槛窗，屋顶十一脊，端头微翘的正脊及垂脊给宽矮厚重感觉的建筑增加了一份轻盈。二层围合式的渚宫设计兼顾了园博会中与会后的应用。由下至上呈梯状收窄的望楼，四角攒尖，是全园制高点，遥望吕梁阁。望楼顶部干阑以下，四角立柱由横梁及剪刀撑固定连接，立柱内形成的空间布置螺旋上人梯，通至干阑围合的阁楼地板，以供登高望远。地面上的水榭与架空的渚宫、望楼形成高低错落、布局灵活的建筑特点。

4. 辽清融合风格——辽宁（沈阳）园园筑

展园内辽塔以辽代沈阳石佛寺辽塔为模版，采用现代钢结构，在阳光的照射下使游人感受到一种别具特色的质感和时空的穿越感（图3.2.1-6）。具有历史厚重感的重檐八角凉亭，由清代沈阳故宫大政殿风格衍变而来，给人不怒自威的气势（图3.2.1-7）。

图 3.2.1-6　辽宁（沈阳）园辽塔

图 3.2.1-7　八角亭

3.2.2　地域风格

中国民居建筑深深地扎根于各民族文化的沃土，异彩纷呈，多姿多态，形成了各具特色的建筑形式，如巴渝的台地、徽派的马头墙、岭南的彩色玻璃窗饰、琼北的骑楼等。这些丰富的建筑风格，既是劳动人民智慧的结晶，又是地域文化的表现和社会历史的见证。

1. 巴渝民居风格——重庆园园筑

展园地形最大高差接近 8m，不仅展示了山城重庆立体多样的险、秀、雄的山水风貌，也展示了巴渝特色民居建筑的层间跌出、错落有致、自然生态、古朴野趣。因地制宜的民居群落与山地建筑，呈现出多姿多彩的建筑形态，引导游客拾级而上，一探山顶乾坤。建筑的构筑形式自成一体，和谐而严谨，有多种适应地形的台、坡、拖、跨、架、挑等。

园内建筑主体为砖木结构，以土色和黑色为主色调，蝴蝶瓦屋面，或临崖而建，或架在下吊的脚柱上，底部完全透空。架空和吊脚的接触部分只有几个点，避免建筑与山地地形之间的矛盾，同时预防潮湿与虫蛀、野兽侵袭，是典型的巴蜀民居建筑。架空和吊脚的基础是点式基础，因此建筑完成后仍可保持原有的自然地貌和绿化环境，也可以避免破坏地层结构引起的稳定性失衡而产生的如滑坡、崩塌等工程事故（图 3.2.2-1）。

图 3.2.2-1　重庆园建筑群

2. 岭南民居风格——广东（广州）园园筑

展园入口为岭南风格的廊苑建筑。"凸"形的平面与空间布局开敞通透，造型轻巧的建筑外观，色彩明朗淡雅的彩色玻璃、镶拼壁画等传统构件，使建筑现代中不失典雅（图 3.2.2-2）。

图 3.2.2-2　广东（广州）园入口建筑

建筑物的造型美观悦目，体量比例恰当、优美，现代轻质通透材料构造的外形与传统细部和装饰、装修色彩搭配活泼、自由。

3. 赣派民居风格——江西（南昌）园园筑

江西民居的基本特征为天井式，其是国内此类型民居中最丰富、最完整的。江右商是中国古代颇具影响力的商会，以江西人为主的江右商在全国建造了许多江西会馆，南昌会馆就是其中之一。

主体建筑南昌会馆，建筑为砖石结构，二进"马头墙"山墙四合院式院落，平面呈方形，外墙四周围合：中间形成"进财"的天井，两侧山墙为变化多姿的"马头墙"，丰富的门罩、门楼、门斗、门及廊门窗隔扇。建筑特点鲜明，在空间上以大开大合为主，讲求高大宽阔，形态上带有强烈的江西文化特点（图 3.2.2-3）。

4. 徽派民居风格——安徽（合肥）园园筑

建筑主体是一个由片墙与长廊结合成的半围合建筑，凝练徽派马头墙等建筑特征，提取粉墙黛瓦等元素，形成合院的空间，让游人得到更为丰富的游览体验。建筑空间上注重开合有度、进退有序、虚实结合。东侧长廊两片内坡屋顶空开30cm形成窄缝，既是光缝也是雨缝。晴天通过红外线感应，是一个可以让游客互动的智慧水帘，雨天时雨水沿屋顶滴落形成雨帘，顺着地上的线性水槽，汇集到庭院中心，传达出徽派建筑中"四水归堂"的意向（图 3.2.2-4）。

在古代，徽州男子十二三岁便背井离乡踏上商路，马头墙是家人们望远盼归的物化象征，看到错落有致、黑白辉映的马头墙，也会使人得到一种明朗素雅和层次分明的韵律美的享受。

5. 琼北民居风格——海南（海口）园园筑

受中原文化、闽南文化、南洋文化的影响，传统琼北民居以闽南、岭南民居为基础，在发展和演变过程中进一步简化和多元化，特别是满足遮阳、透气等功能而形成的特色窗——双层窗、花窗、酒瓶窗等。园内主体建筑为船形玻璃结构房，两侧立面装饰以琼北民居风格的骑楼造型，形成寓意海口为一艘不断发展、继往开来、搭载文化的"城市之舟"，体现了海南岛历史文化。骑楼是近代典型的建筑，是西方古代建筑与中国南方传统文化相结合演变而成的建筑形式，可避风雨防日晒，特别适应岭南亚热带气候，其实用性更突出（图 3.2.2-5）。

6. 湖湘风格——湖南（长沙）园园筑

展园南北高差较大，但主要建筑分布合理。高处布置小瀛洲亭，居高临下，视线开阔，低处布置曲廊及展览建筑，高低有致。建筑主体以白色、黑色为主色调，均为湖湘特色轻盈的唐风歇山屋顶,蝴蝶瓦屋面。小瀛洲亭,砖石结构,四周设置圆顶门洞,石券收边。展览建筑为三开间,砖木结构,周边抱厦(图 3.2.2-6)。

图 3.2.2-3　江西(南昌)园建筑

图 3.2.2-4　安徽（合肥）园建筑

图 3.2.2-5　海南（海口）园建筑

图 3.2.2-6　湖南（长沙）园建筑

7. 江南园林风格

1）江苏（苏州）园园筑

园内建筑雅致古朴，风格独特，院落布局自然和谐，构思巧妙。平面布局方式和北方的四合院大致相同，布置紧凑，小巧精致，院落占地面积少。以水面为中心，四周散布规模较小的建筑，体现"小中见大"的江南民居构思，运用含蓄、曲折、暗示等手法再创造，曲折有致，形成深邃的景境，丰富游客对实际空间的感受。硬山式的建筑，色彩淡雅，以黑白为主色调，三开间砖混结构建筑主体，美观、防水的粉墙黛瓦，给人清高风雅、淡素脱俗的浓郁书卷气（图 3.2.2-7）。

图 3.2.2-7 江苏（苏州）园建筑

2）江苏（扬州）园园筑

"扬州以园亭胜"。园内建筑风格既有北方园林高大壮丽的特色，又有江南园林建筑小品的独特风格，结构严密。建筑主体色彩浓重，以红黑为主色调。揽胜楼建筑两层，歇山，正面抱厦，砖木结构，临水，在底层延伸出一排屋顶，下面设置栏杆，两者共同构成檐廊，可满足游人休憩、健身等多元化需求（图3.2.2-8）。

图 3.2.2-8　江苏（扬州）园建筑

3.2.3 民族风格

少数民族在其历史发展过程中，为适应聚居地的生态环境等，诞生了各自发展又相互影响的少数民族建筑文化，构成了中华建筑文化的重要部分，如维吾尔族的葡萄架、西藏的"边玛草"房、黔东南的吊脚楼等。

1. 新疆园园筑

新疆园顺中部冲沟而上，结合蜿蜒的路径将空间逐步抬升，形成依高建高的台地。新疆民居风格的主体建筑结合台地设置，巧妙地利用高差形成了丰富的室内外空间。建筑布局相对自由，布置有不同功能的相对独立房屋，每个房屋带有大小不等、形状各异的休憩花园式庭院。户外设有棚架（葡萄架），屋顶设有露天平台，平台连接楼上各个房间。

建筑主体为砖木结构，颜色几乎为材料本色，土黄色为主色调，偶有白色的外墙。外墙面由白水泥勾缝的形态各异的花式土黄色砖砌筑而成，白色的墙面上的门窗洞口，周圈或采用土黄色砖券，或木材本色门窗框边；建筑为平屋顶，各屋顶之间横跨着木架式过街，使建筑呈现出奇特的空间造型（图 3.2.3-1）。

图 3.2.3-1 新疆园建筑实景与砖墙砌筑

2. 西藏园园筑

西藏园位于整个园博会最高点石山南侧，地块东西长约 120m，南北约 35m，从西向东地势渐高，高差在 9m 左右。根据交通方向及视觉朝向，结合地块由西向东、由南向北渐高的地形特征，以及从西侧主入口开始的参观动线，确定建筑布局和朝向。展园建筑参照西藏传统民居建筑的负阴抱阳、背山面水、坐北朝南。建筑顺应地势，依坡而建，与自然环境融为一体，尽可能地减少对地面的处理，既减少了对耕地的破坏，又可以避免因夏季多雨期间造成的山洪灾害。

主体建筑运用传统的西藏建造方式和材料，以"打阿嘎"和"边玛草"来直接展现西藏建筑的独特个性。地面与墙面以特有的天然阿嘎土为主要材料，适应了当地的气候条件，也逐步形成了特有的地域性民族建筑风格，展示了独具高原特色的人文景观。主体建筑为边玛墙体，从建筑技术角度讲，可以减轻墙体顶部的重量，对藏式建筑有着很好的减重作用；从建筑外观装饰来讲，边玛墙对建筑起到色彩对应反差的装饰作用，从而获得视觉美感。建筑墙体主色是白色，白色墙体上赭红色的女儿墙和窗户边沿的黑色条，使墙体颜色从单调变成了多彩，从轻淡变成了凝重，增加了整个建筑的庄重感。建筑外装饰运用藏族标志性几何纹样符号巴扎纹及作为角隅图案的巴扎（图3.2.3-2）。

图3.2.3-2　西藏园建筑

3. 内蒙古园园筑

采用抬高架空的流线型地形，在下部形成建筑空间。建筑屋顶与地面铺装通过台阶连成一体，过渡自然，丰富了竖向设计景观层次。建筑后墙面刻画有蒙古特色的纹饰图案（图3.2.3-3）。

4. 广西（南宁）园园筑

主体建筑"同心楼"以广西巴马瑶族传统的干阑式木楼"铜鼓楼"（圆廊＋八角重檐）为原型，"铜鼓楼"的形成是当地居民旧时抵御自然灾害及抵御外敌入侵的结果。"同心楼"为各民族团结一心之意，建筑构件装饰融入了瑶族铜鼓纹样元素、壮锦装饰等少数民族的图腾元素。建筑为干阑式钢木结构，外形为二层圆形尖顶样式，底层立柱架空，造型精巧，富有民族特色（图3.2.3-4）。

图 3.2.3-3 内蒙古园建筑

5. 贵州园园筑

贵州是苗族人口最多的省份，集中了全国苗族的主要文化特征。园内主体建筑为苗侗民居风格：尊重自然地貌、依山就势的山地干阑式木质吊脚楼建筑。建筑外形传承了黔东南民族建筑的特征，但没有照搬、原封不动地复制，而是提取了其独特的建筑文化符号、色调和装饰等元素。主体建筑最高 10m，三面布置走廊，三开间，三进深。高低错落的灰色筒瓦屋檐、悬空的木干阑、精致的木挂落及垂花以及整体的木本色外墙面，体现了原始、纯真、古朴、大方的苗族特色（图 3.2.3-5）。

图 3.2.3-4　广西（南宁）园建筑　　　　图 3.2.3-5　贵州园建筑

6. 青海（西宁）园园筑

西宁位于青藏高原西北部，园内主体建筑有着鲜明的青藏高原独有的自然特色——河湟回族民居风格。建筑整体颜色为土黄色，土木结构的庄郭，整个建筑的格局呈四合院状，四周垒有围墙。土坯砌成的墙壁上抹一层细腻的黄泥，结实光滑，经久不脱，墙面上装饰青海出土的"鸾凤铜熏炉盖"里的图案元素，门顶、屋顶檐部配以精美的民族装饰。独门独栋的庄郭中修建了花园，使房前院内绿荫盖地，形成独特的庭院景致（图 3.2.3-6）。

7. 台湾园园筑

台湾馆为卑南族风格，卑南族是高山族的族群之一，族群分布在中国台湾岛中央山脉以东，卑南溪以南的海岸地区。在每年一月一日前，要为未成年男孩举办成人礼，通过一些野外生存训练，传授打猎生活的技能来锻炼孩子们，以成为勇敢、光荣、自信、有担当的成年人。台湾馆的创想就是出自这些男孩集合训练的少年会馆，对于卑南族人们来说林与建筑没太大分别，在山里打猎，碰到大雨，他们把竹子折下来，或者把一片板岩放在两个石头上，用来避风躲雨，在山林里也可以休息等，等于整个大自然都是他们的园林，而处处都存在着建筑。台湾馆建筑为圆形，两层，木结构，一层架空。圆锥形屋顶覆盖天然茅草（图 3.2.3-7）。

图 3.2.3-6　青海（西宁）园建筑

图 3.2.3-7　台湾园建筑

3.2.4 中外交融风格

1. 澳门园园筑

主体建筑仿造澳门八景之一的龙环葡韵,建筑上龙头环别称龙环,以白色和知更鸟蛋绿色为主色调,从葡式建筑中提取拱券、尖顶等元素,具有中西交融风格(图 3.2.4-1)。

2. 天津园园筑

天津素有"万国建筑博物馆"的美誉。园内建筑属于西洋建筑形式,包含展示以五大道为代表的"洋楼文化"的津萃轩以及展示天津历史名人故居风貌的津萃廊两组建筑。欧式风格的建筑外形及经典的古罗马柱式,沉稳大气,外饰面主色调为橙黄色和米色。

津萃轩高 6m,平面为正方形,四侧设置半圆拱门洞,外墙面采用大块分割的横向粗线条,主顶部采用法国古典折中主义巴洛克式券罩与段山雕花,属于天津独有的特色欧式建筑风格。津萃廊高 3.5m,平面呈扇形中心轴对称布置四周,廊柱采用天津民园体育特色风貌的古罗马柱式,融合园林景观展现天津中西合璧的城市风貌(图 3.2.4-2)。

图 3.2.4-1　澳门园建筑

图 3.2.4-2　天津园建筑

3. 黑龙江(黑河)园园筑

黑河是中俄的分界线,展园建筑小木屋充满了浓浓的欧式"异域风情",木结构,颜色朴素、造型精美。

墙体采用井干式结构,以原木交叉垒成,不用铁钉,只以木楔固定;屋顶部分为人字形坡屋顶,以减少积雪的重压,屋顶开天窗,用于通风和贮藏,以增加木质建筑结构的使用寿命。建筑的举架较高,平均室内高度为 3.5m,这为通风和采光奠定了基础，同时也保持了室内的空气流通。建筑物大部分面积与地面贴合紧密，使居住于内的人、建筑和自然处于一种亲密的关系中。木材不仅质地亲和，而且全生命周期都低碳，迁移乃至拆除时不产生难以降解的建筑垃圾（图 3.2.4-3）。

4. 徐州——上合友好园园筑

上合友好园是以上海合作组织为主题建设的上海合作组织国际展园。园内地势多变，由西南向东北高度逐渐增高，最大高差 5m，主展馆建筑平面结合地形综合考虑，进行合理布置。建筑位于场地南侧，平面为异形，一层框架结构，占地面积 335m²，高度 6m，外立面以简洁的白色为主色调，正立面出入口周围装饰以上海合作组织 8 个成员国的知名建筑剪影（中国的大明宫遗址、俄罗斯的圣瓦西里大教堂、乌兹别克的卡扬宣礼塔、巴基斯坦的拉合尔堡、哈萨克斯坦的阿拜纪念碑、印度的泰姬陵、吉尔吉斯斯坦的纳伦清真寺及塔吉克斯坦的杜尚别大戏院），屋顶为可上人的屋顶花园。设计巧妙，屋顶花园空间既解决了园内面积较小的限制，也完美展示了 8 个成员国的特色花园。室内分为两个空间，一是放映室，主要放映上合组织宣传展示影片；二是展览厅，主要对上合组织的概况及历年工作内容进行展览展示（图 3.2.4-4）。

图 3.2.4-3　黑龙江（黑河）园建筑　　　　图 3.2.4-4　徐州——上合友好园建筑

5. 国际园

1）奥地利·雷欧本园园筑

园内处于制高点位置的蘑菇塔，是雷欧本当地的标志性建筑。平面呈正方形，前后墙设置出入口，建筑高约 10m，下部为正方形，屋顶四周设置金色栏杆，顶部建造蘑菇形的塔亭。建筑以浅黄色为基调，四个墙角及屋檐四周以橘黄色镶边（图 3.2.4-5）。

2）俄罗斯·梁赞园园筑

作为园内视觉焦点建筑的欧式凉亭，主基调白色，八柱，圆形，钢构穹顶。外饰面主要采用石膏线、花瓶柱、铁艺、涂料等体现欧式美感（图3.2.4-6）。

图3.2.4-5　奥地利·雷欧本园建筑

图3.2.4-6　俄罗斯·梁赞园建筑

3）韩国·井邑园园筑

园内主建筑为韩国传统建筑风格的歇山建筑亭，有着中国唐代建筑风格的痕迹。青灰色墙体，灰瓦丹柱，白色井架结构的底柱架空建筑主体，五开间，屋面瓦片上雕刻韩国国花木槿（图3.2.4-7）。

4）德国·埃尔福特＆克雷费尔德园园筑

德国是世界上啤酒消耗量最大的国家，德国人酷爱喝啤酒，因此德国形成了一种特殊的"啤酒文化"。园内主体建筑啤酒屋，彩色玻璃外饰面，矩形平面，"人"字坡顶（图3.2.4-8）。

5）芬兰·拉彭兰塔园园筑

拉彭兰塔位于芬兰最大湖泊萨伊马湖的最南边。芬兰有着独特的文化，有着悠久的桑拿房历史。园内主体建筑为半椭圆形平面，墙上设置有大跨度的高窗，板式屋面覆盖在建筑周边的围墙上，屋顶设有排气孔（图3.2.4-9）。

6）日本·半田园园筑

园内主体建筑平面为弧形，屋顶隐蔽于草坡起伏的绿化之下，竖向设计景观层次丰富。弧形建筑犹如人类的生活空间，打开建筑大门，就可以进入新美南吉的童话王国，休憩品茶，寻找童真（图3.2.4-10）。

图 3.2.4-7　韩国·井邑园建筑

图 3.2.4-8　德国·埃尔福特＆克雷费尔德园建筑

图 3.2.4-9　芬兰·拉彭兰塔园建筑

图 3.2.4-10　日本·半田园建筑

3.3　铺装文化

铺装——运用各种天然或人工制作的材料来铺设、装饰建筑（或广场、道路）的地面，虽然不及建筑本体那样容易成为景观的焦点，但"九尺之台起于垒土，千里之行始于足下"（先秦·李耳《老子·德经·第六十四章》），铺装这一"足下的文化"，其独特的物质与环境艺术双重功能，常常给游人特别的记忆。园博园公共园林及各省级展园的景观铺装，在以人为本的原则下，铺装的设计上更注重"韵"的体现，从各自的地域文化中获取创作灵感，继承和保护了历史协调性，它的艺术性与精神性的表现更加突出，充分展示展园所想要展现的地域文化与主题。

3.3.1　传统图案的"清雅之韵"

图案是铺装中运用最多的一种表现形式，人们将对美好生活的向往和追求，对将来的期待，以及吉祥如意的愿望都刻画在地面铺装的图案中，如由青铜器上的雷纹演化而来的"回纹"就寓意着吉祥久长。地面铺装的图案主要源于古代装饰纹样，古人就经常利用铺地纹样所含的象征意义来强化园林意境的创造。由于早期园林的主人多为文人，所以园林铺装也多体现出"清雅之韵"。园林铺地设计强调空间主题的协调统一，铺地图案的选用要基于园林空间的文化主题寓情于景，使得不同的地面景观表达不同的意境，从而唤起人们内心深处某种特殊的情感，更是对园林文化内涵的挖掘，以图案来表达对美好生活的向往和追求，展示城市人文历史，强化展园意境的创造。

望山依泓园之"水之澜"，设计以徐州楚王墓出土的龙形玉佩作为场地造型要素，从山之峰上流淌而下的线条表现水主题，并将北、中、南的"九州"分别抽象定位，在代表"徐州"的位置放置吕梁树池，植徐州市花紫薇，来展示徐州的历史文化（图 3.3.1-1）。

图 3.3.1-1 望山依泓园"水之澜"

望山依泓园的"林之坪"在铺装上则选取了源自汉代徐州的"六博"这种古老棋类为设计原型。林之坪的"六博赛戏"将自然吕梁石加工为近似长方形的棋子，分别阴刻"青龙、白虎、司陈、太岁、德、皇德"的篆书字样代表六博的棋子；将平缓开阔的草地作为棋盘，棋盘两边种植的松树枝叶伸展如同正在博弈的双方棋手，形象生动且低调含蓄，展示棋局中的智慧以及它所体现的哲理。

贵州园则选取了苗绣中的图案作为其铺装设计的主要元素。贵州苗绣惊艳而极致，是中国国家级非物质文化遗产之一。苗族刺绣中的动物、植物纹样都隐藏着优美动听的传说故事和古风遗迹，每一个图案样式都具有一定的象征意义。苗族挑花纹样基本上是几何图案，是由几根平行长线并列，其中，有的在两根平行长线之间加横线而成若干方格。传说方格表示祖先居住的田园，"◇"纹表示田园，"Z"纹表示江河，"凸"纹表示房屋、城镇。

设计中将苗绣中不同象征意义的图案阳刻于花岗石板材运用于铺地，贯穿园区的铺装中，使整个园区蕴含浓厚的地方特色，不仅展示了苗绣中美的形式，同时也是苗族历史文化的载体（图 3.3.1–2）。

图 3.3.1–2　贵州园苗绣图案铺装

3.3.2 地域文化的"传承之韵"

文化是有地域性的,对文化的地域属性古人已有所重视与强调。《诗经》中的十五国风就反映出不同地域、思想、风格各异的风土人情,《汉书·地理志》则更明确地解释出自然环境深刻地影响和塑造了人类的生存方式和文化形态。由此可见,地域赋予了文化基本的底色,形成文化最初的积淀。园林扎根于不同的地域文化沃土之中,呈现千姿百态的变化,地域文化不仅包括各地域内独具特色的自然地理状况,更包含了此地区社会发展过程中,人们所形成的独特的生活方式、行为习俗、思维模式、价值取向等。

在园林铺装设计中也应充分体现城市地域文化的个性。一个城市如果没有了文化,将是苍白的,所以铺装设计上不能无视历史,必须充分尊重和关注这个城市的历史,不仅仅是形式的复归与效仿,而是理解过去,以同样的创造精神来体现传统文化的"传承之韵"。

泸州,古称"江阳",自古便有"江阳古道多佳酿"的美誉。其源于秦汉,兴于唐宋,并在元、明、清三代得以创制、定型及成熟。两千年来,世代相传,形成了独特的、举世无双的酒文化。泸州园在铺装设计上以酒文化为切入点,在入口广场中央地面布置不同时期不同字体的百"酒"地刻艺术字体,展示因水而生、天地共酿的泸州酒文化的悠久历史及"酒城"风貌(图 3.3.2-1)。

图 3.3.2-1 泸州园入口广场百酒地刻

作为"北方重镇",天津在中国近现代史上扮演着重要的角色。1860年开埠后的天津揭开了向城市近代化转型过渡的序幕。位于天津海河两岸的九国租界,分别按各自国家的风格特色,建起一片"国中之国"。在天津,海河穿城而过,蜿蜒千余公里,流入渤海湾。整个城市的历史与荣耀,都与这条河流息息相关。在五大道、意式风情区,英、法、俄、德、意式的建筑物琳琅满目,几乎囊括了西方不同时代的建筑风格。小洋楼之于天津,是一记独特而又复杂的烙印。它们不仅见证了那一段风起云涌的岁月,也记录了如今这座古韵与现代并存的商业城市的独特之美。天津园展示了天津海河两岸的洋楼风貌建筑和历史名园,特别是素有"万国建筑博物馆"五大道风景区的历史传承与艺术特色。因此,在铺装设计上,天津园也延续了其建筑风貌,在林荫地景通道沿法桐林荫道依次布置百楼百园和天津历史名园特色地雕,展示天津百年繁荣历史及津城古往今来城市演替更新历程(图3.3.2-2)。

图3.3.2-2 天津园百楼百园地雕和天津名园地雕

3.3.3 色彩构图的"恬淡之韵"

恬为安静、安然的意思。《说文系传》中有:"恬,安也。"《广雅》也曾说:"恬,静也。"恬淡有淡泊名利、清静无为的含义。曹王的《与吴质书》中曰:"恬淡寡欲。"《老子》也曾说:"恬淡为上,胜而不美。"

铺装的构形是由铺装材料本身的色彩、造型或者通过材料间、颜色间的组合形成的,不同的色彩构图形式可以产生不同的装饰效果,并满足不同的目的。色彩和构图在铺装设计上是展示和解读城市传统历史和地方文化最为鲜活的教科书,一些特殊的铺装构形和灵动的色彩设计,能让人产生丰富的联想,并通过这些想象丰富场地的内涵,达到铺装设计的某种意境。

甘肃园蜂巢广场以《读者》杂志刊徽"小蜜蜂"为设计灵感,寓意读者给予人们的是真善美的精神食粮。采用六边形铺装构图代表蜂巢,米黄色的小蜜蜂阳刻在六边形砖上,随机嵌于铺装之中,向读者之门的方向聚拢,通过这种对比与变化,使铺装既活泼又富有运动感，色彩与铺装材质既调和又对比，寓意走进读者之门，感受真善美（图3.3.3-1）。

国际园的日本半田园以"童话王国"为设计主题，提取新美南吉著作《小狐狸买手套》中的"小狐狸"元素，在平面构图上由两条狐狸尾巴抽象化表现，来比喻故事中的狐狸母子，出入口的铺装上则作跳色处理，以橘红色来象征狐狸尾巴，展示人类和狐狸的两个世界，营造一种优雅自然的氛围，引导游客进行探索，丰富游玩体验，展现童话中恬淡、热烈、纯洁的精神（图3.3.3-2）。

图3.3.3-1　甘肃园小蜜蜂铺装　　　　图3.3.3-2　日本园铺地实景图

4
入口、雕塑、小品艺术

　　园林入口、雕塑、小品以灵活的表现形式和特有的语言向游人展示其艺术魅力，或以独特的形象给游人带来视觉的冲击，或以丰富的内涵向游人表达深刻的意义，或以抽象的造型让游人浮想联翩……对园林景观的塑造和意境的表达起着重要的作用。中国（徐州）国际园博园中各入口、雕塑、小品的内容题材丰富，形态类型全面，材料品种多样；在艺术风格上，传统与现代、现实与抽象、实用性与装饰性并呈。这些入口、雕塑、小品有的浓缩了参展省份（城市）的地域文化特征，反映一个城市的精神气质，在某种程度上代表一个城市的文化传统和品位；有的见证了城市的历史文化，以直观的方式，诉说城市的过往，呈现城市的历史进程，让游人感受到城市的历史气息；还有的作为一座城市精神的代言，反映参展城市的精神风格，让游人更真切地感知到城市的历史与未来、传统与时尚、兴衰与发展之间的对话与碰撞。正是在这样的文化碰撞与交流中，园林文化才不断呈现出新的面貌。

4.1 入口空间艺术

园林的入口空间是展园内部与外部环境的联结点,是整个游览空间的肇始和开端,给游人以所在之处的第一印象,可引起人们视觉停留和反复观瞻。园博园各个展园的入口多采用突出参展城市代表性的表现手法,在设计上充分强调景观标识性,以地方特色为设计的立意点和出发点,创造一个具有地方特色的城市入口景观,以鲜明的景观形式展示城市的精神风貌。

4.1.1 文化谐融的自然景观

在展园入口的实体要素中,植物、山石等自然景观通过不同的配置方式,与文化要素一起构成了层次多样、意境深远、互相渗透的入口空间。园博园入口景观更加直观地展示城市面貌和城市文化,文化元素的注入也在设计上更加注重当地的文化寓意,以因地制宜、突显特色为出发点,规划从实际出发,以植物作为场地基底,充分结合现有地形、水系等自然资源特征,考虑承担各区域生物廊道的作用,为各区域生态环境的改善和物种多样性的修复提供生境,并紧密结合各参展城市的特点进行设计布局,将自然因素与人文因素相互融合,创造风格独特的城市展园入口景观,这样既有利于城市文脉的延续,又有利于地方特色的形成。

浙江(杭州)园入口选择古典园林文化中的主题照壁"人与天调,然后天地之美生"造型,选取西湖环境中的"茂林修竹"元素,以翠竹为主要景观要素,翠竹成荫,小径蜿蜒,营造出绿郁寂静、云清幽隐的景观氛围,浓缩了典型的杭州西湖文化,体现出"小桥、流水、人家"与茶田竹林、乡风民情融为一体的西湖风俗风貌,令人感受到杭州造园之精髓(图 4.1.1-1)。

图 4.1.1-1 浙江(杭州)园入口与西湖"云栖竹径"

新疆园主入口设计抽取大美新疆天山垂直生态带的典型自然地理环境特征,广场正中设置"新疆是个好地方"logo 墙,石榴元素作为 logo 墙的装饰,寓意各民族团结,在特色林的承托下展现壮美辽阔、纯粹疏朗的新疆印象,展示大美绿洲、丝路古道、沙漠绿洲、雄关漫道等新疆特有的自然、人文、历史线索,突出壮美纯净的自然特质与古今共融的历史发展(图 4.1.1-2)。

图 4.1.1-2 新疆园主入口

浙江(温州)园入口设计结合不同的场所关系,利用山石、植物等自然山水格局的营造,结合瓯地山水诗文化,设计了两种入境方式。主入口为"近涧涓密石、远山映疏木"的旷奥视野,让游人体验谢公"未若长疏散,万世恒抱朴"的人生感悟;次入口为"涧委山屡迷,林回岩愈密"的深渊体验,曲幽秘境,临崖悬壁,营造静谧的山水空间,以诗入境,充分体现温州山水园林与山水诗的文化,回归园林的本源(图 4.1.1-3)。

图 4.1.1-3 浙江(温州)园主入口、次入口

湖南(长沙)园入口景观以长沙东池为源,通过"右有青莲梵宇,岩岩万构;左有灌木丛林,阴蔼芊眠"的东池景致,结合照壁诗词墙、牌楼、鸳鸯井、雕像等文化元素,表达长沙的山水自然格局,象征长沙山水洲城的美好意境,打造具有湖湘古韵、特色突显的入口景观,丰富的景观层次在形象展示的同时,还通过文化内涵的展示有效地吸引游客进入(图 4.1.1-4)。

图 4.1.1-4　湖南（长沙）园主入口与长沙"东池"

青海（西宁）园主入口的远古记忆，以一组错落有致的夯土景墙形式表现，提取远古彩陶纹饰符号镶嵌于墙面，呈现出一幅独具特色的高原山水画卷。入口之后以展现民俗特色的"湟源排灯"为景观引导，排灯内容展示高原美丽城镇建设成果（图 4.1.1-5）。

图 4.1.1-5　青海（西宁）园主入口与湟源排灯

4.1.2　托物寄情的历史剪影

造园离不开功能和立意构思，因为人要去游览、参观甚至居住，这都离不开社会历史、意识形态和文化修养的影响。各个城市都有着其独特的历史文化，通过充分挖掘历史的内涵，从历史文化中对表现形式进行抽象化、符号化，突出反映地域景观历史，可以发挥历史的能动性，增强展园的文化地域性和认同感。园林是历史文化传承的一个重要载体，各展园入口在设计上注重识别性和特色性的展现，利用各设计要素托物寄情，如造型各异的建筑、颇具情趣的园门、虚实相兼的墙体、曲折迂回的道路等，突出城市历史人文展示，使城市展园入口具有明显的地域性和文化特征，形成具有特色的城市展园景观入口。

甘肃园主入口以现代版"大漠瑰宝"《读者》杂志为原型，设计了读者之门、蜂巢广场等元素。走进读者之门，领略如意甘肃的大美画卷。读者之门用金、银、铜三种颜色代表真、善、美，三重门层层递进，将视线收拢于大梦敦煌雕塑处。从历史文化传承和城市生态修复等方面充分勾勒出一幅交响丝路、如意甘肃的大美画卷（图4.1.2-1）。

图4.1.2-1　甘肃园主入口与《读者》

西入口以"莫高壁画、绚丽丝路"为题材布置景墙，既可作为西入口的障景，也可作为繁花似锦花坡的延续，将一幅大美甘肃的绚丽画卷跃然于景墙之上。照壁景墙分为正、反两面，以丝路文化和黄河文化为切入点，一面展示"交响丝路、如意甘肃"的历史大美画卷，画卷以敦煌壁画风格体现，另一面展示"黄河之滨也很美"的绿色美景（图4.1.2-2）。

江西（南昌）园入口以海昏侯墓出土的漆器盘为设计元素，组合成动感的流线

图4.1.2-2　甘肃园西入口与敦煌壁画

造型，正对园门的入口处以滕王阁剪影嵌于地面之上，红色的外轮廓线搭配白色的水洗石，造型曲折动感，富有现代韵律感，色彩搭配也十分醒目，入口对景照壁采用漆器盘组合赣派建筑剪影造型，融入红色元素。整个入口区域体现了古与今、传统与现代交融成趣的景观效果（图4.1.2-3）。

图 4.1.2-2　甘肃园西入口与敦煌壁画（续）

主入口

海昏侯墓出土的漆器盘

滕王阁

图 4.1.2-3　江西（南昌）园主入口与漆器盘、滕王阁

湖北（武汉）园主入口以"楚韵流芳"的历史元素为设计主题，以楚式园林的早期意向为基础，于入口广场北侧设计有重檐楚亭，作为广场的视觉重点，广场中央设计有入口乌头门，展现武汉的地域文化之源，表达楚文化的雅韵、浪漫、瑰丽（图4.1.2-4）。

图 4.1.2-4　湖北（武汉）园主入口

四川（成都）园主入口"路遇"，采用西汉著名辞宗司马相如与卓文君的爱情故事展开创作，以卓文君"当垆卖酒"的历史典故为起点，用开门见山的方式，以"文君坊"为店招，主体建筑作为全园主入口，按时序展示开放式公共园林和川西古典园林的典型代表及特色。通过承弘和汲取这一传统特色中的精华，营造出风格清新秀逸、雅俗共赏的川西园林，以造园、游园、赏园形式达到以景愉人，表达文化繁荣、生活幸福、国家强盛的精神新境界（图4.1.2-5）。

4.1.3　形式优美的视觉导引

入口布局上良好的形式美感，作为对空间领域的界定与导入，在相当程度上影响了人们对整个空间环境的感受和把握。园博园中各展园入口设计各具特色，从小

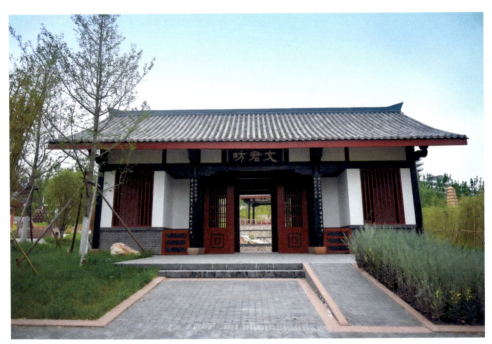

图 4.1.2-5 四川（成都）园主入口

巧别致的景园门到气质宏伟的标志性大门，通过主次分明、对比变化和优美轮廓，以引人入胜的视觉形象让游人产生情感上的传承与转折。入口作为连接公共区域与城市展园的空间节点，营造醒目和优美的景观环境可以打破公共区域绿化的视觉单调感，满足人们对地域感、场所感的需求，带给步入展园的四方来宾一种亲切而深刻的印象，有着点睛之妙。

贵州园入口处设计为山水相叠的下沉式台地，粗犷而布满苔痕的老石墙与轻巧精致的白墙交互蜿蜒辗转，与植物、碧水、蓝天、白云等交织穿插，通过这种色彩与质感、软度与硬度的对比，展现原生态与现代之间的对话与碰撞、寻迹与拾遗；在外轮廓线上以曲线的形式为主，通过波浪般起伏的轮廓、立面的层层变化等这种曲直、虚实、凹凸的对比，展现贵州山地、梯田、瀑布、喀斯特丘陵等特色地域文化，展示贵州美丽富饶的自然山水和多彩贵州的形象（图 4.1.3-1）。

图 4.1.3-1 贵州园主入口

云南园入口提取不同色彩、高低起伏的彩色玻璃景墙，组合成代表彩云之南特色、如梦如幻的小品。园内左右两边的彩色玻璃通过组合形式、外形曲线和色彩对比的丰富变化，在阳光的照射下折射出不同的光影色彩，展现彩云之南的纯臻生态环境和特色地域文化，也代表着云南人民向世界送出最美好的祝福（图4.1.3-2）。

山东（烟台）园的主入口以波浪形并富有运动感造型的铺地，让游人随海波入境，如梦似幻，进而入胜。烟台印象风动片景墙在阳光微风下，通过随风而展波光粼粼的动感，以及具有浪漫色彩的山盟海誓组景石，展示设计主题"佳期"。山、海、云要素的有机结合，在造型上形成呼应、对比和递进的层次关系，展示烟台仙境海岸特色文化，寓意五湖四海相约烟台，共度佳期（图4.1.3-3）。

图 4.1.3-2　云南园主入口与云南"彩云飞"

安徽（合肥）园的主入口以徽派的马头墙形象作为入口大门的形象，立面轮廓优美，使人一眼便知徽风印象。整体设计上除了采用马头墙的传统形象，还融入新技术与新材料，其中大门一侧是玻璃砖与镀锌钢

图 4.1.3-3　山东（烟台）园主入口

新材料的碰撞，虚实间融入了合肥的地标剪影安徽广电中心、合肥市政府大楼、合肥大剧院等来展示城市面貌，这种新旧材料与形象的碰撞，形成了视觉上的生动反差，使得合肥园内溯城市古印迹、外呈大城新形象的这种意趣更加鲜活地凸显出来（图4.1.3-4）。

图 4.1.3-4　安徽（合肥）园主入口与徽派的马头墙

4.2 雕塑艺术

雕塑被称为"立体的诗歌"。雕塑艺术在人类发展的历史上，几乎和文明同时诞生——原始的陶俑雕塑在世界各地均有发现，他们距今已有三千到一万年的悠远历史。园林作为人类的"第二自然"，是社会发展到一定高度的产物，自其产生之时，即与雕塑结下不解之缘。作为一种文化艺术类型，园林雕塑同样具有鲜明的地域性与时代性。园博园中每一个展园、每一种环境都拥有不同的历史文化，这些雕塑在给人以美的视觉享受的同时，还传达给人们一定的文化信息，也就是说，当人们在欣赏雕塑时，除了被其优美的形式和营造的高雅环境所陶醉外，还能够从中了解和领悟到当地所特有的历史人文信息。

4.2.1　传统文化符号的演绎

在全球化的影响下，"国际化"视觉符号的泛滥与"本土化"视觉语言消失的现象非常突出。园博园各展园在雕塑创作中，更加注重中国传统文化符号在城市雕塑艺术设计中的文化价值和文化意象。关于"传统"一词，有国内学者定义为："传"就是传播和流传，"统"就是一脉相承。面对老祖宗留下来的千年文化，对于传统文化艺术符号如何更好地展示，又不失新时代的文化特色，这在园博园雕塑中得到了很好的诠释与演绎。

1. 精神理念的借鉴与运用

雕塑设计不仅是符合潮流的现代艺术作品，也有责任协助保护、继承和发展世界各国的独特文化传统。现代与传统巧妙融合的关键在于对传统的理解和尊重，传统文化是崇尚人与自然和谐、形神合一、浪漫与博大的精神理念。只有在深刻领悟传统文化艺术精华之后，再在现代设计思潮的基础上，兼收并蓄，融会贯通，找到传统与现代的契合点，才能打造出属于我们本民族的同时又是面向国际的艺术符号。

望山依泓园的"柳荫牧牛"雕塑，以徐州籍画家李可染的牧牛图为素材，设计上置石代牛，石上骑着铜制牧童雕塑，配以禾本科植物芦苇，展现恬静、温馨的牧童骑牛情景。在艰苦的抗战年代，牧牛图是爱国宣传画的续曲，也是爱国赤子的悲愤情感在逆境中的宣泄。牛的淳朴驯良表现出一种虽处逆境但坚韧不拔的精神，包含着困学进取、精神内省的自励之意。这组雕塑既表达了传统文化的意义，又体现了整个时代的文化精神（图 4.2.1-1）。

图 4.2.1-1　望山依泓园"柳荫牧牛"与李可染"牧牛图"

新疆园以洁身自爱、坚忍不拔、奋发向上的雪莲精神为创意，在展园内设"品莲"雕塑，结合台地水景烘托写实造型的雪莲雕塑，在常绿背景林的映衬下，形成一处纯粹圣洁、坚忍不拔的精神高地（图 4.2.1-2）。

图 4.2.1-2　新疆园"品莲"与雪莲

云南园在水池一侧设置"鸥群"雕塑，白色"鸥群"翱翔于水面之上，其展翅的形象栩栩如生，造型疏密错落，高低起伏，以写实的手法再现了红嘴鸥等候鸟飞抵云南城市湖泊的一幕，展现滇池治理中特有的人文故事，展示保护地球生态环境的坚定精神理念（图4.2.1-3）。

图 4.2.1-3　云南园"鸥群"与昆明滇池红嘴鸥

2. 主题与题材的借鉴与运用

中华文明历史悠久，蕴含丰富，重新利用历史文化遗产进行再开发，并与现代文明一起创造都市环境，使雕塑既有历史文化内涵，又富有时代特色尤为重要。中国（徐州）国际园博园依托悠久而丰富的文化宝库，在雕塑主题选择上，以中国民俗文化（如民间传说、人物、民俗符号等）为常用题材，辅以多种艺术语言来展示传统文化，创造既有时代特色又有本民族个性的优秀作品。

甘肃园的"大梦敦煌"组雕，以敦煌飞天的经典形象作为雕塑原型，进行抽象与提炼。大梦敦煌组雕布置于圆形水景中，四周地面部分以斜面浮雕的形式，展现青年画师莫高与大将军之女月牙的感情历程，再现《大梦敦煌》这部富有传奇色彩的四幕舞剧，体现敦煌辉煌的历史文化水平以及对历史文化的传承与创新（图4.2.1-4）。

图 4.2.1-4　甘肃园"大梦敦煌"与"敦煌飞天"

4.2.2 地域文化特征的凸显

雕塑的地域性特征是通过正反呼应的两个方面表现出来的。首先，地域文化是雕塑建立的基础，地域文化的不同影响着雕塑面貌的不同。其次，雕塑是地域人文精神的载体，它是地域人文精神这一抽象概念所形成的具象物。园博园中的雕塑正是通过形色各异的形态语言，阐释着每个城市的地域文化，并深深地植根于它所处的特定地点。

徐派园林鼎盛于两汉，徐州地区出土的大量汉代文物、汉画像成为了展示其园林地域特色的标志性符号。徐州园主入口对置的"石豹"雕塑，以出土于狮子山楚王墓的石豹镇为原型，尺寸放大 20 倍，体态肥硕，双目圆睁，从容侧卧，长尾从两后腿间反卷曲于背上，整体简洁凝练，概括传神（图 4.2.2-1）。徐州园主体建筑泛观堂正脊的"凤鸟"雕塑，以出土于徐州狮子山楚王墓的西汉早期凤鸟形玉饰件为原型，按比例进行打造，凤鸟昂首挺立，凸目钩喙，凤冠飘扬，凤翅合拢，凤尾上翘，稳重大方（图 4.2.2-2）。

图 4.2.2-1　狮子山楚王墓出土的石豹与主入口对置的石豹雕塑

图 4.2.2-2　狮子山楚王墓出土的凤鸟形玉饰件与泛观堂正脊的"凤鸟"雕塑

上海园西侧主入口，结合台地花境，设置了大型玉兰花雕塑，以上海市市花白玉兰为灵感元素，抽象再现了五朵形态各异、美丽盛开的"玉兰花"。该雕塑作为上海展园主入口的形象名片，突显上海市特色并强化入口形象（图4.2.2-3）。

图4.2.2-3　上海园入口玉兰花与白玉兰

长春被称为中国的鹿乡，所以吉林（长春）园中的"卧鹿涟漪"就以水池模拟粼粼松江水，中心以富有灵气的鹿形雕塑为点睛之笔，鹿角则形似变形的树枝给人以神秘而富有灵性的心理暗示，展现出一番绿波涟漪的自然美景，也展示了吉林长春特有的鹿乡文化和鹿乡文明（图4.2.2-4）。

青海（西宁）园选取当地标志性的动物黑颈鹤、藏羚羊和雪豹为雕塑的设计主题，展现其城市精神内涵。飞鹤迎宾景观节点以镜面水景形式结合不锈钢黑颈鹤雕塑，通过雪山、植被、水鸟与其倒影的虚实结合，打造"飞鹤迎宾"为主题的景观空间。展园东侧区域通过微地形及雪山造型来展示高原自然地貌和河湟谷地地域特征，并通过高原精灵"藏羚羊""雪豹"雕塑，来展现优美的生态环境（图4.2.2-5、图4.2.2-6）。

图4.2.2-4　吉林（长春）园"卧鹿涟漪"　　　图4.2.2-5　青海（西宁）园"黑颈鹤"

4 入口、雕塑、小品艺术　　　143

图 4.2.2-6　青海（西宁）园"雪豹""藏羚羊"

四川（泸州）园主入口"风过泸州带酒香"主题雕塑，以泸州老窖之豪迈代表——"浓香鼻祖"和郎酒之绅士醇厚代表——"酱香典范"为主题，其外形飘逸，置于酒坛抽象出的曲线景墙中，黑白的景墙搭配彩色的雕塑，视觉冲击强烈，尽显仁者乐山、智者乐水的处世生活哲学。园中还沿园路散置了一些小型石质浮雕墙，浮雕颜色为古铜色，搭配石质背景尽显历史沧桑之感（图 4.2.2-7）。

图 4.2.2-7　四川（泸州）园"风过泸州带酒香"

4.2.3 时代特色的展现

反映时代特征、传承时代精神、成为时代标志是园林雕塑的重要使命。雕塑作品不仅能够反映它所处的地域文化特征，也能反映它所建造的时代特征，其中包括经济、技术以及人们的意识形态。园博园雕塑作品的创作上升到一种文化，并提纯为一种精神，时刻感染着游客。

广东（广州）园岛屿上的"风动花"雕塑，整体造型像是迎风舒展的向日葵，每一瓣都通过弯曲造型模仿柔软花丝，金属的材质展示了力量之美；徐徐的微风能转动变化出千姿百态，充分展示了科技之美和新技术、新工艺（图4.2.3-1）。风动花雕塑形成整个园区的视觉焦点，同时也是园区的精神堡垒，象征着广州在发展的道路上永不停歇、永恒绽放的拼搏精神，生生不息、永远盛开的花朵，也代表了花城人民对花城繁荣昌盛的美好期待。

图 4.2.3-1　广东（广州）园"风动花"

4.3　小品艺术

作为文化的重要载体，园林景观小品同样凝聚着一个地区的文化，体现着这个地区的精神面貌。园博园不论是公共展园的基础设施小品、各省展园小品、还是国际展园小品，在设计上都将自己城市抽象的地域文化和城市内涵以高度浓缩的方式，通过具体的形象生动地展示出来，给人们以直观的视觉效果。园林小品见证了城市历史文化，浓缩了城市的地域文化特征，反映了展园的精神气质，也代表着一个参展城市的文化传统和品位。

4.3.1　汉韵古风公共园林小品

徐州地区自古经济文化发达，私家园林历史悠久。大量出土于古徐州地区的汉画像、瑞兽雕塑、汉俑、礼器等汉代的造型艺术为我们提供了徐派园林小品的翔实资料。

园博园公共区域的座椅、路灯、标识牌以及垃圾桶等公共小品的设计，在造型设计上张弛有度，艺术表现形式恢弘大气，展示了"一城园博雅韵，千年楚汉风情"

的徐派园林地方特色。整个公共园林小品的造型表现出开张恣肆、雄浑博大的审美取向，综合运用新技术、新材料、新艺术手段，创造出"整体大气恢弘、细部婉约雅致"、自然绚丽、雅俗共赏的新型园博园小品。作为承载地方文化、形成园博园特色景观重要载体之一的小品，也使园博园的园林景观环境呈现出了新的面貌，更精细地反映了园博园公共小品的艺术美及其文化精神。

园区路灯以流畅的曲线造型为主，其造型像是汉俑中乐舞俑舞动的衣袖，外形刚柔并济、轻盈飘逸，有一种翩翩起舞的动态之美（图 4.3.1-1）。标识牌采用简单的长方形造型并作倒圆角的设计，在色彩上以厚重的棕色渐变方式表现徐州厚重的历史气息，并选取吕梁阁的形象作为统一的背景图案，强化了中国（徐州）国际园博园的视觉形象（4.3.1-2）。

图 4.3.1-1　公共路灯与陶绕襟衣舞俑

图 4.3.1-2　公共标识牌

4.3.2 独有千秋省级展园小品

省级展园小品在设计上充分体现了功能性、艺术性、文化性和生态性的原则，通过元素的节奏韵律、对比协调、尺寸比例、体量大小、材料质感以及色彩选择等艺术手法的综合运用，结合各地的历史文化、民俗宗教等城市记忆，有效而和谐地融入城市的环境肌理，感受城市文脉的传承，唤起人与自然的情感联系，启发人们对自然的关怀和保护，展示城市的底蕴。

1. 城市形象的凝练表达

城市形象作为城市的魅力系统对于一个城市来说不容小视，城市园林小品通过准确抓取城市特色元素，成为了彰显城市精神、塑造城市形象、打造城市文化的有效手段。园博园中一些城市展园在小品设计上以其独特的城市代表元素为设计思路，生动凝练地展示出城市之美。

海南（海口）园的小品在设计上以船的外形为基础，通过文化意蕴、地域特色与自然、科技等元素结合，以不同的形态展现了海南"琼林海浪，椰香韵蓝"的热带岛屿风貌特色，以及海口"新城建"不断发展的景象（图4.3.2-1）。"文化之舟"寓意一艘搭载文化的"城市之舟"，展现海口不断发展、继往开来。"旅游之舟"以停靠水边的"一叶扁舟"风动墙为主题景点，以海口滨海城市立面剪影为蓝本，结合海南自然风光，以阳光、沙滩、椰林、海浪为元素，展示海南休闲文化及热带岛屿的风貌特色。

图 4.3.2-1　海南（海口）园小品

澳门园选取代表城市形象的澳门市花莲花为设计主题，金莲荷香小品以中央水池为主体，水池中间放置金莲雕塑，雕塑的艺术风格虽然较为具象，但是情感表达却极其细腻，用借喻的手法以其中的三片花瓣代表澳门半岛、氹仔岛和路环岛这三个组成澳门特区的地方,并搭配蓝绿色系水生植物营造花境,利用色彩的调和,表达了澳门是一个清廉的城市,城市形象也自此而生(图 4.3.2-2)。

福建(厦门)园入口作为园区的形象标识,提取了城市形象的代表——鼓浪屿的剪影为背景、闽南古厝的外形为造型,并以红砖面完成,利用外形与色

图 4.3.2-2　澳门园金莲荷香水池

彩加强城市形象,突出厦门特色。设计中充分利用废旧材料,如背景墙设计树枝格栅和景窗,形成框景的效果,并体现环保节能、废物利用的理念。屋面也以树枝装饰,既自然又有装饰性,这些无不展示了厦门"生态利用,循环再生"的理念(图 4.3.2-3)。

图 4.3.2-3　福建(厦门)园入口与闽南古厝

云南园的桃源秘境的"云·花"小品通过造型和色彩,更加直观地展示云南因花而盛的城市形象,设计采用钢板仿造花瓣形态,立面饰以花瓣纹理,并运用大体量、大规模的视觉冲击,形成一朵朵绽放的云中盛花,展现云南花卉魅力,突出云南花卉品质,营造云南花都氛围(图 4.3.2-4)。

2. 城市文脉的对话传承

景观小品是城市历史文化的一种表达方式,作为一个城市形象的浓缩展示,它能够更加深刻地呈现当地的历史文脉,能够说明城市历史与城市精神之间的逻辑关系。城市是历史发展的产物,不同的城市有不同的发展历史,在特定的时空条件下形成了不同的城市文脉和独特的人文风貌,中国(徐州)国际园博园各省级展园中

的小品不仅是物与物的空间组合，更为重要的是表达了一种物与人的关系，让游客从城市形象入手，了解和认识一座城市。通过挖掘传统的人文资源，梳理城市历史文脉，以小品艺术打造城市品牌，这是城市文化内涵视觉化、艺术化，也是徐州园博园小品展示城市文脉的重要手法。

辽宁（沈阳）园在中庭置一组工业铸铁景墙，在材质选择上以耐候板作为景墙的材料，生锈的质感与色彩可以生动地体现近代沈阳工业的历史脉络；在造型上，铸铁景墙体量较大，在园中随形而弯，依势而曲，或临水际，通花渡壑，蜿蜒无尽，不仅作为展示景墙，更将中庭框出了不同的景观空间，增加了空间的景深和层次。景墙上还刻画描绘了沈阳工业生产和建设领域的先进、领军人物，进一步展示沈阳生态文明建设取得的辉煌成就（图4.3.2-5）。

图4.3.2-4　云南园"云·花"　　　　图4.3.2-5　辽宁（沈阳）园工业铸铁景墙

广西（南宁）园的贝侬桥横跨天籁池，并与金鼓迎宾大门互相对景，桥身紧贴水面，桥中间以三组大小不一的半面铜鼓作为桥栏，鼓面以壮锦图案、雷云纹图样等壮乡元素作为装饰。半圆形的鼓面倒映池中如一轮初生的太阳，照耀天池，表达了壮族和汉族"兄弟情深"之意，送给游客一缕来自"南国"的光彩（图4.3.2-6）。

湖南（长沙）园的"艺"小品则以艺术长沙为主题，通过提取湖湘戏曲文化表演台吹香亭与三拱桥、水岸大树这些要素相组合，在平面布局上形成良好的条理性和秩序感，以吹香亭为主体，三拱桥、水岸大树与它相互呼应、对比和递进，来展示湖湘的戏曲文化，营造东池园林之美。吹香亭内还可以抚琴、唱曲，通过互动用湖湘艺术抒发现代情怀，这些视觉与听觉的共鸣所构成的生动情景，象征了长沙人民富足、美好的生活（图4.3.2-7）。

4　入口、雕塑、小品艺术　　149

图 4.3.2-6　广西（南宁）园贝侬桥　　　图 4.3.2-7　湖南（长沙）园吹香亭与三拱桥

4.3.3　西风悠悠国际展园小品

国际展园的园林小品充分展现了在"全球化"的趋势下，各个国家之间文化的融合和相互影响，体现了园林文化的开放性，也展示了各个国家千姿百态、各自精彩的国家形象。中西方传统园林历史悠久，在小品所表达的思想内涵中体现了多元文化下园林的交融设计，以及不同文化融汇下各国独特的艺术风格，使人置于一园之中，领略万国风情，更加深刻地感受不同国家的园林艺术风格和造园精华。

上合园的同心纽带设计，采用条带形钢板按不同的方向折叠形成飘带和廊架，曲折变化的同心纽带，演绎"生生不息、道法自然"的太极理念，表达上合组织在未来发展空间上的广阔无垠。同时，曲折变化的纽带也把场地划分成了不同的功能空间，增加场地的空间变化，形成视觉焦点。廊架雕刻上合组织的成长经历，为游客展示上合组织的成长之路，纽带采用上合组织成员国的传统颜色——红、橙、蓝、白，体现上合组织"尊重多样文明"的实际行动（图 4.3.3-1）。

奥地利·雷欧本园在小品选择上以音乐类为主，契合园区"爱乐之旅"的设计主题，提炼音符为设计元素，在园内设置音乐阶梯，阶梯比喻琴键，旋转式楼梯比喻乐谱，并随处点缀一些音乐小品雕塑，展示奥地利的音乐文化传统（图 4.3.3-2）。

德国·埃尔福特&克雷费尔德园设计主题为"丝绸之路"，在入口叠水处放置一个"梭子"特色的小品，以织布的梭子为原型，用

图 4.3.3-1　上合园"同心纽带"

黑、红、黄色丝线进行缠绕，体现克雷费尔德在德国纺织品中心的地位，同时也映射中国解忧公主把桑蚕文化带到乌孙的这段历史，与设计主题呼应。园中还设计有彩色玻璃啤酒屋以及啤酒瓶构筑物小品，展示了德国独具特色的"啤酒文化"（图 4.3.3-3）。

芬兰·拉彭兰塔园设计主题为"芬兰之根"，在园区北部以"光"为设计元素的木墙，其轮廓呈现波浪形，墙高 3~5m，蓝绿色的聚光灯照在墙上，交相辉映，就像身处芬兰看到的北极光一样，通过光影的变化和曲面感的线条造型，提取和展示了反映芬兰精神的重要元素（图 4.3.3-4）。

图 4.3.3-2 奥地利·雷欧本园"音乐"小品

图 4.3.3-3 德国·埃尔福特＆克雷费尔德园"梭子"小品

图 4.3.3-4 芬兰·拉彭兰塔园"光"小品

5
植物景观艺术

　　植物是园林的重要构成要素,不仅是园林"生态功能"的核心所在,而且园中山、水、建筑因为植物的融合而显现出生机和灵动,植物景观四季变幻,春华秋实,落叶荣枯,阴晴转承,形色流动,体现出园林的深邃意境和韵味。园博园各展园充分发挥地处中国南北气候过渡带的有利条件,以植物的生态习性为基础,创造地方风格为前提,将中国园林自然观与西方生态学思想有机融合,科学引入运用各地典型园林植物材料,创造出融汇南北西东、源于自然高于自然的园林植物景观艺术精品。

5.1 花境

与中国古典园林强调摘景择木、质朴自然、幽静清远、虚实相生、变幻多姿的植物配置技法不同，现代园林更多采用花境①——以草本植物和木本植物为素材，用攀缘植物、观赏草作为框景植物，选用一二年生、宿根草本和球根花卉作为春夏季主要开花植物，将不同质地、株形和色彩的植物混合配植，以营造周年变化的景观。②花境是园林中由规则式构图向自然式构图过渡的中间形式，其平面轮廓与带状花坛相似，种植床的两边是平行的直线或是有几何轨迹可寻的曲线，主要表现植物的自然美和群体美。③园博园大量采用花境这一现代植物景观表现手法，以带状自然式种植于路边、水边、林下墙垣以及草坪中央，通过植物色彩、高度、疏密和季相上的变化达到景观的自然和谐。不同类型的花境，不仅表现出植物个体生长的自然美，还展现出植物自然组合的群体美，极大地丰富了视觉效果，满足景观多样性的同时也保证了物种多样性。

5.1.1 路缘花境

路缘花境多为混合花境类型，通过丰富的植物组成，营造多样的植物景观来吸引游客，引导视线。园博园主干道的无人驾驶区段入口处花境，采用疏林草地的形式，以常绿乔木为背景，黄杨和海桐等球形灌木作为中层植物，南天竹、芒草、苔草等发散形植物和景石散落在草坪中，花境随意围绕在景石周围，以不同色彩的植物成片栽植，如紫色的柳叶马鞭草、红色的美女樱、绿色的花叶蔓长春、黄色的佛甲草，色彩丰富热烈，带给人们强烈的视觉冲击，景观效果突出，起到引导视线的作用（图 5.1.1–1）。

新疆园路缘花境，主要以高大常绿或落叶的乔木为背景，中层采用石榴、红叶石楠、金边黄杨等花灌木为骨架，以金鸡菊、矮牵牛、美女樱等观花植物作为前景植物，整体景观较为协调（图 5.1.1–2）。色彩配置来讲，以绿色调为主，点缀金鸡菊和美女樱等暖色调植物，成为视线的焦点，增添了整体的色彩变化。平面上，前

---

① 花境（Flower border）也译作花径，起源于中世纪英国，经过文艺复兴时期及 17、18 世纪的嬗变，到 19 世纪混合花境诞生，20 世纪后在全世界得到发展。摘自：王美仙，刘燕. 花境发展历程初探 [J]. 北方园艺，2008（2）：153–156.
② TRACY D S-A. The well-designed mixed garden[M]. Timber Press Inc.，2003.
③ 中国大百科辞典 [M]. 北京：中国大百科全书出版社，2003.

图 5.1.1-1　主干道拐角花境

图 5.1.1-2　新疆园路缘花境

层植物和中层植物呈现团状种植，作为骨架植物点缀其中，红色和黄色搭配，景观层次丰富，花境与道路连为一体，和谐自然。

5.1.2　滨水花境

滨水花境多设置于临近水边的位置，通过植物的选择及配置营造出不同的意境，起烘托气氛、点缀景致的作用。一般结合地势高处的上层植物为背景，在地势较低的水边种植耐水湿的植物如旱伞草、美人蕉、黄菖蒲、再力花等，营造出滨水花境景观。

武汉园滨水花境以高大乔木为背景，中层点缀如刺柏、金叶女贞、红枫、青枫、椤木石楠等骨架灌木，在低洼处点缀石头，片植路易斯安娜鸢尾、石菖蒲、旱伞草、黄菖蒲、铜钱草等水生植物，使滨水景观更加野趣、自然。在植物的色彩上，整体颜色丰富，黄色、紫色、红色、绿色错落有致，既能体现花境的精致典雅，又能融入"秋水共长天一色"的大环境中（图 5.1.2-1）。

陕西园入口跌水前的花境应用了富有地域特色的山丹丹花、花色艳丽的玉簪、八宝景天、佛甲草等作为主景植物，采用带状自然式栽植，同时水岸边翩翩起舞的黄菖蒲、长着细长茎的鸢尾和灯心草等都提供了很好的衬托。植株在搭配上层次明显，疏密有致，既反映了花境自身高低错落、配置有序的自然式营造手法，也能与周围环境相融合。花境的整体高度不至于遮挡背景，便利了远眺，丰富了立面景观（图 5.1.2-2）。

图 5.1.2-1　武汉园滨水花境

图 5.1.2-2　陕西园滨水花境

5.1.3　草坪花境

在园博园林缘或路旁，以乔木为背景，草坪作为框景植物，沿着树林边缘或道路周边营造了许多自然式花境。草坪花境结合地形和曲折的草坪线,选择合适的植物种类搭配,常选择色彩鲜艳的观花植物或者观叶植物,与原有植物良好地过渡,达到自然流畅的景观效果。

望山依泓园在林缘的大草坪处布置了大面积的花境(图 5.1.3-1),最大限度地吸引了游人的视线,主题非常鲜明。该花境采用疏林草地的配置模式,中层灌木只点缀少量红枫和石楠植物为骨架,前层布置有白晶菊、丛生福禄考、柳叶马鞭草等观花植物。在景观营造上,大斑块大色块布置,风格简洁、大气,气氛较为热烈。在色彩搭配上,点缀紫色、粉色和白色植物,与绿色的背景相映,色彩更突出。从花境的平面来讲,草本类植物大面积种植,视觉冲击力强,提高了观赏效果。

竹技园道路一侧草坪中,自然花境犹如一件精雕细琢的饰品被镶嵌在绿意盎然的草坪上,高大的乔木置于花境中作为背景,既扩大了空间感,又丰富了景观层次。红花檵木、黄杨、小叶女贞等球形植物点缀在花境中,增加了花境的立体感,也打破了规整的格局。鸢尾、月季、矾根等观花和观叶植物争奇斗艳。而佛甲草、麦冬等铺地植物既勾勒出花境的边缘线,又增强了花境的深邃感,让立面景观更显层次。这一花境色彩明快、层次分明、景观丰富,游人可多角度欣赏(图 5.1.3-2)。

图 5.1.3-1 望山依泓园草坪花境

图 5.1.3-2 竹技园草坪花境

5.1.4 林下花境

林下花境多以阴生植物打造林下空间,色彩冷暖结合,一般位于道路两侧,起引导游人视线的作用。林缘处的花境总是以常绿或落叶的林带作为背景,在花境植物开花正盛、色彩丰富的时节,深浅不一的绿色衬托绚丽的花境,彼此相得益彰。

从周亲门①（3号门）向北，上山路道路两侧，林下花境以大片柏树林为背景，围绕大草坪呈带状分布，浓郁的绿色更突显了多年生花卉的五彩缤纷。花境应用了细叶针茅、银叶菊、欧石竹、杞柳、丰花月季、玉簪、八仙花、白芨、石蒜、蕨类等多种花卉植物。花境中隐藏的一些块石，或堆积，或零星点缀着，配以株形伸展的黑麦草或金叶石菖蒲，使花境层次饱满，生机勃勃，让人体会到自然的气息（图5.1.4-1）。

图 5.1.4-1　周亲门主干道两侧林下花境

武汉园内的林下台阶式园路两旁（图5.1.4-2），在高大乔木青枫和桂花林荫下，在道路景石边种植蕨、玉簪等耐阴植物，柔化了硬质铺装，营造出丰富多彩的植物景观。在植物形态上，主要采用剑形叶和圆形叶植物对比搭配，高低起伏；个体独特的蕨、鸢尾等植物使得景观更富有变化。在植物色彩上，选取红花植物杜鹃、美女樱和紫花植物柳叶马鞭草、百子莲以及银白色观叶植物杞柳等，形成红色、紫色、白色冷暖对比，多样统一的景观效果。道路两旁种植趣味性植物如黑麦草、芒草、"金叶"金钱蒲、虎耳草等，使得景观更加自然、具有野趣。

图 5.1.4-2　武汉园内园路花境

---

① "周亲"，周，圈子、环绕，"周亲"意指至亲。魏晋·挚虞《赠褚武良以尚书出为安东诗》："虽有周亲，唯能是与。"宋·朱继芳《元日》："堂上序周亲，相看又一春。"清·弘历《丙寅正月十日召诸王臣工集重华宫联句》："韶年和乐会周亲，丽藻同赓翰墨臣。"3号门邻近园博园管理中心，名"周亲门"喻意到管理处的都为同行至亲。

5.2 植物配景

配景指起配衬和呼应主景作用的景物。园林植物与园林建筑、小品、山石、水体等景物，从体量和形式上风格协调统一，既丰富了园林空间，又增加了景观野趣，层次丰满、变化丰富、自然流畅、起伏跌宕的生命之景色，提高了主景的观赏价值，乃至产生了深远的艺术境界。园博园各展园普遍采用中国古典园林的造园手法组景，通过各种借景、虚实、动静的园林艺术方式和技巧，使主景与植物景观融会贯通起来，形成一个更为自由也更广的有机整体。

5.2.1 山石配景

植物与山石结合是中国传统园林造园的一大特色，徐州汉画像中已有山石与植物组景的图像[①]。清代·汤贻汾《画筌析览》说："石为山之子孙，树乃石之俦侣。石无树而无庇，树无石则无依。"《园冶》云："或有嘉树，稍点玲珑石块……似有深境也""凡掇小山，或依嘉树卉木，聚散而理""此石（太湖石）……或点乔松奇卉下""其（昆山石）色洁白，或植小木，或种溪荪于奇巧处"，锄岭栽梅，风生林樾，千峦环翠，佳卉树木与玲珑块石相互搭配以成景，高低呼应，相得益彰。

园博园以当地景石资源利用为主，通过景石与植物的结合形成高低错落的景象，植物选用岩生植物+宿根植物，以岩生植物中华景天、佛甲草、黄金桧等和宿根植物丛生福禄考、玫红美女樱、柳叶马鞭草等为主，再搭配砂石的元素，营造景石花境界面，整体尺度较小，呈现团状布置，体现徐派园林的特色（图 5.2.1-1~图 5.2.1-3）。

江西（南昌）园的一处绿地，在景石背后种植竹子作为视线的焦点，中层点缀罗汉松、黄杨、洒金珊瑚、杞柳等植物，前层栽植红色金森女贞、矾根、美人蕉、麻叶绣球等来丰富整体的景观效果。在石头边缘点缀如银边芒、麦冬、鸢尾等植物柔化了景石，同时增添了景观的野趣。在色彩方面，点缀彩叶植物如紫红色的矾根、黄色的金森女贞等来提高色彩的丰富性。从平面上看，植物组团感强，和景石相互映衬，使整个景石花境富有自然气息。植物与景石、植物与植物之间的比例协调，群落的整体性强，凸显出景石与花境的自然与和谐（图 5.2.1-4）。

---

① 秦飞. 徐派园林导论[M]. 北京：中国林业出版社，2021.

图 5.2.1-1　清趣园山石的植物配景

图 5.2.1-2　运河史话园徐州街山石植物配景　　图 5.2.1-3　徐州园山石植物配景

　　四川（泸州）园入口处立有景石"中国第一窖"，紫花植物美女樱和黄色植物佛甲草围绕景石大片栽植，点缀绿色的球形灌木，整体配色表现姹紫嫣红的云彩变幻，营造出层次丰富的组团景观（图 5.2.1-5）。

图 5.2.1-4　江西（南昌）园山石植物配景　　图 5.2.1-5　四川（泸州）园山石植物配景

陕西园入口花境，以一大一小两块立石为景观中心，环以红色系花境，片植陕北代表性植物山丹丹花，艳红花色，娇钟状花形，极具乡土气息，花开骄阳似火，热情奔放。红色的矾根和黄色的佛甲草大片围绕在山丹丹花周围，造型罗汉松作为背景，点缀少量的海桐、金森黄杨、小叶

图 5.2.1-6　陕西园山石植物配景

女贞等常绿灌木和玉簪、苔草等草本植物，配以标注园名的景石，整体配置色彩热烈，导向性显著（图 5.2.1-6）。

5.2.2　建筑配景

园林建筑与植物的因借有着至关重要的相关性——建筑是人类最值得自豪的文明成果，园林植物则是大自然赋予人类的视觉盛宴，建筑是躯体，植物是服装，《园冶》强调"雕栋飞楹构易，荫槐挺玉成难"，硬质的建筑与婀娜的植物合理搭配，方能"安亭得景，莳花笑以春风"。"花间隐榭""花隐重门""半窗碧隐蕉桐""围墙隐约于萝间"等几处"隐"字道出了植物与建筑的因借、虚实关系，也是园林配置的重要手段。基于建筑主题、功能、特性，借助植物的栽植位置与品种搭配，增添季候感和文化理念，这些巧妙的因借组合，犹如一幅沁人心脾的美酒让人回味无穷，给人强烈的视觉美感和文化认同感。

清趣园建筑为明清古典风格，古树增加了庭院幽深久远之感。西南入口处的青砖"古墙"两侧不对称地各栽植有一棵古老的紫薇树桩。在我国古代，紫薇是一种非常受欢迎的植物，有着仕途官运、吉祥、高洁和情深义重的美满寓意，用紫薇作为入口景墙的前景，在于引导游客、控制视线，同时为"古建"赋予灵魂，增加生机，使入口不再单调、暮气沉沉（图 5.2.2-1）。应用简洁的植物空间营造浓厚的中国气息，并达到控制视线的艺术手法，是清趣园"拥翠客舍"的景观营造特点。"拥翠客舍"建筑体量很大，高达 10m。从南侧入口进入，行人至此，视线收缩，感知压抑。在景观处理上，依着南立面墙空白处，挺立一排淡竹，遮挡视线方向的砖墙，弱化建筑竖向的压抑感。淡竹形态潇洒、浑厚、清雅质朴，而且风骨照人，切合"迎来清风满乾坤"的主题（图 5.2.2-2）。

图 5.2.2-1　清趣园西南入口紫薇树桩　　　　图 5.2.2-2　清趣园"拥翠客舍"南立面墙淡竹

青海（西宁）园，在庭院外周围栽植色叶类灌木紫叶李、红叶石楠球、金森女贞球以及观花类的木槿等植物，既丰富了庭院外周的色彩，又缓和了土色的围墙、建筑充斥着的荒凉、萧条气氛。常绿与观叶、观花兼具，为园景增色不少。人坐园中，透过景窗摄取空间的优美景色，捕捉框景赏心悦目的植物景观"画面"，寓"通"于"隔"，在有限中见无限，拓展植物景观欣赏的空间、层次和趣味。色叶植物的合理配置，给庭院赋予了生机及视觉冲击力，同时给人别出心裁的应用创意感（图 5.2.2-3）。

美国·摩根敦园富于年代感的建筑画白景墙掩映于不同形态、高低错落的树冠之下，因借得巧妙，植物犹如与画内建筑融为一体。植物色彩以绿色为基调，杜绝大量色叶植物的应用，营造清新、清爽的景观环境。前景、背景植物为年代感的"建筑"增添活力，软化"建筑"线条，随着"春山明媚，夏木繁荫，秋林摇落萧疏，冬树槎牙妥帖"（宋·李成《山水诀》），呈现着不同色彩的"建筑"画。年代感的"建筑"借绿色植物形成虚虚实实、虚实融合的园林景观（图 5.2.2-4）。同时，也采用了动静对比的园林艺术手法丰富"建筑"色彩：随着日照的变化，随着月相的变化，随着风力的变化，每时每刻，变化万千。而这种借自然和时令变化形成的动静之美，是人力无法企及的。

浙江（杭州）园以西湖"景中村"为蓝本，通过"湖居"建筑、农家小院、观景平台、茶间小院等景物，展现庭院闲适自在的美好生活。根据建筑布局，采用近自然、节约型的植物造景手法，以松、羽毛枫、鸡爪槭、红枫、桂花、紫薇等为特

图 5.2.2-3 青海（西宁）园庭院外色叶类灌木

图 5.2.2-4 美国·摩根敦园建筑画白景墙掩映于林中

色植物，在湖边驳岸、平台、小院等空间以花境组团形式，营造精致雅静的植物景观，呈现清新淡雅、秀美自然的艺术风格。择湖畔而居，倚水相望，诗情画意的湖光山色与西湖人居交汇，景与居相融（图 5.2.2-5）。

图 5.2.2-5 浙江（杭州）园植物景观

内蒙古园在黄色建筑的入口侧面墙角空白处，栽植三棵银杏树，起到弥补空白、活跃死角的作用，同时丰富了竖向林冠线。银杏在每一个季节，都有自己独特的变化：阳春三月，翠绿细嫩的小叶犹如一层绿纱笼罩着大树；炎炎夏日，深绿色的扇形叶片使银杏树成了一把撑开的绿绒大伞；秋风肃起，开启一年中最华丽的篇章，金黄色的银杏与黄色建筑融为一体，与展园周围的绿色形成对比，特色鲜明。从南侧主路远看，巧妙布置的三棵银杏给人以广阔无垠的感觉。看似是对建筑进行不经意的局部点缀，实质注重细节处理，使整个建筑出"彩"，小中见大。

黑龙江（黑河）园在廊桥的两个端头弧形拐弯形成小空间，分别栽植高大的多头朴树、中高的中华石楠各一棵进行视线遮挡，形成"障景"。从桥头望去，增加了景深感，使人对桥体不能一览无余。两棵树将桥分为"三段"，使较长的桥面从视觉上不再单调，削弱桥梁的敦实感；高低错落、冠形不同的两棵树丰富了桥体的竖向效果，增加了层次感（图 5.2.2-6）。

图 5.2.2-6　黑龙江（黑河）园廊桥端头弧形拐弯小空间植物

5.2.3　小品配景

园林建筑小品是为游人提供服务、为管理者提供便利等必不可少的基础设施，周边配置适当的植物，可以使建筑小品和周边环境显得更为和谐优美，丰富小品的艺术表现，使小品所处的环境在春、夏、秋、冬产生季相变化，充分体现人工美与自然美的巧妙结合，乃至完善小品功能。园博园各省级展园中，亭（亭筑）、廊、景（园）墙、架筑以及各类园林家具等小品众多，游人最喜欢沿着游廊散步，或在亭内休息，特别是夏季有阳光的时候和雨天，在这些构筑物周围布置花境，能够大大提高园内风景的观赏效果。这类型的花境一般选择独赏树为主景，观赏周期长的花卉为前景，以小品或景石与植物形成高低错落的景象；整体尺度较小，呈现团状布置。

较大型的园林建筑小品的植物配景，如湖北（武汉）园的景观亭，在高大乔木青枫林荫下，以结香、刺柏、金叶女贞、杞柳、柳叶马鞭草等植物作为骨架，前层植物有玉簪、阔叶麦冬等植物收边。在色彩方面，点缀柳叶马鞭草、鸢尾等观花植物，突出紫色系主题。在植物形态上，结香、刺柏等植物株形较高，蓬形较大，与景石搭配，点缀在花境中间，增加了花境立体感（图 5.2.3-1）。

广东（广州）园在现代圆形平顶亭内栽植一株高大的落叶乔木树，树冠从顶板窗洞自然冲出，"新中式"的景观设计沿袭中国古典园林"虽由人作，宛自天开"的造园特点。春日新绿为白色的亭增加色彩，游客享受从"天"而降的阳光沐浴；夏日白天茂密的树叶笼罩亭顶，夜里皎洁的月光洒下斑驳的树影……亭因植物有了生

图 5.2.3-1　湖北（武汉）园景观亭植物配置

机，植物因亭增添观赏感，亭与植物互相映衬，生态与景观完美结合；亭为实，洞为虚，虚实之间交织穿插，"点景""仰景"的艺术手法起到点睛的作用，处理非常巧妙，使得园内景观更丰满、更充实（图 5.2.3-2）。

图 5.2.3-2　广东（广州）园平顶亭植物配置

5.2.4　园路植物景观

园林中的道路起着组织空间、引导游览、交通联系并提供散步休息场所的作用，它像脉络一样，把园林的各个景区联成整体。园路与路旁配置的植物，构成了园林中不同于景点与景点相辅相成的美丽风景，通过种植植物的远近、疏密程度，创造道路空间大小变化、障景、透景等给游人以丰富变化的园林景观。园博园的园路植物配置，采用乔木、灌木、花卉及草本植物等复式配置方式，自然流畅的园路曲线配以自然多变的植物景观，形成了丰富多彩的绿色廊道网络体系，蜿蜒起伏的曲线，丰富的寓意，精美的图案，给游人以美的享受。

园中主路乔木采用列植的形式，整齐的行道树列植于道路两旁，形成一点透视，加强了空间的线性延伸感。行道树的植物有重阳木、法桐、银杏、栾树等，采用树池种植的形式，根部配以各种花草地被（图 5.2.4-1）；或者嵌植在修剪整齐的绿篱、花灌木中（图 5.2.4-2）等。列植所形成的林荫夹道，节奏明快，富有韵律，形成壮美的主路绿网景观。

图 5.2.4-1　主园路行道树配草花　　图 5.2.4-2　主园路行道树配灌木

次园路多采用自然群落组合配置模式，视觉上有疏有密，有高有低，有遮有敞；形式上有草坪、花丛、树丛、孤植树等，亦有两至三种乔木或灌木相间搭配，形成起伏节奏感。群落组合交替运用，植物选择交换搭配，使整条园路呈现出紧凑序列、前后呼应的植物景观。如一侧的乔灌木和各种草本花卉形成色彩绚丽、高低错落的复杂层次，另一侧仅是高大树木和草本花卉组成的简单层次，用简和繁的对比呈现出和谐丰富的植物景观（图 5.2.4-3）。

环绕湖水的道路，为了给游人提供散步和赏水景的开阔视野，植物配置时

图 5.2.4-3　次园路群落组合

要疏密有致,使水景时隐时现,遇到有景可观的地方留出透景线,在距离景观越来越近时,在透景线两侧种植密林遮挡,达到欲扬先抑、豁然开朗的效果。滨水道路上常用的植物有垂柳、池杉、水杉等,这些植物构成有韵律、连续性的优美彩带,使人们漫步在林荫下,充分享受大自然的气息(图5.2.4-4)。

图5.2.4-4 滨水道路植物

5.2.5 庭院植物景观

庭院是建筑物内部的"公共空间"。《南史·陶弘景传》记:"(弘景)特爱松风,庭院皆植松。每闻其响,欣然为乐。"《易经·系辞上》说:"一阴一阳之谓道";《易经·系辞下》说:"阴阳合德而刚柔有体"。将植物引进庭院,是"天人合一""阴阳合德"思想在建筑上最直接的体现,且满足了人们"走向自然"的心理需求。《园冶》曰:"栽梅绕屋,移竹当窗""梧荫匝地,槐荫当庭""俗则屏之,嘉则收之"。园博园的"园舍"可谓庭院植物景观的精华,通过把视界范围内遇到的廊柱、隔墙、围墙等衔接不够紧密的拐角、死角,利用造型五针松、红枫、桂花等常用的中层植物进行屏障,使其失去透景线,起到障景的作用,同时也是植物的"点景"。一棵枝干苍劲优美,侧枝平直外伸的绿色五针松栽植在白色的花格墙前,颜色对比明显,倒影映于水中或投射于墙面,为园舍增添一份安静祥和;红枫的色叶既与园舍褐色的内墙面融合又软化了青砖花格墙的线条,香气芬芳四溢的孤植桂花成为"万花丛中"的"一点绿",为园舍建筑的清静增添一份热烈与柔美(图 5.2.5-1)。

图 5.2.5-1　园舍建筑内部角隅植物

江苏(扬州)园庭院植物配置最显著的特点就是多种多样的漏窗修竹。庭中植物组合构景,利用花格窗进行植物造景、借景,步移景异,不同形状的漏窗呈现出不同的景观画面。庭院内,花好树茂,鸟语婉转,绿竹万竿,寒翠怡人。沿围墙内栽植的竹子,或密集、或稀疏,花格窗或清晰可见、或隐约显现,围墙下地被植物的边界线也在不经意间增加了动感与自然。庭院外的人透过花格窗,就像是观看一幅幅流动的画框,移步换景,迷离多变,赏心悦目。天然深青灰的花格窗瓦镶嵌在白粉墙上;偶长的青苔让黑色的瓦屋脊古意顿生;青黄色的金镶玉竹素面简约……庭院质朴而文秀的风格跃然而生。漏窗,让窗内可闻风竹声声,窗外可见苍翠暮色;

漏窗，让流动的外界繁华及植物丰富了园内的景象，让窗前摇曳的枝丫变成了游人眼中的剪影（图5.2.5-2）。

北京园以院落来划分空间和景区，形成泉院、庭院、水院和潭院四院落空间布局。在有限的空间内创造出诸多幽静、优美、舒适的环境，又在不同的建筑之间，创造出不同景色的过渡空间，从而丰富了

图5.2.5-2 江苏（扬州）园围墙"漏窗"前疏密有致的竹林

园景。庭院自南向北由水云榭、白松庭、远瀛观、木香廊、吕梁轩等建筑组成，院内种植牡丹、芍药等传统花卉，结合廊架，种植藤本月季和铁线莲等（图5.2.5-3）。采用传统园林的布局手法，设置建筑、山石、花木，层层递进、渐入佳境，形成环环相套的园林空间。建筑与自然，形成一个你中有我、我中有你的有机整体。

江苏（苏州）园采用前院—序院—山水园—苏式园—竹院—后院的院落布局，布局主次有序，空间富于变化。造景充分利用对景、框景、借景、障景等园林艺术手法，匠心打造苏州展园。运用古典园林植物配置手法，与建筑、山石、水体相结合，以围墙分隔院落，组成可观、可赏、可游的完整园林空间。入口庭院采用虚实结合的艺术手法，晴朗自然、恬静清幽，以黑松为植物特色，结合山石搭配红枫、木香、桂、南天竹等传统园林植物，打造建筑与庭院特色植物景观，营造恬淡静谧的文雅之境（图5.2.5-4）。

重庆园建筑的主色调为深褐色，庭院内用散植的三棵树来体现季节变化，一棵丛生石榴树，两棵造型榔榆。"言简意赅"的三棵树使得庭院建筑之间，隔则深，畅则浅。庭院空间较大，通风条件好，体量较大的石榴树栽植于溪流旁，既满足石榴树的自身习性与生长环境，又随季节变化起到呼应建筑的作用，同时寓意住在房子里的人吉祥，日子过得红红火火。每年5~7月，一簇簇、一团团火红的石榴花妆点着庭院，形成深褐—火红—深褐的颜色过渡。水塘边的榔榆，春天枝丫被一簇簇圆圆碎碎、成堆成串、紧密相拥、柔黄泛绿的榆钱包裹着，春风吹来，榆钱飘飘洒洒落于水面。深褐色的野趣建筑、火红色的石榴花、深绿的榆叶、潺潺的流水声，再加上植物自然的弯曲造型，将建筑与植物连接为一个有机整体，使庭院犹如一幅令人赏心悦目的写意山水画（图5.2.5-5）。

新疆园庭院植物景观的重要特点有两个：一是有多个精致、漂亮的小花坛，相

图 5.2.5-3 北京园庭院植物景观

图 5.2.5-4 江苏（苏州）园入口庭院植物景观　　图 5.2.5-5 重庆园庭院建筑间植物景观

对自由地分布在民居建筑边角，随形构置，屏俗收佳，可表现季节变换，增强自然气氛，花开草长、流红滴翠，漫步其间，游客可感受到芬芳的花草气息和悠然的天籁，景意交融。花坛选择的植物有低矮慢生的月季、石榴等花灌木，不遮挡建筑窗户的视线，形成三时有花、四时有景的景观效果。花坛内修剪漂亮的花灌木烘托建筑特色，充满着精致浪漫的生活气息。角隅栽植石榴，寓意各民族团结共融。另一个显著特点是在户外公共空间设置葡萄架，葡萄藤顺着架子向上缠绕，投下一片荫凉，葱茏的葡萄叶中，隐藏着一串串圆滚滚、亮晶晶、或绿或蓝的"宝石"。同时，采用常绿植物作为背景林，营造纯净壮美的背景空间，凸显新疆人民的生活热情与对自然的热爱（图 5.2.5-6）。

图 5.2.5-6 新疆园建筑角隅植物景观

安徽（合肥）园凝练徽派建筑特征，以四水归堂为中心，提取粉墙黛瓦的元素，形成合院空间。庭院中央栽植一棵姿态优美的石榴树，来展现庭院景观的季节变化，借以增强自然气氛。石榴树作为空间和视觉的向心力，使粉墙黛瓦顿时有了生命力，自然感油然而生。石榴树枝干弯曲粗壮，生长较慢，冠幅大，红色的花和果，高度不高于建筑顶，更有利于门窗洞口的景观时序性展示效果。"窗外花树一角，即折枝尺幅"，进入庭院东侧，一幅清爽、干净、颜色丰富但不凌乱的画面映入眼帘：花瓶状的门洞，门边栽植的羽毛枫，竖向有视觉层次感的白墙，门洞里半遮半露的石榴，盛装春沐的游客在此驻足、赏幽（图5.2.5-7）。

图5.2.5-7　安徽（合肥）园庭院植物景观

在日本·半田园，利用多年生草本植物佛甲草覆盖建筑屋顶的方式将人工痕迹弱化、隐藏，使其不再是突兀的庞然大物。因势覆盖的佛甲草与屋顶大小适宜，与将天空纳入视野之中的弧形天窗一起，使得建筑像是从土地自然生长出来，充满诗情画意，为园内添景，使建筑充满动势（图5.2.5-8）。庭院中心位置孤植樱花树，使得展园的地域特征更加明显。

图5.2.5-8　日本·半田园从土地"自然生长"出的建筑

河南（洛阳）园千叶花榭与曲廊建筑风格突出隋唐特色，形体俊美、庄重大方，是集园林建筑、牡丹观赏、牡丹工艺展示为一体的庭院园林景观（图5.2.5-9）。主线贯穿国色天香、天津晓月、千叶融春、长河觅迹、丹诗花韵、奇石盆景等景观节点，结合运河史话园植物特色布局，选取朴树、淡竹、银杏、紫薇、水杉等树种作基调树种，搭配玉兰、海棠、牡丹、桂花、红梅等植物，突出"玉兰春富贵"特色，形成四季花开、四季常绿的植物季相，打造盛唐时期最佳种植及观赏牡丹的庭院景观效果。

5 植物景观艺术　　171

图 5.2.5-9　河南（洛阳）园庭院植物景观

5.2.6 滨水植物景观

《诗经·大雅·文王·灵台》记载了园林中营造水景的最早记录："经始灵台，经之营之。王在灵沼，于牣鱼跃。"北宋·郭熙《林泉高致》中讲："水欲远，尽出之则不远，掩映断其脉则远矣。"唐·王维《山水论》中说："水断处则烟树"。园林中水岸边的植物配置可以分为两类，第一类是作为水面背景的植物，第二类是靠近驳岸处，作为重要观赏对象的植物。将植物掩映在水尽处或中部，可产生水面空间深远而绵延不绝的效果。《园冶》多次提到"沿堤插柳""堤湾宜柳""溪湾柳间栽桃""景到随机，在涧共修兰芷""白萍红蓼，鸥盟同结矶边"等植物和水体结合的造景方式，即以诗情画意为指导，婀娜多姿、随风摇曳植物为主体，形成柔美的滨水植物景观。园博园中有各式各样的水体，天然的湖泊、河流，人造的水池、飞瀑，主要通过植物的色彩、线条以及姿态，采用自然式群落塑造近自然的水体植物景观。如，在河边植以垂柳，形成柔条拂水的景观（图 5.2.6-1），同时种植似倒未倒的水边树木，利用其探向水面的枝、干，起到丰富水面层次和增加野趣的作用（图 5.2.6-2）。水池的驳岸用石块自然堆砌，配置沿阶草和种类多样的花灌木，亭或水榭掩映其中，自然流畅（图 5.2.6-3）；溪水沿着山道蜿蜒曲折地流淌，溪中砥石自然有序地摆放，两侧密植灌木、水草，花影重叠，野趣横生（图 5.2.6-4）。

图 5.2.6-1　河边垂柳

5 植物景观艺术　　　173

图 5.2.6-2　似倒未倒的水边树木

图 5.2.6-3　驳岸花灌木

图 5.2.6-4　溪水两侧灌木、水草

　　水面景观低于人的视线，与岸边的植物相映成趣，加上水中倒影，最宜观赏，主要植物配置形式包括大片植栽水生植物和岸边挺水植物。如选用荷花、浮萍、睡莲等，来丰富水面景观（图5.2.6-5）；岸边种植再力花、芦苇、芡实、石菖蒲、水葱、芦苇等挺水植物，来装饰水面边缘（图 5.2.6-6）。水面植物配置避免拥塞，要留出足够空旷的水面来展示倒影。

图 5.2.6-5　水面睡莲

图 5.2.6-6　挺水植物景观

5.3　植物意境营造

《易传·系辞传上·第十二章》记有："子曰：书不尽言，言不尽意。然则圣人之意，其不可见乎？子曰：圣人立象以尽意。"说"子"[①]认为语言文字不能完全"尽意"，"圣人"用"立象"的办法来"尽意"（表达自己的意念）。中华民族审美思想中，"意象"是一个极重要的范畴，它强调客观物象与主观意象的融揉，对中国传统的艺术创作与欣赏方法，以及艺术风格与特点的形成都产生了极大影响。作为有生命的活的艺术品，数千年来中国园林同样将"意境美"视为造园审美的最高目标，历代造园家都非常重视园林的意境创作，把"立意"置于造园的核心地位。"象者，出意者也；言者，明象者也。尽意者莫若象，尽象者莫若言"（《周易略例·明象篇》）所言，意象及意境是立意的载体，景物及景象是承载和引发意象及意境的基础和媒介。《园冶》云，造园应"然物情所逗，目寄心期，似意在笔先，庶几描写之尽哉。""夜雨芭蕉，似杂鲛人之泣泪；晓风杨柳，若翻蛮女之纤腰。""编篱种菊，因之陶令当年；锄岭栽梅，可并庾公故迹。""探梅虚蹇，煮雪当姬。轻身尚寄玄黄，具眼胡分青白。""清气觉来几席，凡尘顿远襟怀。"园博园将"花木缘情"作为园林意境营造中重要的"象"，努力追求"虚实相生""情景交融"的游览体验，植物景观设计强调"意在笔先，以情造景"，"窗外花树一角，即折枝尺幅；山间古树三曲，幽篁一丛"，乃"枯木怪石图"[②]。突出植物景观的人文内涵，借由植物的自然之美引申到背后的文化隐喻，"触景生奇，含情多致"，借用阴、晴、雪、雨等天象气候之变化，营造出不同的环境空间氛围，扩展园林景物之意境。借风："风生林樾，境入羲皇"，显植物之姿态美；借光："修篁弄影"，表现植物的光影变化；借雨："夜雨芭蕉""隔林鸠唤雨"等，通过巧妙的种植设计，使气候、天象等为我所用，和植物景观相得益彰，使人产生美好的联想和情感，从而领会造园者的深意。

5.3.1　接天莲叶，浮香华池

荷"出淤泥而不染，濯清涟而不妖"（北宋·周敦颐《爱莲说》），千百年来赢

---

① 孔子亦或是老子？学术界尚在争论中. 引自：余卫国.《易传》"立象以尽意"思想发微 [J]. 周易研究，2006（6）：45–52.
② 北宋苏轼任徐州太守时到萧县圣泉寺时所创作的一幅纸本墨笔画。

得无数文人墨客的青睐，南宋·范大成《州宅堂前荷花》："凌波仙子静中芳，也带酣红学醉妆。有意十分开晓露，无情一饷敛斜阳。泥根玉雪元无染，风叶青葱亦自香。想得石湖花正好，接天云锦画船凉。"形象生动的语言传神描绘出荷艳丽、清香的情态，纯洁无瑕的品格，寄托了作者对家乡的怀念之情，代表了人们画荷、赏荷、咏荷，赋予其丰富的审美理想与情趣。

园博园中种有各色睡莲，其花色，五彩缤纷；其花姿，千姿百态，美不胜收（图 5.3.1-1~图 5.3.1-3）。花开之时，荷花亭亭玉立于水面上，李白称其是"清水出

图 5.3.1-1　北京园荷花

芙蓉,天然去雕饰。"宋·杜衍在《雨中荷花》中诗云"翠盖佳人临水立,檀粉不匀香汗湿。一阵风来碧浪翻,珍珠零落难收拾。"诗人笔下荷花之美,令人回味无穷。

清·李渔在《闲情偶寄》中写道:"自荷钱出水之日,便为点缀绿波,及其茎叶既生,则又日高日上,日上日妍。有风既作飘摇之态,无风亦呈袅娜之姿,使我于花之未开,先享无穷逸致矣",可见荷叶别有一番神韵风姿,荷花未开之时,可先睹荷叶为快。荷花的花和叶均散发出淡淡清香,"月在碧虚中住,人向乱荷中去。花气杂风凉,满船香。"泛舟于荷塘,周身环绕着若有若无的花香,采一枝莲、哼一首曲,好不惬意,真可

图 5.3.1-2 沈阳园睡莲

图 5.3.1-3 运河史话园荷花

谓"悠悠泛绿水,去摘浦中莲。莲花艳且美,使我不能还。"荷花除了形之优,还有意之美,它有《涉江采芙蓉》中的爱恋相思,有《爱莲说》里的君子理想,有《荷塘月色》中的美与自由,有《清塘荷韵》里的顽强生命,赏荷无疑是一种美丽的升华,心灵的洗涤。

5.3.2 高松出众木,伴我向天涯

唐·李商隐《高松》诗曰:"高松出众木,伴我向天涯。客散初晴候,僧来不语时。有风传雅韵,无雪试幽姿。上药终相待,他年访伏龟。"松柏历来是文人墨客所最爱,是坚贞、清高的象征,至今不衰。在中国园林植物造景中,松柏因其遒劲挺拔的形态和坚贞不屈的精神,被广泛地运用。

清趣园西南主入口处有松墙横云石组合的"清趣园"牌坊,入山谷,各种造型松列在两侧,从外姿看,青松或直耸、或虬曲、或俯偃,树干苍劲,枝条旁逸,如龙似蛇,带给人的是震撼心灵的力度美,配以"云牖松扉景石",则又多了一股勃勃不灭的生气(图5.3.2-1)。

望山依泓园中以土起山,沿吕梁石登山步道向上,可见一棵棵造型松于山石中

图 5.3.2-1 清趣园入口松石

屹立（图5.3.2-2）；安徽（合肥）园于水中建一小岛，迎客松在岛上傲然挺立，松石水的搭配更加清新脱俗（图5.3.2-3）。除了造型松，园博园中亦不乏片片侧柏林（图5.3.2-4），在风吹过山林时，发出一阵阵"天籁"般的声音，其声如阵阵海涛般幽咽深远，又似潺潺流水声声声不息。

这些山石松柏除了带给人视觉的震撼外，还能引发人的性情美，当松柏受到岩石压制时，为求生存而努力突破环境的限制，于是变为奇松怪柏，独特的造型中蕴含坚贞不屈、挺拔向上的美好品格，赢得一代代人的传颂，梁范的"凌风知劲节，负雪见贞心"；苏轼的"仰视苍苍干，所阅固多矣"等均刻画了松柏坚韧不拔、饱经沧桑、超然物外的形象。

5.3.3 金粟[①]奇芬，遥语广寒

"不是人间种，移从月中来。广寒香一点，吹得满山开。"（宋·杨万里《咏桂》）桂花树叶子像圭，纹理如犀，黄花细如粟，花香清而不俗，浓而不腻，清新雅

图5.3.2-2　望山依泓园松石

图5.3.2-3　安徽（合肥）园松石

图5.3.2-4　侧柏林

---

① 桂花的别名。宋·范成大《中秋后两日，自上沙回，闻千岩观下岩桂盛开，复檥石湖，留赏一日，赋两绝》之一："金粟枝头一夜开，故应全得小诗催。"明·徐霖《绣襦记·闻信增悲》："看繁英金粟乱开，美人玉纤轻折采。"清·捧花生《画舫余谈·卷一》："不多金粟散天香，应共荷花斗靓妆。"

致,香飘四溢,清雅高洁,被称为"仙友""仙树""花中月老"。园博园很多区域都种植丹桂、金桂、四季桂、八月桂等桂花品种,打造出"叶密千层绿,花开万点黄。天香生净想,云影护仙妆"(宋·朱熹《咏岩桂二首 其一》)的意境。

广西盛产桂花,它不仅是广西的省花,人们还常常将广西简称为桂。广西(南宁)园便以桂花为主,白兰、冬樱花等其他芳香植物为辅,打造"桂客迎门"、香远益清的植物氛围(图5.3.3-1)。当你在林间散步的时候,当你在树下歇凉的时候,当你在广场戏耍的时候……总会有一股清甜的幽香扑鼻而来,循着香味寻找,便可看到那点点金黄。宋·吕声之《桂花》言"独占三秋压众芳,何夸橘绿与橙黄?自从分下月中种,果若飘来天际香。"在金秋时节,桂花以其独有的风姿在瑟瑟的秋风中,幽香四溢,独领风骚。

桂花是合肥市市花,安徽(合肥)园以桂花为主题,结合主园路步移景异,打造了"丹桂飘香"景点,在园博会期间绽放最美姿态(图5.3.3-2)。桂花树姿优雅,花朵娇小可爱,"月明秋晓,翠盖团团好。碎剪黄金教恁小,都着叶儿遮了……唤起仙人金小小,翠羽玲珑装了。"(宋·辛弃疾《清平乐·赋木犀词》)娇小的桂花如小孩子一样,惹人爱怜。

图5.3.3-1 广西(南宁)园"桂客迎门"　　图5.3.3-2 安徽(合肥)园"丹桂飘香"

在清凉如水的夜晚,桂花又常常与明月联系在一起。重庆园在其中心区域散植桂花,创造"桂子月中落,天香云外飘"的意境(图5.3.3-3)。置身其中,不知您是否会想起"嫦娥奔月""吴刚伐桂"等神话传说,还有"蟾宫折桂"的文人向往。

元·谢宗可在《月中桂花》中云:"金粟如来夜化身,嫦娥留得护冰轮。横枝大地山河影,根老层霄雨露春。长有天香飞碧落,不叫仙子种红尘。折来何必吴刚斧,还我凌云第一人。"可以想见,月光朗照,桂花飘香,一位诗人,徘徊月下,流连桂丛,时而举头望月探寻嫦娥玉兔,时而低头俯身寻得飞落天香,好似一幅人间仙境。

图 5.3.3-3　重庆园"桂子月中落"

5.3.4　棕林疏影,青波落霞

在四季分明的徐州能够欣赏到风光旖旎的热带风光,也算是一件比较惊喜的事情了。海南(海口)园结合园区水景,以棕榈、沙滩为主要元素,展示了海南热带岛屿的风貌特色(图5.3.4-1)。畅游在这幅画卷里,仿佛置身于美丽的海南岛上,沙滩上三三两两的棕榈树随风摇曳,只见那一片一片青翠欲滴的叶

图 5.3.4-1　海南(海口)园"棕林疏影"

子,层层向上舒展着、妩媚着,好不惬意。远处草坪上点缀着酒瓶椰子、槟榔、苏铁等热带植物特色雕塑,这些"奇花异果"将草坪妆点得更加美丽怡人。傍晚,蓝绿色的水面映衬着如火烧一般的落霞,徜徉在松软的沙滩上,凉风阵阵,仿佛如诗如画,又如痴如醉,那种静谧和神奇,把一切铅尘洗净。

难怪宋代大文豪苏东坡当年被贬到海南时,亦流连于这里的风光:"北国青苗破嫩芽,三亚椰林舞风芭。大小洞天观音立,五指山下遍山花。伫海塔,望天涯,渺渺青波映落霞。南天一柱当风立,巍巍海门迎客家。"并对海南风光予以了很高的评价:"九死南荒吾不悔,兹游奇绝冠平生。"

5.3.5　幽林花溪,桃源仙境

"桃之夭夭,灼灼其华。之子于归,宜其室家。"(《国风·周南·桃夭》),即便很少读诗的人,一般也都知道此句。用鲜艳的桃花,比喻少女的美丽,传达出一种

喜气洋洋、让人快乐的气氛，赞赏少女不仅有艳如桃花的外貌，还有"宜室""宜家"的心灵美，以至后人将"桃花源"塑造成一个与污浊黑暗社会相对立的美好境界，以寄托自己的人生理想与美好情趣。园博园"溪湾柳间栽桃"，营造了数片幽林花溪，如同世外桃源一样，让人们在"似多幽趣"中"更入深情"。

园博园中部是一座"孤立"着的石山，吕梁阁便坐落于山顶，俯瞰园中万物。寻找一条不起眼的林间小道，蜿蜒而上，逼仄的小路上布满了柔嫩的小草，铺满了层层枯黄的落叶。丛林深处，长满了侧柏、藤蔓和许多低矮灌木，盛开着各色野花。大大小小的岩石，是林中孤独的生命，它们从来都不会言语，只是静静地躺在一个地方，千年、万年，沧海变作了桑田（图 5.3.5-1）。

靠近山脚的时候，突然发现，寂静的空林流淌着一条溪流（图 5.3.5-2），叮叮咚咚，我们不知道它的源头在哪儿，也不知道它将流向何方。"如果你想和自己的灵魂相遇，那就去找一条林中小溪，顺着它的岸边往上游或者是下游走一走吧"（普里什文《林中小溪》），这是一种非常美妙的感觉，静雅、超俗、温情、柔意……我们可将赞赏的目光凝聚在所有可见的景色中，尽情释放着自己的心灵，缓缓地、静静地。

图 5.3.5-1　石山山林风光

图 5.3.5-2　山中溪流

运河史话园的山水运河段，结合一些典故以及诗词作为设计依据，通过丰富的高差以及独特的植物造景，结合跌水、栈道、平台、码头等，打造具有自然郊野之美的花溪杏林景观。岸边花影重叠、树姿摇曳，溪流蜿蜒曲折、缓缓流淌，一切美丽而和谐（图 5.3.5-3）。

山西（太原）园叠石成山，随地形落差呈现层层清流，沿山石两侧，点缀银杏、五角枫等上层乔木，栽植以月季为主景的缤纷花带，形成疏影斑驳的花溪谷

（图5.3.5-4）。上海园的流水山谷花园，利用立体绿墙和人工跌水配合，结合雾森装置，搭配自然山石，模拟神秘幽静的山谷溪涧风貌，使游客心情归于宁静（图5.3.5-5）。

著名画家钱选在《山居图》中题诗《金碧山水卷》曰："烟云出没有无间，半在空虚半在山。我亦闲中消日月，幽林深处听潺湲"，这是一种多惬意的隐世生活。我们应该沉静在这一片青青的幽林中，抛却尘世中的一切纷争、得失、烦恼，给自己的灵魂觅一个清清悠悠的扎根空间；我们也应该仿这一条纯净的林中花溪，洗净我们心中的一切杂念，让自己的心灵变得更加淡泊、纯洁、宁静。

图5.3.5-3　运河史话园"花溪杏林"

图5.3.5-4　山西（太原）园"花溪谷"

5.3.6　群芳争艳，莺歌燕舞

四季有花大富贵，一生无恙小神仙。花迎喜气皆知笑，鸟识欢心亦解歌。花是表达喜庆气氛不可或缺的元素，在节日或是重大喜庆场所，人们总喜用花装扮和表达欢乐、团圆、祝福、祥和、庆祝之意。园博园中各种各样的花坛、花境等，以鲜花为题材的植物景观，给全园披上了缤纷盛装，花开盛

图5.3.5-5　上海园"流水山谷花园"

世、莺歌燕舞，象征着祖国繁荣昌盛、吉祥如意。

在园博园入口，便有一个花坛，这是一个巨大的花瓶形状，坐落在如意造型的底座上，花瓶中和下方摆满了银杏叶、紫薇花和枝蔓叶片造型的绿植。园博会吉祥物"徐徐"和"州州"站在花瓶脚下，与每个来园博园的宾客相拥（图5.3.6-1）。加上声、光、电、喷泉的配合，使园博园格外艳丽夺目，多姿多彩。花团锦簇、欣

欣向荣的花坛，也代表着徐州人民对全国各地来客的欢迎、对园博会盛大庆典的祝贺以及对美好未来的幸福憧憬。

进入园中，更是花的海洋。天津园次入口中心花坛采取月季（天津市花）和造型紫薇（徐州市花）的栽植组合，展现两地友好，园中成片栽植大花月季及各种地被花卉，形成精品花境，尽显五大道欧式庭院花园风采（图 5.3.6-2）。

图 5.3.6-1　入口花坛

天朗气清，阳光和煦。远处天空白云点点，近处人们喜气洋洋。鞭炮声声，惊起栖息在树上的鸟儿们阵阵盘旋；彩旗飘扬，映着人们灿烂的笑容格外鲜艳；群芳争艳，衬托着城市格外美丽；莺歌燕舞，一景一幕都如此幸福和谐，甜蜜幸福充满了整个世

图 5.3.6-2　天津园欧式花境

界。在此中游玩，不知您是否有："细草敷荣侵塌绿，野花争艳袭衣香。碧梧枝上听蝉噪，翠柳堤边看鹤翔"的惬意。

5.3.7　半塘烟柳，一树春风

"柳条百尺拂银塘，且莫深青只浅黄。未必柳条能蘸水，水中柳影引他长。"（宋·杨万里《新柳》）当柳条抽芽、点点青翠即喻示着春天的到来，那随风飘荡的柳条，又何尝不是离人的点点思念呢。"柳性宜水，其色如烟，烟水空濛，摇漾于赤栏桥畔，史称望之如图画。"（清·雍正《西湖志·卷三》）堤岸植柳作为一种常见的景观运用方式，不仅保持水土、防风固沙，也极具景观效果。

北京园"将昆明湖景落徐州"营建了"白玉虹桥"和"雾柳烟堤"两个景点，沿堤植物以垂柳为主，点缀水杉、湿生花卉，营造"最是一年春好处，烟柳空濛。湖水自流东，桥影垂虹"（清·顾太清《浪淘沙·登香山望昆明湖》）的画面（图 5.3.7-1）。

江西（南昌）园中的孺子亭置于水上，亭基湖石重叠，亭畔垂柳倒映，亭、树与湖水相映，打造豫章十景之一"徐亭烟柳"之意境，更让人感受到王勃《滕王阁序》中"人杰地灵、徐孺下陈蕃之榻"的豪气（图5.3.7-2）。

运河史话园中设"桥影烟堤"一景，在设计上借用这一建筑物，结合湿地滩涂种植大片柳树和中山杉，配以红枫、丛生三角枫、再力花等植物，呼应《望海潮》（宋·柳永）中"烟柳画桥，风帘翠幕"的诗意空间（图5.3.7-3）。

5.3.8 花惹青岩，云田欢歌

梯田和花海均为当下休闲农业旅游发展的一种趋势，因其特殊的、具有视觉冲击力的景观而深受人们喜爱。梯田蜿蜒起伏的曲线，如流动的丝绸，肆意在天地间泼洒奔腾，既有大刀阔斧的砍削，又有丝丝入扣的精雕细琢；既显得气势磅礴，又蕴涵着清秀旖旎的艺术情调。园博园各省展园通过打造不同风格的梯田花海，让游客在感受不同风土人情的同时，体验田园之乐。

图5.3.7-1 北京园"雾柳烟堤"

图5.3.7-2 江西（南昌）园"徐亭烟柳"

图5.3.7-3 运河史话园"桥影烟堤"

甘肃园的繁花似锦花坡（图5.3.8-1），从马家窑彩陶罐流出（马家窑彩陶罐是甘肃具有代表性的文化元素，马家窑彩陶文化是人类最珍贵的远古文化之一，它源远流长地孕育了中国文化艺术的起源与发展，是中华远古先民创造的最灿烂的文化，是史前的"中国画"），寓意着从远古到现代的过渡，是甘肃历史的传承与创新，代表着甘肃文化的繁花似锦。

西藏园用格桑花打造四周花海（图 5.3.8-2），格桑花被藏族乡亲视为象征着爱与吉祥的圣洁之花，长期以来一直寄托着藏族人民期盼幸福吉祥的美好情感。

香港园创造了色彩斑斓的立体花海（图 5.3.8-3），让游人在花卉簇拥下，感受赏花带来的喜悦。贵州园用清爽草坪营造写意梯田（图 5.3.8-4），打造梯田层叠的山水田园栖居环境。江西（南昌）园以茶园、梯田为特色景观展示花园南昌、秀美田园之风采（图 5.3.8-5）。

图 5.3.8-1　甘肃园繁花似锦花坡

图 5.3.8-2　西藏园格桑花花海

图 5.3.8-3　香港园立体花海

图 5.3.8-4　贵州园写意梯田

5.3.9　绿缛争茂，疾风劲草

"丰草绿缛而争茂，佳木葱茏而可悦"（宋·欧阳修《秋声赋》）。"嫩绿柔香远更浓，春来无处不茸茸"（明·杨基《春草》）。"野花向客开如笑，芳草留人意自闲"（宋·欧阳修《再至西都》）。草坪是现代风景园林的重要形态之一。在钢筋混凝土堆砌成的城市森林里，一块草坪形成开敞性的空间，可扩大人们的视野，使大家享受

5　植物景观艺术　187

图 5.3.8-5　江西（南昌）园梯田

泥土的芬芳，体验生命的精神，身心得到放松和安宁。

　　青海（西宁）园以云杉作为背景林，结合雪山构筑物，构建高原草甸景观（图 5.3.9-1），突出高原植被特点，来体现高寒荒漠良好的生态环境，表达青海自然风光的雄奇壮美，展现其地域辽阔、独具特色、震撼人心的大美之地。

　　内蒙古园营造了辽阔疏朗的草原风貌（图 5.3.9-2），中心舒缓优美的草坪让人

图 5.3.9-1　青海（西宁）园高原草甸

图 5.3.9-2　内蒙古园草原风貌

心驰神往，弯弯曲曲的园路绵延到远方，搭配俊美的羊群雕塑，体现出内蒙古现代、艺术的性格特点。

宁夏（银川）园在岸边构造多功能阳光草坪（图5.3.9-3），水、石、草坪完美结合，让人们享受舒适惬意的水岸生活。长春园用大草坪模拟松花江水，微风吹动着小草轻轻舞动，犹如粼粼江水，令人心驰神往。

图5.3.9-3 宁夏（银川）园岸边多功能草坪

5.3.10 树树皆秀色，茫茫落丹青

"春花含笑，夏绿浓荫，秋叶硕果，枫林尽染，冬枝傲雪，枯木寒林。"园博园广泛运用色叶树种，创造丰富的季相景观群落，营造万紫千红的彩色植物世界，达到"体现无穷之态，招摇不尽之春"的效果。

江苏（苏州）园外围巧借石山种植白皮松、乌桕、银杏、无患子、柿树、桂花、鸡爪槭、红枫等植物，在秋冬季形成彩色背景林，环绕整个苏州园，形成一个"结庐在人境，而无车马喧"的恬淡闲适之所（图5.3.10-1）。

上海园的山涧彩叶花园以银杏为主景观，点植红瑞木，在秋季，一片金黄色的花园景观将引人驻足；在冬季，则以红瑞木的茎秆为观赏点，洁白的雪花与红润的枝干交相辉映，极为美丽（图5.3.10-2）。

广西（南宁）园的缤纷植物区以银杏、乌桕、小花紫薇等色叶植物为主，打造

图5.3.10-1 江苏（苏州）园彩色背景林

图5.3.10-2 上海园山涧彩叶花园

缤纷热情、精致别趣的植物景观。江苏（扬州）园以种植槭树科色叶树为主，让游人感受层林尽染、秋叶萧萧的秋林野趣（图 5.3.10-3）。浙江（温州）园以山水文化为主题，巧妙运用园林植物展现从谢灵运到朱自清，深刻烙印在温州山水之间的文化篇章（图 5.3.10-4）。

图 5.3.10-3　江苏（扬州）园槭树

图 5.3.10-4　浙江（温州）园山水林

5.3.11　竹林通幽，仰聆萧吟

宁可食无肉，不可居无竹。花开富贵添百福，竹报平安纳千祥。竹枝秆挺拔、四季青翠、傲雪凌霜，被人们赋予了虚心有节、清劲挺拔、高风亮节、宁折不屈、坚韧忠贞等文化内涵。以竹造景，竹境生姿，竹径通幽、竹篱茅舍、移竹当窗、粉墙竹影、竹深荷净以及各类竹石小品，无不彰显出竹文化的无穷魅力。园博园中利用丰富的竹类资源和深厚的竹文化底蕴，合理地运用多种设计手法，充分展现了观赏竹类的形和意，创造出美不胜收的园林景观，竹林深处，抬头侧耳聆听萧萧竹韵，让游人在绿色中多了一抹回味，纤细中增了一份坦然。

湖南（长沙）园用大片竹林营造幽静的景观效果，漫步于青石板路上，竹林雅境与吹香亭内袅袅的琴音使游人心旷神怡（图5.3.11-1）。浙江（杭州）园开篇选择西湖环境的"茂林修竹"元素，于翠竹园中散植毛竹、刚竹、金镶玉竹等，营造翠竹掩映的效果，竹林小径蜿蜒曲折，绿郁寂静，有云清幽隐的景观氛围（图5.3.11-2）。

图5.3.11-1　湖南（长沙）园竹林

图5.3.11-2　浙江（杭州）园竹园

江苏（苏州）园中大量运用竹子造景，竹园以"竹"为特色，结合亭廊、山石地形种植早园竹、金镶玉竹、箬竹等多种竹类，营造出庭院深深的意境，新山水园以砂石代水、置石代山，竹与山石、园路等相互搭配，营造新时代下山水园林古朴、清幽的意境；出口处蜿蜒的竹林小径含蓄深邃，修竹夹道，更显苏州园"曲径通幽处，禅房花木深"的隐逸之感（图5.3.11-3）。

图 5.3.11-3　江苏（苏州）园的竹园、竹林小径

河南（郑州）园的予荼阁周边片植淡竹，营造入竹万竿斜的风动意境，天光竹影，山水清音，读书本是寻常事，繁华静处遇知音，阳光透过摇曳的竹梢隐隐洒落下来，映在水池中、墙壁上，寻得读书的静谧与惬意（图 5.3.11-4）。

图 5.3.11-4　河南（郑州）园竹林

5.3.12　山上层层桃李花，云间烟火是人家

"竹篱茅屋趁溪斜，春入山村处处花。无象太平还有象，孤烟起处是人家。""烟雨蒙蒙鸡犬声，有生何处不安生。但令黄犊无人佩，布谷何劳也劝耕。"（宋·苏轼《山村五绝·其一、其二》）乡村是人类最初的家园，在人类的基因里，乡村仿佛一幅封存着的水墨画，散发着无穷的魅力。园博园中利用本土的乡野植物在纷繁复杂的现代城市环境中营造出乡村意境，让繁忙的人们在闲暇时间寻得一片来自乡村的诗意。

河北（石家庄）园种植国槐、柿树、核桃、黄栌、山杏、山桃等，突出太行村落的种植景观和山花烂漫的效果（图 5.3.12-1）。湖北（武汉）园溯源楚辞植物，以朴素淡雅的郊林野趣为格调，吸取水上离宫园林之本色，表达楚文化的雅韵、浪漫、瑰丽（图 5.3.12-2）。

图 5.3.12-1　河北（石家庄）园"太行风韵"　　图 5.3.12-2　湖北（武汉）园"郊林野趣"

附录 1
第十三届中国（徐州）国际园林博览会之展园建筑技术

附录1　　　　　　　　　　　　　第十三届中国（徐州）国际园林博览会之展园建筑技术

序号	新技术名称	应用部位	应用效果	现场图片
1	装配式预制条形基础施工技术	运营中心叠重阁	采用预制条形基础技术，工厂生产质量标准高，解决连接节点受力分析计算，上部轻钢结构地埋螺栓精度高，可以和现场土方施工同步施工，减少混凝土浪费、加快安装速度，具有很好的节能、节材、环境保护作用	
2	自密实混凝土技术	宕口酒店、主题酒店钢管混凝土柱	无需外力振捣，混凝土自重作用下达到密实，保证混凝土施工质量，减少现场作业工人的数量，有效加快施工进度	
3	热轧高强钢筋应用技术	综合馆、吕梁阁、宕口酒店基础与主体结构、运营中心基础	本工程采用热轧高强钢筋应用技术，经对各类结构应用高强钢筋的比对与测算，通过推广应用高强钢筋，在考虑构造等因素后，平均可减少钢筋用量约12%，具有很好的节材作用。显著减少配筋根数，使梁柱截面尺寸得到合理优化	
4	高强钢筋直螺纹连接技术	所有场馆	现场所有场馆直径大于等于16mm的钢筋均采用直螺纹连接技术，套丝工人全部接受正规培训，大大提高现场钢筋连接质量和连接速度，节省钢材	

续表

序号	新技术名称	应用部位	应用效果	现场图片
5	预应力技术	综合馆大跨度梁板	可显著节约材料、提高结构性能、减少结构挠度、控制结构裂缝并延长结构寿命	
6	销键型脚手架及支撑架技术	综合馆、美食广场、吕梁阁梁板支撑	销键型钢管脚手架安全可靠、稳定性好、承载力高；全部杆件系列化、标准化、搭拆快、易管理、适应性强	
7	清水混凝土模板技术	综合馆、美食广场钢筋混凝土梁板柱	混凝土成型后，免于装饰，减少装饰工序	
8	装配式混凝土框架结构技术	主题酒店2~5层柱、观光电梯柱	观感质量优异，现场施工效率高，节约模板、木方等材料	

续表

序号	新技术名称	应用部位	应用效果	现场图片
9	混凝土叠合楼板技术	主题酒店2~6层板、运营中心1~3层	观感质量优异,现场施工效率高,节约模板、木方等材料	
10	钢筋套筒灌浆连接技术	主题酒店2~5层柱、观光电梯	性能可靠、安装简便、节能环保	
11	装配式混凝土结构建筑信息模型应用技术	宕口酒店、主题酒店、运营中心、观光电梯	基于施工模型的深化设计,以及场布、施组、进度、材料、设备、质量、安全、竣工验收等管理应用,实现施工现场信息高效传递和实时共享,提高施工管理水平	
12	预制构件工厂化生产加工技术	工厂	可满足预制构件的批量生产加工和集中供应要求,统一模数、便于排产、易于安装	
13	钢管桁架预应力叠合楼板应用技术	主题酒店综合馆	采用钢管桁架及预应力技术,可以有效降低叠合板的厚度,加大叠合板的平面尺寸,取消底部支撑解决高支模问题,大大减少材料消耗,减少用工量,提高施工进度及施工质量	

续表

序号	新技术名称	应用部位	应用效果	现场图片
14	成套钢柱模应用技术	主题酒店	主题酒店天池区域创新应用成套钢柱模技术，可以和柱子钢筋笼一体吊装，加快施工进度，提高成型质量，减少操作架体及人工用量	
15	钢结构深化设计与物联网应用技术	宕口酒店、主题酒店、运营中心、观光电梯	施工效率高、产品质量优异，提升产品信息化管理水平	
16	钢结构虚拟预拼装技术	宕口酒店、主题酒店、运营中心、观光电梯	在计算机中模拟拼装形成分段构件的轮廓模型，与深化设计的理论模型拟合比对，检查分析加工拼装精度，经过必要校正、修改与模拟拼装，直至满足精度要求	
17	钢结构防腐防火技术	各场馆钢结构施工部位	满足耐火极限、防止钢材锈蚀	

续表

序号	新技术名称	应用部位	应用效果	现场图片
18	钢与混凝土组合结构应用技术	综合馆、吕梁阁型钢混凝土柱	可显著减小柱的截面尺寸，提高承载力；型钢混凝土柱承载能力高，刚度大且抗震性能好	
19	钢与混凝土组合结构应用技术	宕口酒店、主题酒店钢管混凝土柱、型钢混凝土梁、观光电梯	承载力高，抗震性能好，耐火性能和防腐蚀性能好，断面尺寸小、重量轻	
20	钢与胶合木组合结构应用	国际馆游客服务中心、综合馆	充分利用钢结构的承重性能和木结构的装饰性能，全面采用工厂化加工和现场吊装工艺，减少材料浪费和建筑垃圾，达到设计师所需的建筑效果	
21	钢与重组竹组合结构应用	创意园－竹技园	大量应用可再生性强的绿色建材，经特殊工艺处理，制作一体化维护墙板和吊顶地面一体化楼板，节省工序，满足节能标准	

续表

序号	新技术名称	应用部位	应用效果	现场图片
22	基于BIM的管线综合技术	宕口酒店、主题酒店、综合馆、吕梁阁	通过BIM软件应用，根据建筑设计对机电管线进行二次深化和优化，有效利用建筑空间，各类管线合理布局避让，达到美观、整洁、顺直的效果	
23	金属风管预制安装施工技术	所有场馆	金属风管全部采用工厂集中预制加工，减少现场场地占用，提高风管加工质量，同时采用共板法兰连接，大大加快现场施工进度，减少材料消耗	
24	机电消声减震综合施工技术	所有场馆	现场机房设备采用消声减震措施，减少设备震动和噪声传播，在满足充分的建筑使用功能的同时，提高舒适度	
25	施工扬尘控制技术	综合馆、吕梁阁宕口酒店、主题酒店、运营中心、观光电梯	快速将尘埃抑制降沉，工作效率高、速度快，覆盖面积大	

续表

序号	新技术名称	应用部位	应用效果	现场图片
26	工具式定型化临时设施技术	项目临建办公室、预制道路及预制围墙	本工程临建采用工具式定型化临时设施包括标准化箱式房、预制装配式马道、可重复使用临时道路板等。综合考虑因素此技术平均可减少成本约10%，具有很好的节能、节材、环境保护作用	
27	种植屋面防水施工技术	宕口酒店综合馆	改善城市生态环境、缓解热岛效应、节能减排和美化空中景观。耐根穿刺防水层位于普通防水层之上，避免植物的根系对普通防水层的破坏	
28	高效外墙自保温技术	场馆外围护	本工程外围护采用传热系数低的蒸汽加压混凝土条板，减轻结构自重，免除抹灰等现场湿作业，满足夏热冬冷地区和夏热冬暖地区节能设计标准	
29	建筑隔震技术	综合馆、宕口酒店、观光电梯	设计钢结构和混凝土结构连接部位，采用抗滑移支座，消化不同材质建筑材料不同的膨胀系数，消耗输入地震动的能量，提高隔震建筑的安全性，性能稳定可靠	

附录2
第十三届中国（徐州）国际园林博览会之展园植物配置

附录2　　　　　　　　　　　　　　　　　第十三届中国（徐州）国际园林博览会之展园植物配置

序号	展园名称	占地面积（m²）	设计主题（理念）	主要景观材料	形态特征	植物生长习性	植物品种选择分析
1	新疆园	4180	"新疆是个好地方"——运用花境植物搭配栽植，形成视线焦点，增添整体的色彩变化	上层：大丽花、红花；中层：金鸡菊、蓝花鼠尾草、八宝景天、马蔺；下层：矮牵牛、美女樱等	大丽花：株高1.5~2m，茎直立，多分枝，花期为6~12月。红花：株高可达150cm，头状花序，花期为5~8月。金鸡菊：株高30~60cm，叶片羽状分裂，多分枝，7~9月开花。矮牵牛：株高20~45cm，花冠喇叭状，花色有红、白、粉、紫等，花期长达数月。美女樱：株高10~50cm，呈伞房状，花小而密集，花色有白、红、蓝、雪青、粉等，花期为5~11月。八宝景天：株高30~70cm，块根胡萝卜状，叶对生，伞房状花序顶生，花期为8~10月。蓝花鼠尾草：株高30~60cm，叶对生，花色为蓝、淡蓝、淡紫等，花期为4~7月。马蔺：株高40~60cm，根状茎粗壮，花色为浅蓝、蓝或蓝紫，花期为5~6月	大丽花：喜阳光，耐半阴，病虫害少，易管理。红花：喜温暖、干燥气候，抗寒性强、耐贫瘠。金鸡菊：耐寒耐旱，对土壤要求不严，适应性强。矮牵牛：喜温暖和阳光充足的环境。美女樱：喜温暖湿润气候，喜阳，不耐干旱，对土壤要求不严。八宝景天：耐寒，喜光，耐半阴，耐旱。蓝花鼠尾草：性喜温暖及全日照环境，较耐热。马蔺：根系发达，缚土保水能力较好。同时具有很强的抗病虫害能力	新疆作为内陆面积最大的行政区，特点是成片规模的植物群落，景观整体性好，非常壮丽。园子在花境植物品种搭配上主要以上层红色，中层黄色、蓝色、绿色，下层的红色、粉色为基调，突出花境植物株层次感的变化，不同的花境植物花期丰富了花海植物景观效果。同时，兼顾花境植物较强适应性及后期养护低成本的特点

续表

序号	展园名称	占地面积（m²）	设计主题（理念）	主要景观材料	形态特征	植物生长习性	植物品种选择分析
2	武汉园	4500	楚式风格、楚韵之园	上木：水杉；中木：蜡梅、红枫、紫薇、木芙蓉；灌木上层：菖蒲、百子莲；中层：玉簪、泽泻、绣线菊、狐尾天门冬；水生植物：千屈菜、水葱、黄菖蒲等	水杉：树皮灰褐色，呈长条形，幼树树冠为尖塔形，老树则为广圆头形，叶相对而生，叶色为绿，呈羽状。蜡梅：树皮浅灰色或带绿色，叶片卵形或椭圆形，叶边常具小锐锯齿，灰绿色，花期为冬、春季。红枫：叶掌状，裂片卵状披针形，花顶生伞房花序，偏紫红色，花期为4~5月。紫薇：树皮平滑，灰色或灰褐色，叶互生或有时对生，花期为6~9月。木芙蓉：叶片为卵状心形，托叶为披针形，花单生，花萼为钟形，花冠初为白色或淡红色，花期为8~10月。泽泻：呈水叶条形或披针形，挺水叶宽披针形、椭圆形至卵形，花期为5~10月。玉簪：叶基生，成簇，卵状心形、卵形或卵圆形。百子莲：叶线状披针形或带形，伞形花序，花漏斗状，深蓝色、白色，花期为7~8月。绣线菊：长圆形或金字塔形圆锥花序，花期为6~8月。狐尾天门冬：株高30~60cm，根状茎短，茎直立生长，花期为5~8月。千屈菜：叶披针形或宽披针形，呈聚伞状，花期为7~9月。水葱：秆圆柱状，基部具膜质叶鞘，叶片线形。花期为6~9月。黄菖蒲：根状茎粗壮，黄褐色，花茎粗壮，有明显的纵棱，花期为5月	水杉：喜温暖湿润气候，喜深厚肥沃的酸性土。蜡梅：喜光喜温暖耐旱，适应性强。红枫：性喜阳光，适合温暖湿润气候，较耐寒，稍耐旱。紫薇：半阴生，喜生于肥沃湿润的土壤上，也能耐旱。木芙蓉：喜温暖湿润气候，喜光，耐修剪。泽泻：喜气候温和、阳光充足。玉簪：喜阴湿环境，耐寒。百子莲：喜欢温暖湿润和阳光充足的环境。绣线菊：喜光也稍耐阴，喜温暖湿润的气候和深厚肥沃的土壤。狐尾天门冬：喜温暖、湿润的环境，较耐旱。千屈菜：喜强光，耐寒性强，喜水湿，对土壤要求不严。水葱：喜阳光充足、温暖、潮湿的环境，较耐寒。黄菖蒲：耐热，耐旱，极耐寒，适应强	以楚韵文化为基调，在植物搭配方面，以市树水杉、市花蜡梅为主，局部点缀花木品种，强化景观色彩效果，丰富植物季相变化，根据植物株高层次特点，组团配置丰富植物林冠线变化。楚地位于长江中下游位置，规划水生植物突显出植物的多样性，丰富了植物景观效果

续表

序号	展园名称	占地面积（m²）	设计主题（理念）	主要景观材料	形态特征	植物生长习性	植物品种选择分析
3	徐州园	19000	追本溯源，文化寻根	上木：黑松；中木：鸡爪槭、连翘、棣棠；灌木上层：金叶大花六道木、云南黄馨、金丝桃等	黑松：树皮暗灰色，老则灰黑色，针叶是深绿色，有光泽，花期为4~5月。鸡爪槭：树皮深灰色，树冠伞形，花期为5月。连翘：枝开展或下垂，棕色或淡黄褐色，叶通常为单叶，叶片呈卵形或椭圆形，花期为3~4月。棣棠：小枝绿色，具棱，无毛；单叶互生，叶卵形或三角状卵形，花期为4~6月。金叶大花六道木：叶卵形至卵状椭圆形，边缘有疏锯齿，表面暗绿色而有光泽，花期为6~11月。云南黄馨：野迎春枝条下垂，小枝无毛，叶对生，花萼钟状，花冠黄色，漏斗状，花期为11月至翌年8月。金丝桃：叶对生，无柄或具短柄，皮层橙褐色，花期为5~8月	黑松：喜温暖、耐寒、耐热、耐旱、耐瘠。鸡爪槭：喜温暖湿润气候，耐半荫，耐寒性强。连翘：喜温暖湿润、阳光充足的气候，耐寒力强，耐旱。棣棠：喜温暖湿润气候，较耐荫，萌蘖力强。金叶大花六道木：喜温暖湿润，稍耐阴，耐寒亦耐热，耐旱，较耐修剪。云南黄馨：喜温暖湿润和充足阳光，稍耐阴。金丝桃：喜湿润半阴之地	徐州园整体设计风格为仿古景观，园内假山景石用量较大，用黑松搭配，体现出传统造园艺术美感，黑松作为徐州地区常绿的针叶植物，增添了较大绿量。中木及灌木的植物选用上，也是采用传统常见表现手法，用植物来弱化假山石刻的"坚硬"感，使园内建筑物、假山石、植物完美的融合一体。在连翘、棣棠、云南黄馨、金丝桃等植物外，选用金叶大花六道木常绿品种也是起到增大绿量的景观效果。同时，植物选用也考虑后期低成本养护的优势

续表

序号	展园名称	占地面积（m²）	设计主题（理念）	主要景观材料	形态特征	植物生长习性	植物品种选择分析
4	南昌园	4000	古韵豫章花园南昌	上木：丛生香樟、罗汉松；灌木上层：月季、银边芒、美人蕉；中层：麻叶绣球；下层：矾根等	丛生香樟：常绿乔木，株高可达30m，叶互生，卵状椭圆形。 罗汉松：常绿乔木，树皮为灰色或灰褐色，花期为4~5月。 月季：叶子为羽状复叶，花色以红色为主，其他有白、黄、粉红、玫瑰红等，三季有花，四季常绿。 矾根：株高20~25cm，红色，两侧对称，花序复总状，花期为4~6月。 美人蕉：株高约1.5m，地上的枝丛生，叶片为卵状长圆形，花单生或对生，花期为3~12月。 银边芒：株高为1.5~1.8m，叶片呈拱形向地面弯曲，最后呈喷泉状，花期为9~10月。 麻叶绣球：深红褐色或暗灰褐色，花期为4~6月	丛生香樟：喜光，稍耐阴；喜温暖湿润气候，耐寒性不强。根系发达，深根性，抗倒能力强。 罗汉松：喜温暖湿润气候，耐阴性强，对土壤适应性强。 月季：性喜温暖湿润的气候，适应性强，耐寒、耐旱，对气候、土壤要求不严。 矾根：性耐寒，喜阳光，也耐半荫，覆盖力强。 美人蕉：喜温暖湿润气候，对土壤要求不严，能耐瘠薄。 银边芒：喜光、耐半阴、抗寒、耐旱。 麻叶绣球：性喜阳光，稍耐阴，耐旱，适生于肥沃湿润土壤	南昌园在植物选择上以展现地域性特色为主要原则，南昌市市树是樟树，市花是月季，且月季在城市花卉用量占比较大，与"花园南昌"的设计主题遥相呼应。山石配景中选用的麻叶绣球、矾根、美人蕉、银边芒等植物根据不同株体现出花境搭配的层次感、色彩效果，同时，所选苗木品种多以耐寒、耐旱且养护成本低为主

续表

序号	展园名称	占地面积（m²）	设计主题（理念）	主要景观材料	形态特征	植物生长习性	植物品种选择分析
5	西宁园	4500	绿色、人文和谐、共融	上木：青海云杉、沙枣、乌柳；中木：紫叶李；下木：红叶石楠球、金森女贞球；灌木上层：马鞭草、荷兰菊中层：萱草等	青海云杉：我国西北地区特有树种，株高可达23m，叶较粗，四棱状条形，花期为4~5月。沙枣：株高为5~10m，茎干较高，叶子较小，花期为5~6月。乌柳：株高可达5m左右，叶片线形或线状倒披针形，花期为4~5月。紫叶李：多分枝，叶片椭圆形、卵形或倒卵形，花期为4月。荷兰菊：株高可达100cm，头状花序伞房状着生，花较小，花期为8~10月。马鞭草：株高为30~120cm，茎四方形，花期为7月。萱草：株高约1m以上，根茎粗短，叶基生成丛，条状披针形，花果期为5~7月	青海云杉：生长缓慢，适应性强，浅根性树种，喜寒冷潮湿环境。沙枣：喜光，耐寒性强、耐干旱也耐水湿又耐盐碱，喜疏松的土壤。乌柳：喜光，耐旱，耐寒性好。紫叶李：喜温暖湿润气候，抗性较强。红叶石楠球：喜强光照，耐低温，耐旱，很强的适应性。金森女贞球：喜温暖湿润气候，耐寒、耐瘠薄、耐半阴、耐高温。荷兰菊：喜湿润，但耐干旱、耐寒、耐瘠薄。对土壤要求不严，适应性强。马鞭草：喜温暖气候，对土壤要求不严。萱草：中性，喜光，耐半阴，耐寒，耐干旱	西宁园在植物选择上以西宁当地特有植物青海云杉、沙枣等为主，意图还原当地景观特色。上木高大乔木的选用与本地特色建筑搭配展现出建筑与植物景观的完美融合，再配以色叶类中木和下木，丰富了建筑外围色彩效果，展现出植物层次感

续表

序号	展园名称	占地面积（m²）	设计主题（理念）	主要景观材料	形态特征	植物生长习性	植物品种选择分析
6	美国园	4500	人文景观与自然景观相结合	上木：丛生朴树、枫香、楝树；灌木上层：花叶蒲苇、细叶芒；中层：千日红、蓝羊茅；下层：夏堇等	丛生朴树：树皮灰色，叶互生，花期为4~5月。 枫香：树皮灰褐色，叶宽卵形，基部心形具锯齿，花期为3~4月。 楝树：株高可达10m，树皮灰褐色，分枝广展，小叶对生，花期为4~5月。 花叶蒲苇：常绿植物，叶绿色，丛生。 细叶芒：株高为1~2m，顶生圆锥花序扇形，观赏期为5~11月。 夏堇：高可达50cm，叶片长卵形或卵形，花期为6~12月。 千日红：茎粗壮，有分枝，枝略成四棱形，花果期为6~9月。 蓝羊茅：株高可达40cm，形成圆垫，5月开花。	丛生朴树：喜光、稍耐阴、耐寒、对土壤要求不严，适应力较强。 枫香：喜温暖湿润气候，性喜光，耐干旱瘠薄土壤。 楝树：喜温暖湿润气候，耐寒、耐碱，适应力强。 花叶蒲苇：土壤要求不高，耐盐碱，花境点缀或是水边种植观赏性较高。 细叶芒：喜光，耐半阴，耐旱，也耐涝。 夏堇：喜温暖湿润气候，性喜光。 千日红：性喜阳光，耐干热、耐旱。 蓝羊茅：喜光，耐寒，耐旱，耐贫瘠	美国园设计风格为现代景观，采用线条感十足的布局。在植物搭配上，以上木和低矮灌木上、中、下层相结合，展现出简洁、通透、高低错落的层次感与建筑、景墙融为一体

续表

序号	展园名称	占地面积（m²）	设计主题（理念）	主要景观材料	形态特征	植物生长习性	植物品种选择分析
7	杭州园	7712	西湖人家，景中村，村中景	上木：娜塔栎、水杉、胡柚；中木：羽毛枫、鸡爪槭、刚竹；灌木上层：大花萱草；中层：紫金牛、玉簪；下层：兰花三七等	娜塔栎：塔状树冠，主干直立，叶椭圆形，每年11月初开始变红。羽毛枫：株高为1~3m，叶对生，春秋季常为红色，花期为4月。水杉：植株高大，树皮灰褐色，呈长条形，幼树树冠尖塔形，花期为4~5月。胡柚：树冠圆头形，枝干褐色，叶椭圆形，花期为4~5月。鸡爪槭：树皮深灰色，树冠伞形，花期为5月。刚竹：竿高可达15m，呈绿色或黄绿色，5月中旬出笋。紫金牛：叶对生或轮生，椭圆形或椭圆状倒卵形，花期为5~6月。兰花三七：株高为10~40cm，根状茎粗壮，叶线性，丛生，花淡紫色，花期为6~8月。玉簪：叶基生，成簇，卵状心形、卵形或卵圆形，花果期为8~10月。大花萱草：叶基生线形，翠绿狭长，顶生聚伞花序，花茎高出叶片，花期为7~8月。	娜塔栎：气候适应性强，耐寒、耐旱，适应性强。羽毛枫：喜光，喜温暖湿润气候，较耐寒，稍耐旱。水杉：喜温暖湿润气候，喜深厚肥沃的酸性土。胡柚：耐瘠、耐寒，适应性强。鸡爪槭：喜温暖湿润气候，耐半荫，耐寒性强。刚竹：宜在土层较肥厚、湿润而又排水良好的土壤中生存。紫金牛：喜温暖潮湿气候，耐阴、耐湿。兰花三七：喜光，耐阴，耐寒、耐热性均好。玉簪：喜阴湿环境，性耐寒。大花萱草：耐寒性强，喜光线充足，又耐半阴、耐干旱	杭州园布局刻画出湖光山色的景观特点。上木的伞形形态与建筑、湖面等构筑较为融合，柔化了硬质材料的观感，突出植物竖向的视觉焦点。配以羽毛枫、鸡爪槭等色叶植物的组团栽植，营造出秀美的自然景观。胡柚作为杭州地域性代表的常绿乔木，对园内四季绿量发挥了重要作用，展现了诗情画意的西湖风俗风貌和自然生态风光

续表

序号	展园名称	占地面积（m²）	设计主题（理念）	主要景观材料	形态特征	植物生长习性	植物品种选择分析
8	苏州园	4500	江南园林艺术的文化传承和创新之美	上木：银杏；中木：桂花、红枫、蜡梅、木香；灌木上层：石蒜；下层：紫花地丁等	银杏：株高达40m，大树之皮呈灰褐色，树冠圆锥形。桂花：叶对生，呈椭圆形、长椭圆形或椭圆状披针形，花极芳香，花期为9~10月。红枫：叶掌状，裂片卵状披针形，花顶生伞房花序，偏紫红色，花期为4~5月。蜡梅：有光泽蜡质、紫色条纹，呈浓香花托坛状，花期为11月至翌年3月。木香：小叶片椭圆状卵形或长圆披针形，花小形，多朵成伞形花序，花期为4~5月。石蒜：外皮为紫褐色，叶片为条形或狭带形，中间有粉绿色带，花期为8~9月。紫花地丁：叶片下部呈三角状卵形或狭卵形，呈长圆形、狭卵状披针形或长圆状卵形，花果期为4~9月	银杏：喜光树种，喜气候温暖湿润，深根性，对气候、土壤的适应性较强。桂花：性喜温暖，湿润，既耐高温，也较耐寒。红枫：性喜阳光，适合温暖湿润气候，较耐寒，稍耐旱。蜡梅：性喜光，稍耐阴，较耐旱，具一定耐寒性。木香：喜阳光，亦耐半阴，较耐寒，耐瘠薄，对土壤要求不严。石蒜：喜半阴，耐曝晒，耐寒，耐干旱。紫花地丁：性喜阳光，喜湿润的环境，耐阴也耐寒，适应性极强	苏州作为传统私家庭院园林的发源地，承载着传统园林的传承与现代庭院园林的引领作用。通过借景、框景、对景的营造方式，凸显出恬淡静谧的庭院文雅之境

续表

序号	展园名称	占地面积（m²）	设计主题（理念）	主要景观材料	形态特征	植物生长习性	植物品种选择分析
9	日本园	4500	以《去年的树》故事为主题，表达了返璞归真、平淡、自由的心性，运用菊花寄情于花境	中木：日本樱花；灌木上层：波斯菊、金叶苔草；下层：佛甲草等	日本樱花：株高为4~16m，树皮灰色，小枝淡紫褐色，花期为4月。波斯菊：花瓣椭圆状倒卵形，花苞外层叶呈披针形，淡绿色，花期为6~8月。佛甲草：4叶轮生或对生，叶为线形，花序为聚伞状，花期为4~5月。金叶苔草：株高为20~40cm，叶片质地光滑，边缘深绿色，花期为4~5月	日本樱花：喜光、喜温、喜湿、喜肥。波斯菊：喜光，耐贫瘠土壤。佛甲草：耐旱和较耐寒，适应性强。金叶苔草：喜温暖湿润和阳光充足的环境，耐半阴	以日本的文化元素符号樱花为切入点，结合故事主题构架，展现出人、植物、动物之间互相联系的情感。通过花境植物的层次搭配与色彩搭配，营造出温馨富有感染力的景观效果，与设计理念相呼应
10	洛阳园	4200	绿色城市，美好生活；花开富贵，月圆九州	上木：玉兰；中木：海棠、牡丹、桂花、红梅等	玉兰：枝广展形成宽阔的树冠，树皮深灰色，基部徒长枝叶为椭圆形，花期为2~3月。海棠：叶片为椭圆形和长椭圆形，花期为4~5月。牡丹：分枝短而粗，叶通常为二回三出复叶，花瓣为5瓣或为重瓣，玫瑰色、红紫色、粉红色至白色等，花期为5月。桂花：叶对生，呈椭圆形、长椭圆形或椭圆状披针形，花极芳香，花期为9~10月。红梅：叶片为广卵形和卵形，边缘具细锯齿，有紫、红等花色	玉兰：喜阳光，稍耐阴，有一定耐寒性。海棠：喜温暖湿润和阳光充足的环境，适应性强。牡丹：性喜温暖、凉爽、干燥、阳光充足的环境。桂花：性喜温暖，湿润，既耐高温，也较耐寒。红梅：喜温暖气候，喜阳光充足，通风良好，有一定的耐寒力	洛阳园植物搭配上贴合其"玉兰春富贵"主题，突出四季开花、四季常绿的植物季相特色，配合洛阳牡丹的城市名片效应，打造出较佳的庭院景观效果

续表

序号	展园名称	占地面积（m²）	设计主题（理念）	主要景观材料	形态特征	植物生长习性	植物品种选择分析
11	南宁园	4000	八桂绿韵，壮乡天境	上木：白兰、香橼；中木：桂花、柿树、枇杷；灌木中层：紫雪茄花、红花继木等	桂花：叶对生，呈椭圆形、长椭圆形或椭圆状披针形，花极芳香，花期为9~10月。柿树：树皮深灰色至灰黑色，树冠为球形或长圆球形。枇杷：常绿植物，披针形、倒披针形、倒卵形或椭圆长圆形。香橼：叶柄短，叶片椭圆形或卵状椭圆形，花期为4~5月。紫雪茄花：株高约30~60cm，叶细小对生，长卵形或椭圆形，叶端有尖突，全年开花，但以春季较盛开。红花继木：多分枝，小枝有星毛，叶革质，卵形，花期为3~4月。白兰：树皮呈灰色，枝广展，呈阔伞形树冠，花期为4~5月	桂花：性喜温暖，湿润，既耐高温，也较耐寒。柿树：深根性树种，喜温暖气候，充足阳光和深厚、肥沃、湿润、排水良好的土壤，耐寒。枇杷：喜光、稍耐阴，土壤的适应性相对较强。香橼：喜高温多湿环境。紫雪茄花：喜阳光，亦耐半阴。红花继木：喜光，稍耐阴，耐旱，萌芽力和发枝力强，耐修剪。白兰：喜欢温暖湿润和光照充足环境	广西盛产桂花，南宁园又以"八桂绿韵"为主题，体现出南宁本地人文景观的文化原则，突出城市特色和壮丽山水的自然风貌。采用的白兰、桂花、枇杷等常绿植物使展园的绿量有较大提升
12	天津园	5290	"洋楼文化"	上木：北美鹅掌楸；中木：桂花、月季、紫薇；灌木中层：金鱼草；下层：彩叶草等	北美鹅掌楸：小枝褐或紫褐色，花杯状，外轮绿色，花期为5月。桂花：叶对生，呈椭圆形、长椭圆形或椭圆状披针形，花极芳香，花期为9~10月。丰花月季：小枝有钩刺或无刺、无毛，羽状复叶，花期为5月底至11月初。紫薇：树皮平滑，灰色或灰褐色，叶互生或有时对生，花期为6~9月。金鱼草：株高20~70cm，叶子较大，有短柄，呈圆状披针形，花冠是筒状唇形，花期为7~10月。彩叶草：茎通常紫色，四棱形，轮伞花序多花，花期为7月	北美鹅掌楸：强阳性树种幼年耐寒性较弱，成年耐寒性强。桂花：性喜温暖，湿润，既耐高温，也较耐寒。丰花月季：喜光照充足，对土壤要求不严，环境适应性强。紫薇：半阴生，喜生于肥沃湿润的土壤上，也能耐旱。金鱼草：喜光，耐半阴，喜凉爽。彩叶草：喜温暖、湿润、阳光充足环境，耐暑热，耐半阴	天津园规划布局以五大道代表的"洋楼文化"为主题，展现天津中西合璧的城市风貌。在植物搭配上以高大乔木为基调，色叶中木如紫薇等作为点缀，丰富景观效果。同时，天津也是月季之乡，突出了天津中西合璧、百花齐放的园林景观

续表

序号	展园名称	占地面积（m²）	设计主题（理念）	主要景观材料	形态特征	植物生长习性	植物品种选择分析
13	西藏园	4200	格桑花花海景观	格桑花	格桑花：花柱呈圆形，叶片卵形、卵状矩圆形或卵状椭圆形，花期为6~9月	格桑花：喜欢湿润、温暖的生长环境，植株的环境适应性很强	格桑花是代表藏族文化的一种标志性符号，格桑花海景观与西藏传统建筑相结合，展现出人与自然相融合的人文景观特色
14	香港园	4500	老街时光、花海景观	灌木上层：红色新几内亚凤仙、毛地黄；中层：南非万寿菊、一串蓝、薰衣草、堆心菊；下层：老鹰草等	红色新几内亚凤仙：株高可达60~100cm，多叶轮生，叶披针形，叶缘具锐锯齿，花色极为丰富，有洋红色、雪青色、白色、紫色、橙色等；花期为6~8月。老鹰草：根茎发达、叶丛密集低矮、茎略短。南非万寿菊：株高为20~50cm，茎绿色，分枝多，开花早，花期长。头状花序，多数簇生成伞房状，有白、粉、红、蓝、紫等色。花期可从2月持续到7月。一串蓝：丛生状，全株被柔毛；茎呈四棱形，下部略木质化；叶对生，长椭圆形，花期为7~10月。薰衣草：叶片线形或披针状线形，在花枝上的叶较大，6月开花。堆心菊：株高可达100cm以上，叶阔披针形，头状花序生于茎顶，花期为7~10月。毛地黄：茎直立，少分枝，全株被灰白色短柔毛和腺毛叶基生，呈莲座状，卵圆形或卵状披针形	红色新几内亚凤仙：性喜温暖和光照充足。老鹰草：适应性强，喜光、耐旱、耐高温。南非万寿菊：性喜冷凉、通风的环境。一串蓝：性喜温暖及全日照环境，较耐热。薰衣草：性喜干燥，有很强的适应性。堆心菊：喜热、喜光，耐高温高湿也耐高温干燥。毛地黄：喜光照，凉爽环境，耐半阴，耐寒耐旱	中国香港作为中西方文化交融之地，也是多元化的地区之一。在植物造景上通过花境品种的多样性、色彩丰富性、植物搭配高低错落有致的原则，突出万紫千红的景观效果。花境植物与老街建筑的融合，突出中国香港中西交汇的地理优势及花团锦簇的繁荣景象

续表

序号	展园名称	占地面积（m²）	设计主题（理念）	主要景观材料	形态特征	植物生长习性	植物品种选择分析
15	银川园	5000	塞上江南，水韵宁夏	上木：云杉；中木：丁香；灌木上层：狼尾草、蒲苇、粉黛乱子草等	云杉：我国西北地区特有树种，株高可达23m，叶较粗，四棱状条形，花期为4~5月。丁香：花瓣为4瓣，复瓦状抱合，呈棕褐色或褐黄色。狼尾草：株高为30~120cm，秆直立，丛生，在花序下密生柔毛。蒲苇：株高为2~3m，秆高大粗壮，丛生。粉黛乱子草：株高可达30~90cm，常具被鳞片的匍匐根茎。秆直立或基部倾斜、横卧	云杉：生长缓慢，适应性强，浅根性树种，喜寒冷潮湿环境。丁香：喜充足阳光，也耐半阴，适应性较强，耐寒、耐旱、耐瘠薄，病虫害较少。狼尾草：喜光照充足的生长环境，耐旱、耐湿，亦能耐半阴，且抗寒性强。蒲苇：喜温暖、湿润的气候，喜阳光充足且能稍耐阴，对土壤的要求不高。粉黛乱子草：喜光照，耐半阴，耐水湿、耐干旱、耐盐碱，生长适应性强	银川园在植物造景上展现出具有西北地域性的景观特色。选用的云杉造型优美，林下空间通透，宽敞。搭配狼尾草、蒲苇、粉黛乱子草等植物更能凸显出西北景色的野趣，与山、水、植物融为一体，自然和谐，突出了西北地域的风貌特征

图书在版编目（CIP）数据

第十三届中国（徐州）国际园林博览会园林文化与艺术观风 / 秦飞等著 . -- 北京：中国建筑工业出版社，2024.12. -- ISBN 978-7-112-30866-8

Ⅰ . S68-282.533

中国国家版本馆 CIP 数据核字第 20255KL656 号

责任编辑：李　杰
责任校对：赵　力

第十三届中国（徐州）国际园林博览会
园林文化与艺术观风
秦　飞　邵桂芳　等著
*
中国建筑工业出版社出版、发行（北京海淀三里河路 9 号）
各地新华书店、建筑书店经销
北京雅盈中佳图文设计公司制版
北京富诚彩色印刷有限公司印刷
*
开本：787 毫米 × 1092 毫米　1/16　印张：14　字数：257 千字
2025 年 3 月第一版　2025 年 3 月第一次印刷
定价：**168.00 元**
ISBN 978-7-112-30866-8
（42946）

版权所有　翻印必究
如有内容及印装质量问题，请与本社读者服务中心联系
电话：（010）58337283　　QQ：2885381756
（地址：北京海淀三里河路 9 号中国建筑工业出版社 604 室　邮政编码：100037）

著者名单

雷金睿　吴庭天　李苑菱
陈宗铸　陈毅青　田　蜜
李腾敏　陈小花　潘小艳
曾冬琴　张　乐

前言

水是生命之源、生产之要、生态之基。水资源是事关国计民生的基础性自然资源和支撑经济社会可持续发展的战略性资源，也是生态环境保护和建设的重要控制性因素。维护水量、水质、水生态的功能与资源属性，防止水枯竭、水污染和水生态系统恶化，加强水质监测与监督，是保护水资源和水生态，支撑经济社会可持续发展的重要基础。

在过去的几十年里，人口急剧增长、快速城市化和工业化加剧了河流、湖泊、水库的污染，导致地表水质恶化，水体富营养化等环境问题大规模暴发，直接威胁到饮用水供应和社会经济发展。水是"山水林田湖草沙"生命共同体的重要组成部分，被认为是环境中最脆弱的部分之一。水质下降和日趋严重的水污染不仅降低了水的使用功能，进一步加剧了水资源短缺的矛盾，而且严重威胁着城乡居民的用水安全和健康。据统计，全球一半以上的湖泊和水库面临水质恶化的威胁，由地表水环境污染造成的水资源危机已成为一个国家在政策、经济和技术上所面临的复杂问题，也是社会可持续发展的主要制约因素之一。水质监测是水资源规划管理与保护的重要前提，在全球气候变暖和人类生产活动加剧的背景下，快速、高效、实时地监测可用水资源水质状况对区域水污染治理和用水安全保障具有重要意义。

海口自古有"水城"的美誉，河流、沼泽、湖泊、水库纵横交错，拥有滨海湿地、河流湿地、湖泊湿地、人工湿地等4个湿地类的11个湿地型，湿地面积2.9万hm^2，湿地率达12.7%。2018年，海口市荣获全球首批"国际湿地城市"称号。近年来，随着海口市加大对湿地的保护修复力度，先后建立了美舍河、五源河、潭丰洋、响水河、铁炉溪等一批湿地公园和湿地保护小区，湿地保护率达55%。同时，海口美舍河、五源河入选生态环境部、住房和城乡建设部联合评选的"全国黑臭河流生态治理"十大案例，海口湿地保护管理体系入选中国（海南）自由贸易试验区制度创新案例，湿地保护修复经验也积极向全省、全国进行推广，海口市在湿地保护、退化湿地修复及制度建设方面取得了明显成效。但随着海口城市化和海南自由贸易港建设的持续深入推进，人类活动显著增强，河流、湖泊、水库等湿地水质面临日益严峻的污染和退化威胁，这些因素成为制约城市可持续发展的关键，因此，有必要利用高新技术手段高效监测和防止水环境污染。近年来，随着无人机等新型遥感平台的兴起，集成遥感和导航定位等先进技术的应用，无人机搭载高精度多光谱或高光谱传感器进行水质监测，具有价格低廉、时效性高、操作灵活简单且不受云层干扰等优势，为水质污染状况的分析和预测提供了更多的便捷，现已成为水质遥感监测的新方向。

水质参数是水体生态环境状况重要的特征指标，能够反映水体环境的质量水平和变化趋势，水质监测是控制水体污染的基础，水质监测至关重要。本书以海口市重要湿地美舍河国家湿地公园的乾坤湖、五源河国家湿地公园的永庄水库、潭丰洋省级湿地公园的长钦湖为研究对象，利用无人机搭载多光谱传感器，通过拟合水质参数和多光谱数据之间的相关性，建立海口重要湿地水体旱季和雨季总磷（TP）、总氮（TN）、浊度（TUB）、叶绿素a（Chl-a）4种水质参数反演模型，绘制水质参数空间分布图，并对水质状况进行综合评价分析，旨在为重要湿地水质污染的治理和水体环境的改善提供科学依据。全书共分为10章。第1章是绪论，介绍无人机遥感水质监测的现状、水质参数遥感反演研究进展以及主要研究内容和技术路线；第2章是水质参数遥感反演原理，着重介绍水质遥感监测基本原理以及水质参数遥感反演的主要方法等内容；第3章是研究区域与研究方法，主要介绍研究区域概况、水质样品采集与检测、水质参数反演模型构建以及水质空间分析方法；第4～7章是水体水质参数浓度反演，分别介绍重要湿地水体总磷（TP）、总氮（TN）、浊度（TUB）、叶绿素a（Chl-a）4种水质参数反演模型构建以及模型精度检验；第8章是水质参数时空变化分析与评价，介绍乾坤湖、永庄水库、长钦湖3处典型湿地水体水质参数的时空变化特征，开展湿地水质空间评价与分析；第9章是水质参数与景观格局相关性分析，主要分析3处重要湿地水质与周边土地利用景观格局的相关关系及其特征尺度，并提出湿地水质保护建议；第10章是结论与展望，对本书的研究成果进行总结，提出本书的主要结论和不足，并展望无人机水质遥感监测未来需开展的研究工作等。

本书为"热带森林与湿地资源监测系列丛书"之一，相关研究工作得到了海南省科技计划项目"基于无人机多光谱遥感的海南省重要湿地水质参数反演与监测评价（JSCX202024）"、海口市湿地保护工程技术研究开发中心平台等多个项目的资助，部分成果已在相关刊物上先行发表。在项目执行和本书撰写过程中，得到海南省林业科学研究院（海南省红树林研究院）、海口市林业局、海口市湿地保护管理中心、海口市湿地保护工程技术研究开发中心等单位和平台的大力支持与帮助，在此表示衷心感谢！

由于作者水平有限、编著时间仓促，加之部分研究内容具有一定的探索性，书中不妥之处在所难免，我们诚挚希望各位读者和同仁批评指正，以便我们不断完善和深入研究。本书尽力将所有涉及的观点和文献资料加以标注引用，若有不慎遗漏之处，请多加包涵。

著 者
2024 年 5 月于海口

前 言

第1章 绪 论 ········001

1.1 研究背景 ········001
1.2 国内外研究进展 ········003
1.2.1 无人机遥感水质监测现状 ········003
1.2.2 总磷反演研究进展 ········005
1.2.3 总氮反演研究进展 ········006
1.2.4 浊度反演研究进展 ········007
1.2.5 叶绿素 a 反演研究进展 ········008
1.3 研究内容和技术路线 ········010
1.3.1 研究内容 ········010
1.3.2 主要难点 ········010
1.3.3 技术路线 ········011

第2章 水质参数遥感反演原理 ········014

2.1 水质遥感监测原理 ········014
2.2 遥感数据源 ········016
2.2.1 多光谱遥感数据 ········016
2.2.2 高光谱遥感数据 ········017
2.2.3 其他数据类型 ········019
2.3 水质遥感反演方法 ········020

2.3.1　分析方法 020
　　2.3.2　经验方法 021
　　2.3.3　半经验方法 022
　　2.3.4　机器学习 022
　　2.3.5　综合法 023
2.4　水质参数遥感监测类型 024
　　2.4.1　悬浮物 024
　　2.4.2　叶绿素 a 024
　　2.4.3　有色溶解有机物 025
　　2.4.4　非光敏参数 025
2.5　水质遥感反演的波段组合 026

第 3 章　研究区域与研究方法 027

3.1　研究区概况 027
　　3.1.1　美舍河湿地 029
　　3.1.2　五源河湿地 029
　　3.1.3　潭丰洋湿地 030
3.2　水质样品采集与检测 031
　　3.2.1　水质样品采集 031
　　3.2.2　水质样品检测方法 032
3.3　水质参数反演模型构建 038
　　3.3.1　多光谱无人机简介 038
　　3.3.2　光谱数据采集与处理 039
　　3.3.3　光谱参数构建 041
　　3.3.4　水质参数反演模型构建 042
　　3.3.5　模型精度评价 042
3.4　水质参数空间分析与评价 043
　　3.4.1　水质参数空间制图方法 043
　　3.4.2　水质评价方法 044
　　3.4.3　景观格局分析 046

第 4 章　水体总磷浓度反演 050

4.1　总磷浓度反演数据相关性分析 050
4.2　总磷浓度反演参数选择 052

4.3	总磷浓度反演模型构建	055
4.4	总磷浓度反演模型检验	059
4.5	本章小结	061

第 5 章　水体总氮浓度反演　063

5.1	总氮浓度反演数据相关性分析	063
5.2	总氮浓度反演参数选择	065
5.3	总氮浓度反演模型构建	067
5.4	总氮浓度反演模型检验	070
5.5	本章小结	072

第 6 章　水体浊度浓度反演　073

6.1	浊度浓度反演数据相关性分析	073
6.2	浊度浓度反演参数选择	075
6.3	浊度浓度反演模型构建	079
6.4	浊度浓度反演模型检验	084
6.5	本章小结	086

第 7 章　水体叶绿素 a 浓度反演　088

7.1	叶绿素 a 浓度反演数据相关性分析	089
7.2	叶绿素 a 浓度反演参数选择	090
7.3	叶绿素 a 浓度反演模型构建	093
7.4	叶绿素 a 浓度反演模型检验	096
7.5	本章小结	098

第 8 章　水质参数时空变化分析与评价　100

8.1	乾坤湖水质时空变化分析	100
8.2	永庄水库水质时空变化分析	103
8.3	长钦湖水质时空变化分析	106
8.4	湿地水质空间评价	108
	8.4.1　水质参数权重计算	109
	8.4.2　湿地水质空间分析	109
8.5	本章小结	111

第 9 章　水质参数与景观格局相关性分析 *113*

9.1　湿地水体周边景观格局分析 *114*
9.1.1　乾坤湖景观格局特征 *114*
9.1.2　永庄水库景观格局特征 *115*
9.1.3　长钦湖景观格局特征 *116*

9.2　湿地水质与景观格局相关性分析 *117*
9.2.1　乾坤湖水质与景观格局相关性分析 *117*
9.2.2　永庄水库水质与景观格局相关性分析 *120*
9.2.3　长钦湖水质与景观格局相关性分析 *122*

9.3　湿地水质保护建议 *124*
9.4　本章小结 *125*

第 10 章　结论与展望 *126*

10.1　结论 *126*
10.2　不足之处 *127*
10.3　展望 *129*

主要参考文献 *131*
本书主要词汇中英文对照表 *137*

第1章
绪　论

1.1　研究背景

　　水作为地球上重要的自然资源，是维持生态系统健康发展的物质基础，是人类社会赖以生存和发展的基本条件，是21世纪可持续发展战略的重要保障。近年来，伴随经济的高速发展以及人类活动的增加，水质污染问题日益严重，导致水体富营养化等环境问题大规模暴发（黄宇等，2020），其已经成为制约社会经济可持续发展的关键因素。水的问题主要分为两种：水量问题和水质问题，前者表现为水量的匮乏，需要国家通过宏观调控解决，后者则表现为水质无法满足生产生活的要求，需要定期开展水质监测来了解水质状况，进而为消除水污染提供理论支撑（徐慧娟，2007）。因此，如何有效地监测和治理水体污染、保证水体水质、改善人类生存环境，已经成为当前国内外学者研究的热门课题之一。

　　水质监测是水质评价与污染防治的基础，同时也是水环境治理的关键环节，能否精确有效把握水质污染状况是治理和防护的关键。目前，应用最广泛的监测方法是实地采样与实验室分析，也称为化学法，需要相关人员在科学规划布设采样点的基础上，严格按照污水监测标准要求采集水样，再按照实验室标准要求和手段获取真实状态下的水质参数值，按照相关的评价体系对该区域的水质状况进行综合分析，这样的监测方式可以得到采样点位置的准确水质参数，但是其采集的区域范围十分有限，且需要大量的人力、物力资源以及大量的时间成本消耗，而水质监测的对象大部分为时刻变化的动态监测对象，所以传统实验室方法无法及时获取监测区域水质污染状况，需要新的路径来实现实时水质监测，与传统方法共同构建新的水质监测体系（Bean et al., 2017）。当前空间信息技术正飞速发展，遥感技术得到了广泛应用。遥感技术的发展，在时间、空间和光谱分辨率方面均有了显著提升，利用遥感技术间接监测水质，则是开辟了新的途径。遥感技术克服了传统方式的限制，可以快速、准确、大面积、低成本、实时性、周期性、多角度动态监测，并对污染物的迁移、污染源的发现有着传统方法难以企及的优势，在水体监测中发挥着重要的作用（田野等，2015；史锐等，2017）。同时，运用遥感技术，节省环境监测、应急响应等方面的人力、财力和物力。当下人们对于生态环境的保护意识越来越强，对于水环境的监测要求也越来越高，再加上城市建设的不断发展以及城市人口的不断增加，导致城市区域内的水体环境越来越复杂，对于重要水域的监测逐渐引起了人们的重视，而遥感卫星的空间分辨率有限，只能识别出海洋、湖泊等一些水域面积较大的水体，对于重要水域的水质监测存在诸多局限。

　　无人机遥感作为一种新型的遥感与测绘平台，为水质监测提供了新的机遇。该技术集成遥感技术、定位导航技术，可以随时获取指定水域的遥感影像，快速掌握水质变化状况，具有成本低、分辨率高、受大气云层影响小、作业灵活等特点，对于水质污染状况的分析和预测提供了更多的便捷。无人机遥感可以根据监测水域的特征制定具有针对性的监测方案，及时发现一些传统方法难以顾及的污染状况，也规避了卫星遥感时效性的局限，其在天气状况允许的条件下，可以随时对水域进行遥感监测，随时掌握关注区域的水质变化状况，这对于重要水域的水质环境监测有着十分重大的意义。

　　湿地作为水陆相互作用形成的独特生态系统，具有重要的生态功能和价值，其生态环境状况将直接影响与其相连的陆地生态系统和水域生态系统的安全，与人类的生存发展息息相关。湿地水质监测是湿地保护过程中一项必要的工作，当前许多湿地的水质监测都存在不合理的方面。在多数时候只有当湿地水质出现明显变差的表征，才会进行补救型的水质监测，然而水质是动态变化的，当污染物进入水体后，会在物理、化学和生物的综合作用下发生能量迁移、转化，使水质状况不断发生变化。因为污染发生时间和范围存在不确定性，补救型的水质监测往往会错过最佳的水质污染观测时期。对湿地水质进行长时间的监测目的在于及时发现水质污染问题，及时响应，进而采取对应的措施降低污染程度和范围，以减少损失。

　　2018年中共中央、国务院提出设立中国（海南）自由贸易试验区（港），2019年又提出建设国家生态文明试验区（海南），明确指出"让良好的生态环境成为海南子孙后代的金饭碗""牢牢守住生态环境质量底线"，这对海南生态环境保护与社会经济发展提出了更高的要求，赋予了新的生命动力。近年来，以海口、三亚等重点城市为主的湿地保护和修复逐渐得到社会各界重视，相继新建了美舍河、五源河、三亚河等多个国家湿地公园，2018年海口被评为全球首批"国际湿地城市"。由此可见，湿地已成为海南重要的生态名片和优势资源，越来越受到各级政府和社会各界的关注与重视。随着海口市河长制、湖长制的全面推进，持续提升水环境质量，要求对重要重要湿地水质进行实时监测，并开展水质健康评价，对重要区域的水体水质连续精准监测和污染排查提出了更高的要求。在国家战略的背景下，如何快速、高效、实时地监测重要湿地水质状况和空间分布格局，对认识水资源开发利用和生态环境保护具有重要的理论意义和现实价值。

1.2 国内外研究进展

自 20 世纪 60 年代，科学家们开始利用航天器监测水域的整体环境状况。最初的研究主要针对海洋环境的监测研究，最早用于海洋水色遥感的卫星是 1978 年由美国国家航空航天局发射的海岸带水色扫描仪，而后随着卫星遥感技术的发展，卫星遥感的分辨率越来越高，可研究的水域环境也越来越广泛，逐渐从海洋过渡到内陆水体的研究。总体而言，我国的卫星遥感技术起步较晚，落后于西方发达国家，但因发展速度较快，到目前为止也有了一定的成绩。

水质遥感包括大气校正、水质参数反演两个部分。传统的水质遥感使用的都是卫星遥感影像，影像获取过程中会受到大气、云层的影响，其中最为主要的就是气溶胶的影响，其会对水质卫星遥感影像的可用性产生很大的影响。所以在水质参数反演前，要对遥感影像进行大气校正。大气校正是对于气溶胶光学特性的反演以及地表真实反射率的反演，其主要目的在于获取地表真实反射率，为后续研究提供基础资料。大气校正的方法较多，较为经典的是单视角遥感图像的校正及多视角遥感图像的校正，单视角遥感图像的校正包括基于定量的方法、直方图匹配法、黑暗像元法、类型匹配法以及辐射传输法等。在现实生活中，单视角遥感图像的数量并不多，大部分机载传感器以及航天传感器都是从多个角度对地球环境进行监测的，因此，多视角遥感图像的大气校正方法的使用更为普遍。水质参数模型的反演作为水质遥感的另一个部分，也是最重要的部分，就是进行水质浓度的反演，主要采用基于辐射传输模式的方法、基于经验统计的方法、基于水质卫星图像的方法等（刘彦君等，2019）。通过大气校正得到地表正射反射率后，便可以开展水质参数反演的进一步研究。

1.2.1 无人机遥感水质监测现状

无人机是一种由动力驱动、机上无人驾驶、依靠空气提供升力、可重复使用航空器的简称（樊邦奎和张瑞雨，2017；晏磊等，2019），其不仅内置有动力装置，同时还可实现导航功能，在指定区域内利用电遥控或计算机预编程序对无人机的飞行情况进行任意调整。20 世纪初，英国研发了第一架无人机，在当时引起了极大的轰动，之后不同型号的无人机接连登场，但当时无人机体型大多较大，且主要应用在军事领域上。到20世纪90年代，随着无人机相关技术的逐渐成熟，质量轻、体积小、精度高的新型传感器的不断涌现，使得无人机遥感成为遥感领域的研究热点，并在各个领域得到广泛应用（杨红艳等，2021；杨蜀秦等，2022）。

所谓水质监测，即监视和测定水体污染物种类、各类污染物的浓度和变化趋势，评价水质状况的过程。其中，水质监测的范围可谓十分广泛，如常见反映水质状况的综合指标：叶绿素a、有色可溶性有机物、总悬浮固体、总氮、总磷以及溶解氧等。为了客观地评价水体水质的状况，除上述监测对象以外，有时仍需要进行流速与流量的测定。这些水质指标的高低会导致水体反射的光谱特征发生明显的变化，反应快速、作业高效的无人机遥感平台应用于水质监测可以更全面反映出水质在空间和时间上的分布情况和变化情况，这是无人机遥感用来定量监测水质的基础（黄彦歌，2017）。利用无人机可空中悬停的特点，可实时监控和掌握水体水质的动态信息，能够快速地对水利设施进行实时监控，解决调查缓慢和人工作业不便的缺陷。

无人机遥感是利用多种先进成熟技术，通过智能化、高水平化，以最快速度获取所需空间遥感数据，并对这些数据进行有效梳理，以顺利得出遥感技术解决方案的过程。无人机遥感是伴随着无人机飞行器以及传感器的发展而逐渐应用的，无人机因其轻便智能，可作为数据收集的搭载平台。而多种多样的传感器，使无人机在各个领域大放异彩，其中就包括高光谱传感器与多光谱传感器（胡震天和周源，2020）。高光谱传感器具有极高的光谱分辨率，可获得研究区域多个连续的波段信息。而与高光谱技术的多个窄波段不同，多光谱传感器使用更宽的波段来收集可见光、近红外等几种常用波段的光谱信息。无人机遥感最初主要用于监测农作物产量和植物健康，近年来才逐渐应用于水质监测。杨振等（2020）利用无人机高光谱数据具有波段数量多、光谱分辨率高等优势，采用实测采样点水体悬浮物浓度、浊度参数，同步水体光谱数据，建立最优水质参数反演模型，结合无人机高光谱遥感数据对试验区水体进行遥感监测；庞吉玉等（2023）以邯郸市境内滏阳河5个河段为研究样区，基于三期无人机多光谱影像和水体氨氮浓度实测数据，构建了4种数学统计模型与分布式梯度增强库（XGBoost）模型，结果发现XGBoost模型的反演效果优于数学统计模型，并表现出较强的拟合能力和较高的预测精度；应晗婷和夏凯（2021）运用多旋翼无人机携带多光谱传感器获取多光谱影像，并结合实测悬浮物浓度和浊度，建立悬浮物浓度和浊度的反演模型，获取2019年和2020年浙江农林大学东湖校区东湖的悬浮物浓度和浊度分布。总体来看，无人机遥感技术虽然起步较晚，但已开始应用于水质监测，其相关研究相对较少，仍处于探索阶段。

1.2.2 总磷反演研究进展

磷，是生物组成的必要元素，也是会对水体环境产生影响的重要影响因素，尤其是水体富营养化监测的重点因子。传统的总磷含量监测方式需要大量的实验步骤，要在严格的实验室环境下获得，其不仅需要花费大量的时间、精力以及金钱，还具有一定的局限性，实验室监测需要对某一区域的样本进行检测，不能对水体进行全面监测，同时野外作业会受到环境及天气的影响干扰，不能及时获取数据，对水域环境的监测有时空局限。而遥感反演总磷的检测方法可以解决这个问题。通过遥感的方式消解传统监测方法的局限以及困扰，是今后总磷监测的主要研究及发展方向。在国外，对于总磷的监测研究较少，最早是英国学者 Baban 于 1993 年利用（Landsat 5）卫星的 TM 遥感数据，以英国诺福克郡作为研究区域，建立了遥感数据与实测总磷数据之间的回归关系，估测研究区域的水质状况，这一研究基本上标志着总磷反演的开端（Baban, 1993；Liu et al., 2005）。此后，Isenstein 等（2014）通过 Landsat 卫星的 ETM+ 数据与实测的数据进行了总磷反演研究，以尚普兰湖为研究对象，建立了多元线性回归模型。

在国内，对于总磷的相关研究则更为丰富，王建平等（2003）通过 TM 遥感影像数据，以总磷含量为主要的遥感反演对象，建立了人工神经网络模型，对鄱阳湖区域的营养盐分布状况进行分析研究。赵旭阳等（2007）以黄壁庄水库作为实验研究区域，分析了波段反射率与总磷含量的相关性关系，发现在波段 873nm 处与总磷相关性较好，并以此建立了一阶微分回归方程模型。龚绍琦等（2008）针对水中的磷元素进行化学实验，发现在 350 nm 处，磷元素有明显的反射峰，相关性均在 0.9 以上，这对于水质的磷反演有方向性的突破，对于后期研究的卫星数据选择、处理都有积极作用。张海威等（2018）以新疆艾比湖流域为靶区，基于 2015 年 10 月实测光谱数据，采用微分法和反射率变换法以及偏最小二乘法估算水体中总磷的质量浓度，结果表明水体中总磷的显著性波段出现在 333nm、349nm、862nm、882nm 和 905 nm 处，水体中总磷的倒数一阶拟合最优。可以发现，在不同的影像数据以及不同的研究区域内，与总磷相关性高的波段在发生小范围的变化，但是整体而言仍旧在同一个波段。

近几年，关于遥感反演模型的研究不断增多，建立反演模型的方式以及原理也在不断升华，从各个角度着手提高实验反演精度的研究层出不穷。张丽华等（2016）以乌梁素海为研究区域，利用中分辨率成像光谱仪（MODIS）数据，对区域进行遥感监测，建立了总磷的多项式反演模型，且所建模型的相关系数均高于 0.6。杜成功等（2016）以太湖为研究区域，利用高时间分辨率的地球同步海色成像仪（GOCI）遥感影像，通过回归分析反演了太湖区域的总磷分布状况，模型精度高达0.898，并证明不同季节的总磷浓度存在差异，但一天内的变化是存在相似性的。吴欢欢等（2021）建立了天津市海河下游段实测总磷浓度与Landsat 8 OLI遥感影像数据的统计回归模型及神经网络模型，结果表明，基于神经网络建立的水质参数反演模型精度较高。

从众多的文献中可知，总磷的遥感反演模型主要还是经验方法与半经验方法，为了提高精度，也会使用上述提到的回归方法。对于不同的季节、不同的湖泊、不同类别的水体与总磷相关性较高的光谱波段存在大体一致性，但所建立的模型因时空的不同而呈现出很大的差异，所能达到的最高的相关性也都不尽相同。

1.2.3　总氮反演研究进展

总氮（Total Nitrogen，TN）是水中各种形态无机和有机氮的总量，包括NO_3^-、NO_2^-和NH_4^+等无机氮和蛋白质、氨基酸和有机胺等有机氮，主要反映了水体受污染的程度和自净状况，是水体污染监测体系中主要的污染指标之一，也是衡量水质营养化的重要指标，水体中总氮监测至关重要。近年来，对于水质的检测主要是通过传统的实验检测获取，需要人工密集地采集水样进行分析获得总氮的浓度数据，人工成本高、花费时间长且不能实现大范围的水质监测。

水中氮元素的含量会影响到水中各种生物的繁殖和生长，同时与水中其他主要物质，如悬浮物、叶绿素a的含量也存在一定的关联，浮游生物的成长受氮磷元素的影响较大。由于总氮的遥感机理尚未完全明确，研究者试图通过受水中总氮含量影响较大的其他物质，如叶绿素a、悬浮物的浓度来推算其含量。陈永根等（2007）和杨志岩等（2009）试图找出叶绿素a的含量与水中总氮含量之间的关联性，通过在总氮与叶绿素a的含量分析中发现，总氮与叶绿素a在不同空间的水域中的含量差别相对较大，没有明显的相关关系。有学者试图找出水中悬浮物的含量与水中总氮、总磷含量的相关关系，刘瑶等（2013）通过采集鄱阳湖各个时期的水样，分析水样中的总磷与总悬浮物含量，说明两者有比较大的关联性，并且通过MODIS遥感数据对鄱阳湖的总磷含量做了详细的时空分布研究。通过监测悬浮物的浓度，为总氮和总磷的遥感监测提供了方法，对后来的学者有了很大的启发。但通过其他物质的浓度来监测总氮的浓度受到水体区域的环境影响很大，难以满足实际应用的需要。直接方法是通过实验数据，直接分析总氮的含量与遥感数据之间的关联性，利用数学建模的思想，建立不同波段的光谱数据与总氮的函数关系，实现对水域总氮含量的反演预测。因此，国内的学者从总氮的光谱特征入手，试图寻找能反映总氮浓度变化的波段，从维数较多的高光谱数据之中选择关键的特征波段，进而通过数学统计方法找出光谱反射率与总氮、总磷含量之间的函数关系，反演水体中总氮在水中的含量。

王丽艳等（2014）以呼伦湖作为研究区域，利用 MODIS 数据建立了总氮、总磷的遥感反演模型，以此为基础对研究区整体的富营养状况进行了研究；徐良将等（2013）基于太湖水体表层的水样数据和同步高光谱数据，对反射率数据进行微分法处理和波段比值处理，并分别建立线性、二次、多项式、幂函数和指数模型对总氮浓度进行反演，实验结果显示采用 455 nm 微分值和 1015 nm/528 nm 波段比值进行多元线性回归建立的总氮反演模型较为准确，模型绝对误差为 0.16；赵慈等（2021）基于高分一号卫星影像遥感数据和水库水质实测数据，利用随机森林回归算法建立遥感反射率与总氮浓度的定量反演模型，总氮反演模型精度较高，决定系数 R^2 达到了 0.879；刘轩等（2021）以丹江口水库为研究对象，根据 Sentinel-2 遥感影像不同波段组合的反射率，结合 2016 年 2 月的采样点总氮与氨氮（NH_3-N）水质监测数据建立 BP 神经网络模型，反演 2016—2020 年 TN 与 NH_3-N 含量，以此分析不同季节适合的反演模型。

1.2.4 浊度反演研究进展

浊度（Turbidity，TUB）即水体的浑浊程度，是由于水中含有不溶性悬浮颗粒物质、胶体物质所致。浊度是沿海地区用来估计悬浮颗粒（沉积物、有机物和污染物）质量的一个参数，也可将其作为悬浮颗粒浓度及其特性（尺寸、形状和性质）的代表（冯奇等，2017）。

在国外，Doxaran（2002）通过多次现场测量建立了 865 nm 波段处的遥感反射率和悬浮颗粒物浓度的线性关系式，并使用 HRV-SPOT 卫星数据将该算法应用于吉伦特河口。在高浑浊水体水域，悬浮颗粒物浓度与近红外波段如 Landsat 8 OLI 的 865 nm 波段或 MODIS 的 859 nm 波段呈现较好相关性，是比较典型的单波段算法（周媛等，2018）。除此之外，在悬浮颗粒物浓度为中等至高浓度的时候，如 $10 \sim 50\ g \cdot m^{-3}$，红波段的敏感度较高，OLI 的 665 nm 波段或 MODIS 的 645 nm 波段与悬浮颗粒物浓度呈现比较好的线性或对数关系；当悬浮颗粒物浓度比较低，同时水体反射率信号比较弱时会导致信噪比低，此时我们很难利用卫星遥感来准确反演悬浮颗粒物浓度，这个时候误差比较大，结果不如高浑浊水体精确（陈晓东和蒋雪中，2017）。

在国内，姜倩等（2020）利用航空高光谱数据和同步实测水体浊度数据分别构建囫囵淖尔水体浊度波段比值反演模型、一阶微分反演模型和偏最小二乘反演模型，估算同日的囫囵淖尔水体浊度的空间分布；为了提高湖泊浊度的动态监测能力，晁明灿等（2021）将卫星遥感监测和浮标检测站监测结合，对 2019 年巢湖浊度的时空变化进行分析，研究显示，蓝藻暴发时间段巢湖整体浊度较高，且日间浊度动态变化显著；罗亚飞等（2022）建立基于 Sentinel-3 OLCI 波段差（B8～B16）的浊度反演模型，利用经 C2RCC 大气校正后的 Sentinel-3 OLCI 影像并结合实测数据综合分析秋季环雷州半岛海域的浊度平面和断面分布特征，结果表明，复杂的水动力过程、人类活动和热带气旋是影响环雷州半岛海域浊度分布的主要因素。

1.2.5 叶绿素 a 反演研究进展

叶绿素 a（Chlorophy-a，Chl-a）是水质监测中最重要的水质参数之一，其含量分布可以反映水体中浮游生物和水体初级生产力的分布，它的含量变化也是反映水体富营养化的指标之一，通过监测水中叶绿素 a 的含量来反映水中藻类的现存量从而评价水质状况是目前广泛使用的方法。叶绿素对光辐射的主要反射颜色为绿色，它在植物藻类和蓝藻中被发现，可以在光合作用中吸收太阳光光照波长的大部分能量。叶绿素 a 对光合作用非常重要，淡水的富营养化现象，含氧藻类大量繁殖都与叶绿素 a 的浓度直接相关（Lim & Choi, 2015）。叶绿素 a 是营养状态的主要指标，许多研究人员已经证明，增加叶绿素 a 的浓度会导致短波的光谱响应下降，特别是蓝色波段（Brivio et al., 2001）。

叶绿素 a 对光照的吸收量高峰处于 450～475 nm（蓝色）和 670 nm（红色）之间，而反射率在 550 nm（绿色）和 700 nm（近红外）附近达到峰值。几个光谱波段的比值可以降低遥感信号受到辐射率，大气和水汽的影响（Dekker & Peters, 1993），因此各种光谱的波段值及其比值被广泛用于估算叶绿素 a 的浓度值。其中，在 700 nm 附近的反射率峰值和在 670 nm 的反射率的比值已经被用来开发各种算法，目的是检索浑浊水中的叶绿素 a 浓度（Gitelson, 2008）。Gitelson（1992）研究了 700 nm 附近反射峰的情况，得出 700 nm 的反射率波峰对内陆和沿海水域叶绿素浓度的遥感监测是非常重要的。Han（2005）指出，在 630～645 nm、660～670 nm、680～687 nm 和 700～735 nm 的光谱区域，是可用一阶导数来估计叶绿素浓度的潜在区域。Dekker 等（1991）提到，当使用多于一个波段值时，可以研究叶绿素 a 的散射和吸收特征。Hoogenboom 等（1998）指出，使用位于 713 nm 附近的红外成像光谱仪（AVIRIS）值与 667 nm 波段值的比值对内陆水域的叶绿素反射最为敏感。

目前可以使用多种卫星传感器对叶绿素 a 的浓度进行估计。例如，MODIS 是一颗有 36 个波段的高光谱传感器，接收范围涵盖了可见光到热红外的全光谱覆盖。相较于 Landsat 系列卫星，MODIS 卫星最大的优势是其回访周期只有 4 天，对突发性水质灾害有比较快的反应速度。Choe 等（2011）基于 MODIS 和 Rapid Eye 卫星中红色和近红外波段的比值来估计浑浊水域中的叶绿素 a 浓度。国内使用遥感对叶绿素 a 进行反演的研究成果近期有：张丽华等（2015）使用 TM 影像对乌梁素海的叶绿素 a 浓度进行了反演，发现（波段1+波段2+波段4）/波段3 的值，以及波段4/波段3 的值与叶绿素 a 浓度有较高的相关性；盖颖颖等（2020）针对现有的水质要素反演模型应用于金沙滩近岸水体反演精度低的问题，基于机载海洋高光谱仪光谱数据，借鉴已有黄海、东海二类水体水质要素的统计反演模式，建立了基于机载高光谱仪的金沙滩近岸水体叶绿素 a 反演模型，并分析了机载海洋高光谱仪增益对模型反演精度的影响；王林等（2023）基于 2013—2018 年秦皇岛海域遥感反射率和实测叶绿素 a 浓度数据，建立了该海域 Sentinel-2 MSI 影像的叶绿素 a 浓度遥感反演模型，结果表明，443 nm、490 nm 和 560 nm 处的等效遥感反射率比值与叶绿素 a 浓度相关系数普遍高于其他波段或组合，并通过经典的 OC3Mv6 算法拟合分析，得到秦皇岛海域叶绿素 a 浓度遥感反演的最佳算法。

国内外对其他水质参数的反演研究比较少，20 世纪 90 年代以来，国外的一些学者开始研究湖泊中黄色物质的光吸收特性，进行黄色物质的定量遥感监测研究（王旭楠等，2007）。Gitelson（1992）通过对湖泊水质参数光谱特征的分析和回归实验，提出了计算黄色物质的回归算法。我国从事黄色物质方面的研究较少，吴绍渊等（2013）在对黄色物质物理特性分析的基础上，建立了黄、东海海域卫星离水辐射率黄色物质反演模式；吴永森等（2002）对胶州湾水域中黄色物质的反射特征进行了实验研究，并计算出了指数斜率 S 的数值范围，为海水黄色物质含量的遥感监测提供了基础性科学依据。梁永春等（2022）基于 Landsat 8 影像的太湖生物化学需氧量（BOD）进行了遥感反演，运用建模集数据构建偏最小二乘回归模型进行数据验证，实测值和预测值的相关系数达到 0.85，表明预测模型效果较好；解启蒙等（2017）选用 Landsat 8 OLI 数据与同步实测高锰酸盐指数（CODMn），建立比值线性回归模型和比值非线性最小二乘支持向量机（LS-SVM）模型，对清河水库 CODMn 进行定量遥感反演研究；李爱民等（2023）基于 Planet 多光谱高分辨率遥感影像，利用卷积神经网络对郑州市天德湖化学需氧量（COD）浓度进行反演，同时选取单变量回归模型、多变量回归模型进行精度对比，结果表明，卷积神经网络在水质参数 COD 遥感反演中具有较好的应用潜力。

总之，近年来对水体中叶绿素 a 和悬浮物等具有光学活性物质的反演研究已经趋向于成熟。但对于非光学活性物质，如 DO、COD、BOD、NH_3N 等由于没有直接的光学特性，无法进行直接的遥感反演，往往需要利用水体中不同物质之间的关系进行间接的遥感分析，所以非光学活性物质的反演模型研究还需进一步的发展，精度有待于进一步提高（曹晓峰，2012）。

1.3 研究内容和技术路线

1.3.1 研究内容

本研究选取海口市重要湿地美舍河、五源河、潭丰洋的典型水体区域为研究区，通过同步采集水质样品与无人机多光谱遥感数据，以实验室样本检测和数据分析建模相结合的方式，建立旱季和雨季湿地水体总磷、总氮、浊度和叶绿素 a 浓度的最优反演模型，生成重要湿地水体水质参数的空间分布，并分析其空间变化情况及其影响因素。主要研究内容有：

①获取并处理水质样品和多光谱遥感数据。在研究区域内，实地选择合理的采样点进行水质采样，同时利用高精度 RTK 记录采样点坐标，将样品送往实验室检测分析获得水体总磷、总氮、浊度和叶绿素 a 水质参数浓度；同步采用大疆精灵 4 多光谱版无人机，利用其搭载的 Mica Sense Red Edge 五通道多光谱传感器，获取多光谱原始数据，经过对原始图像的处理获取可用的光谱反射率数据。

②构建水质参数反演模型。利用获取的无人机多光谱数据构建水体光谱参数（V1～V16），与实测的水体总磷、总氮、浊度和叶绿素 a 浓度进行 Pearson 相关性分析，得到最佳的反演波段或波段组合。采用大部分的实测数据与对应光谱参数分别进行拟合建立水质参数浓度反演模型，使用未参与模型建立的实测数据进行结果精度的验证，通过比较分析，得到湿地水体水质参数最佳反演模型。

③湿地水质参数时空变化分析与评价。利用重要湿地不同水质参数反演模型生成水体水质的空间分布信息，分别分析不同湿地旱季和雨季水体总磷、总氮、浊度和叶绿素 a 浓度的空间分布格局及变化规律，同时采用层次分析和反距离权重法等方法对各个重要湿地的水质状况进行等级划分与空间评价分析。

④湿地水质与景观格局相关性分析。运用 Fragstats 计算重要湿地周边不同缓冲区景观类型组成和景观格局指数，结合相关性分析方法探索不同尺度下景观格局对水质的影响及其特征尺度，分析重要湿地水质空间变化的主要原因，针对性提出湿地水质的保护建议。

1.3.2 主要难点

（1）太阳耀斑

在晴空条件或水体表面不平坦时，有亮斑的地方就是太阳耀斑。太阳耀斑掩盖了水体真实的物理特性（曹彬才等，2017），其光线被水面直接反射到传感器，严重干扰了水体信息的获取，造成耀斑污染的现象。尽管太阳耀斑存在的区域内像元值看起来几乎完全是水体表面镜面反射的信息，假设传感器仍没有饱和，离水辐亮度部分信息可能会恢复。对于耀斑比较严重的遥感影像来说，去除太阳耀斑在整个水质参数反演的流程中是关键的一步。并且，考虑到多光谱遥感影像的通道数较多，怎样精选特征波段和高效处理水面的太阳耀斑数据也会成为一大难题。

（2）影像拼接

目前研究应用较多的是航空遥感和航天遥感技术，尽管在大面积水域的拍摄过程中，少量的拼接就能满足图像完整区域的构成；但无人机因飞行高度低、视场角较小，在应用于庞大面积的水域时，利用传统的特征检查算法不能有效地提取到对应的同名点（屈耀红，2006），导致难以快速完成影像拼接及几何校正，限制数据的出图效果和速度。在摄影测量中，最基本的过程之一就是在两景或多景重叠影像中识别并定位同名点，摄影测量则完全依赖于影像中的同名点（王恺等，2015）。在低空无人机遥感影像处理系统中，影像的正射校正及拼接是无人机遥感影像处理的关键（王雅萍等，2014），大面积的水体区域由于水面中央无特征参照点，导致影像拼接困难，制约了无人机遥感影像的配准精度。

（3）反演模型精度

基于多光谱影像数据反演水质参数时，首先需要分析采样点样本的实测值与遥感影像中该点所对应的像元值之间的相关性，并通过不同模型筛选建立最优回归模型。由于无人机影像的分辨率极高，每个像元所代表的实际区域很小，很难精确匹配采样点和像元。其不能最大程度规避数据误差，很难找到最优反演模型，尤其是样本量较少时。

（4）光谱数据空间尺度

无人机多光谱影像的空间分辨率较卫星遥感高许多，往往一处采样点并不是对应一个多光谱栅格（图1-1），需要构建以采样点为中心的 $n \times n$（PPI）矩阵作为感兴趣区域，以区域内所有点的平均光谱反射率作为该点的光谱反射率数据，进而与水质参数实测数据建立反演模型。因此在研究过程中，需要进行不同尺度的研究与对比分析，选择合适的空间尺度参与反演建模。

1.3.3　技术路线

本书针对海口市重要湿地面临的水质遥感监测技术需求，首先收集和整理国内外研究相关资料及数据，包括文献、模型、算法、遥感数据、实测数据等，并对研究现状进行分析和评价，对比相关技术研究的优缺点。其次，在重要湿地典型区域

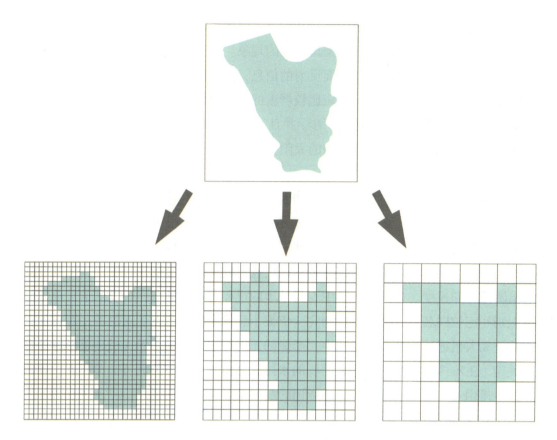

图 1-1　不同空间尺度表达示意图

采集水质样品,分析获取水质实测数据,利用无人机获取多光谱遥感数据并进行光谱参数处理,使用经验方法建立水质参数反演模型,反演水质参数并结合实测数据验证反演模型的精度。最后根据水体总磷、总氮、浊度和叶绿素 a 浓度反演结果分析水质空间分布特征及其影响因素,为海口湿地水质监测提供新的监测模式,也为湿地水环境的管理提供科学依据。

技术框架如下图 1-2 所示。

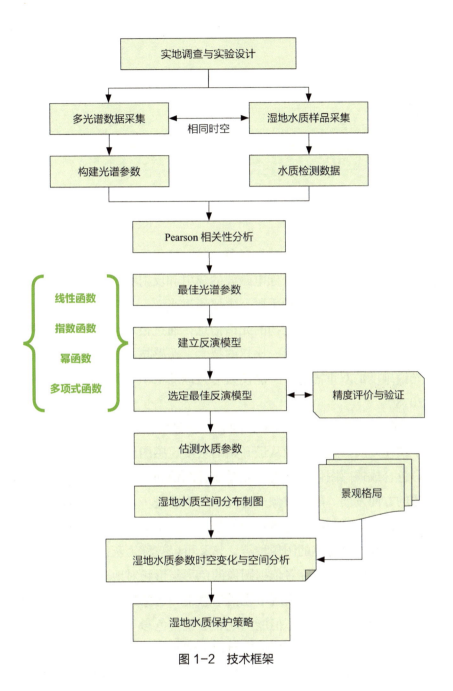

图 1-2 技术框架

第 2 章
水质参数遥感反演原理

遥感，顾名思义就是遥远地感知对象，是一切无接触的远距离探测技术，通常是利用传感器或遥感器来检测目标电磁波的辐射和反射特性。遥感技术是利用非接触传感器去获取地物信息的一种手段，主要通过光学、多光谱、高光谱、雷达、激光等被动或者主动的方式获取地物的光谱信息，通过技术手段还原或者模拟光谱信息，从而对地物进行量测、分析、比较的技术。遥感技术的应用，既能满足人对地物距离与光谱维度的双重需要，又能使人对地球的认识与研究逐步加深和扩大（童庆禧等，2018）。

自从 19 世纪摄影技术问世以来，随着社会经济、科学技术的发展，成像光谱技术得到了快速发展。遥感图像从最开始的灰度遥感图像逐渐发展为彩色合成遥感图像，由彩色合成遥感图像发展为多光谱遥感图像和高光谱遥感图像，如今正朝着超光谱图像的方向发展。随着成像光谱技术的不断进步，成像光谱技术为人们提供了更多有用的信息。最初的全色遥感图像是一种基于图像的灰度级别（即亮度）和形态信息的差异来区分物体的图像种类，它又可以被称为灰度图像，而后续出现的彩色合成遥感图像则能使研究者依据图像的色彩与形状对地表目标进行判别，多光谱遥感图像和高光谱遥感图像实现了光谱信息维和遥感数据图像维的有机融合，达到"图谱合一"的目的，它们不但能从地表形貌、色彩等方面进行识别，而且能通过各像素点的光谱曲线形状来判别地表目标（邹宇博，2022）。遥感技术应用日益广泛，遥感数据凭借多平台、多波段、多视场、多时相、多角度、多极化等特征使它能获取大范围高时间分辨率的影像，弥补人工观测样点的不足，为地表水体水质监测提供了方便而快捷的手段。

2.1 水质遥感监测原理

水质遥感监测是遥感定量反演体系中的重要组成部分之一，其借助光谱特征信息和水体污染物浓度之间的相互关系，通过经验或模型反演获取大范围水体水质情况的技术。水体的光谱特征主要是由水体内所含的物质成分及含量所决定的，其反映了水质的特定信息，不同地物的物质结构及其组成成分不同，因此具有不同的波谱特征。光谱遥感的基础理论就是通过分析各种光谱特征确定目标来进行地物识别。水质遥感技术的基本原理是：水体各组成成分具有不同的光谱特征，其光谱曲线的改变主要是因为水体总成分的改变，而利用遥感技术获取的光谱信息可以探测到这些变化。

太阳光作为一种光源，当照射在水面上时，一部分入射光线在水面发生镜面反射，会被直接反射到大气中，另外一部分入射光经过折射进入水中，经过水分子及水中的各种物质发生反射、散射和水底的反射光经过水体表面，回到大气中，这两部分光线和部分大气中的光线被遥感监测设备中的传感器接收，作为遥感观测的监测数据。由于水中有大量的溶解物及悬浮物，各种不同的物质因为成分以及浓度的不同，使水体的颜色、密度、温度等各种表象及性质发生差异，最终导致水体反射的能量出现差异，以达到估算水质污染程度的目的，实现对整体水域的监测管控（王晓岚，2021）。如图2-1所示，安装在卫星和其他平台（如无人机）上的不同传感器可以测量从水面反射的不同波长的辐射量，这些反射可以直接或间接用于检测不同的水质指标，如总悬浮固体、叶绿素a、浊度、总磷、透明度、温度、pH值等，

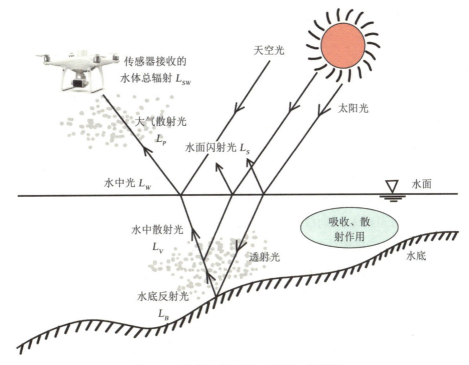

图2-1 遥感传感器接收水体和大气辐射

这些指标是监测和评估水质情况的重要依据。

水质遥感监测的目的就是在尽量排除外界因素干扰的情况下，尽最大可能获取水体中有用的信息，从而通过消除噪声的影响来反演水体不同种类的物质以及浓度信息。目前遥感卫星上携带的传感器接收的水体总辐射 L_{sw} 信息主要由以下 4 种辐射信息组成：①没有到达水体表面的下行太阳和天空的辐射信息 L_p；②基本到达水体表面但被水体表面反射的辐射信息 L_s；③穿过大气与水的分界面到达水体内部，并且没有到达水底就离开水体的辐射信息 L_v；④透过水体到达底部后经底部物质的辐射信息 L_B。

$$L_{sw} = L_p + L_s + L_v + L_B$$

在水质遥感反演中，一般难以分离收集 L_v 和 L_B 的信息，它们组合在一起称为离水辐射，用 L_w 表示。如何从水体总辐射 L_{sw} 中筛选出我们所需要的辐射信息，即分离出水下体辐射离水辐射 L_w 是目前水质遥感监测中最关键问题。

$$L_w = L_{sw} - L_p - L_s$$

因此，对下载的遥感数据必须进行预处理，比如辐射校正、大气校正等，目的是去除太阳和天空光的辐射，以及水体底部反射及折射的影响，从而提高反演精度。

2.2 遥感数据源

2.2.1 多光谱遥感数据

多光谱遥感是 20 世纪 80 年代兴起的遥感技术，主要是通过目标和背景之间的光谱差异来提取感兴趣的地物，广泛用于叶绿素生长状况和悬浮物浓度等水质监测。在内陆水体遥感监测中，常用的遥感数据源包括美国陆地卫星系列（Landsat 1-8）、MODIS、Sentinel-2 和部分国产卫星系列等（表 2-1）。国内外学者利用多光谱数据反演地表水质进行了较多研究，泽尔（2021）使用 Landsat 多光谱图像对野外水质监测数据进行统计分析，并构建了水质参数快速分析模型；董舜丹等（2022）基于 Landsat 8 陆地成像仪与 Sentinel-2 多光谱成像仪传感器对香港近海海域叶绿素 a 浓度进行反演，证明了就香港近海海域叶绿素 a 浓度反演两类遥感数据的可行性；姜腾龙等（2018）基于 Landsat 5 TM 数据和地面同步水质监测数据发现，近红外波段与红色波段比值与叶绿素 a 实测浓度存在较高相关性，并以此建立了提取水体表层叶绿素 a 浓度的遥感信息模型，但是相关研究发现，Landsat 数据重访周期长，难以详尽地展示水质参数信息，因此常用于特定时间、特定水域的监测（崔爱红等，2016）。

表 2-1　常见的多光谱系列卫星数据对比数据

卫星数据	波段数 / 个	时间分辨率 /d	空间分辨率 /m
Landsat MSS	4	18	80（所有波段）
Landsat TM	7	16	30（波段 1～5, 7），120（波段 6）
Landsat ETM+	8	16	30（波段 1～5, 7），60（波段 6），15（波段 8）
Landsat OLI-TIRS	11	16	30（波段 1～7, 9），15（波段 8），100（波段 10～11）
MODIS	36	1	250（波段 1～2），500（波段 3～7），1000（波段 8～36）
Sentinel-2	13	5	10（波段 2～4, 8），20（波段 5～7, 8A, 11～12），60（波段 1, 9～10）

MODIS 的时间分辨率能够较好地满足地表水水质监测的需求，已经广泛用于量化水质参数。周正和万茜婷（2014）以武汉东湖为研究区域，利用 MODIS 数据和地面同步叶绿素 a 浓度实测数据，建立适合东湖水体的叶绿素 a 浓度遥感定量估算模型；何莉飞等（2015）用 MODIS-250 m 影像分析渤海湾强降雨对叶绿素 a 的影响规律，利用渤海湾 10 个监测站点采集的叶绿素 a 浓度值与对应的遥感影像反射值，建立了"叶绿素—反射率"回归关系，相关系数 R^2 为 0.749，该方法可迅速、准确地反演出渤海湾叶绿素 a 浓度，为分析渤海湾水质状况提供支持；张丽华等（2016）基于高时间分辨率 MODIS 数据对乌梁素海水体进行了遥感监测，建立了叶绿素、总氮、总磷的反演模型，模型的反演值与实测值的相关系数均在 0.6 以上，研究表明，运用 MODIS 数据建立的反演模型可以较好地反演相应的水质参数。

Kutser 等（2016）利用 Sentinel-2 提取黑水湖泊中的水质参数，其中第 5 波段可以用来绘制叶绿素 a，第 7 波段可以监测到 810 nm 处的光谱信息，表明 Sentinel-2 的光谱分辨率和波段组合为地表水质遥感带来了更多的机会；陈方方等（2023）基于 Sentinel-3 OLCI，结合 412～885 nm 遥感反射率（Rrs）与支持向量机（SVM）算法、经验算法以及半分析算法构建查干湖悬浮物、浊度、透明度以及叶绿素 a 高精度反演模型，通过模型精度的对比，遴选出 SVM 模型并据此模型反演查干湖 2017—2021 年上述 4 种水质变化。Sentinel-3 的 OLCI 数据具有较高的空间分辨率和时间分辨率，波段多，已广泛运用于地表水水质监测中。但是多光谱数据的波段较宽，难以精确捕捉湖泊中不同水质参数的光谱特征，反演精度受限（王思梦和秦伯强，2023）。

2.2.2　高光谱遥感数据

高光谱遥感具备很窄且连续的波段，光谱分辨率在可见光到短波红外达到数十个甚至数百个连续的纳米数量级波段。而多光谱遥感只能采集到部分波段的地物反射信息，无法完整捕捉地物的连续光谱，相对多光谱而言，高光谱图像中每个像元都具有一条连续的、高分辨率的光谱曲线。高光谱具有更高的分辨率和更多的波段，能够解决常规遥感不能解决的问题，是目前水质参数反演最常见的遥感方法之一。该方法除了节省时间和精力外，还能在卫星图像的基础上对整个水体作一个全面监控，这可以对水体污染的结果进行时空分析，能够快速锁定污染源，及时掌握水体的污染状况。高光谱遥感与多光谱遥感的具体优劣对比如表2-2所示。

表2-2 高光谱遥感与多光谱遥感的优劣对比

不同层面	高光谱遥感	多光谱遥感
光谱分辨率	5~10 nm，具有更高水平的光谱细节，对于光谱差异较小的不同地物的识别效果较好	约为70~400 nm，难以区分具有相似光谱特征的地物，不具备精细识别地物的条件
空间分辨率	星载高光谱数据的空间分辨率较低，大多在10 m以上，机载高光谱数据的空间分辨率较高，可达到2 m左右	部分多光谱遥感具有较高的空间分辨率，能满足地理国情调查、土地利用类型解译等涉及范围较广的工作
数据处理	高光谱遥感数据维度高，数据冗余度较高，专用的处理软件较少，整体处理过程较为复杂	现存的开源处理方法较多且比较成熟，影像处理速度快，整体处理过程较为简单
波段数	波段数较多（100~200个），为模型的构建提供更多选择	较少（5~10个），且大部分波段位于可见光范围内
数据源	机载数据获取成本高，星载数据源较少，数据较为短缺	拥有高分系列、MODIS、Landsat等丰富的卫星数据库
结果精度	地物识别效果好，参数定量遥感反演精度极高	反演精度一般，能满足部分工作需求

高光谱反演模型的建立主要分为两个步骤，首先通过波段选择方法选取整体波段之中的特征波段，进而利用选取的特征波段进行模型的建立。高光谱数据光谱分辨率高但是也不可避免带来高光谱图像数据波段间关联性高、高光谱数据冗余多的问题。在利用高光谱数据进行水质遥感监测的过程中，波段数多的特点也在选择最佳波段组合的时候受到影响，在一定程度上影响了水质反演的准确性和精度，如何去除冗余波段，选择出具有代表性的关键波段信息进行水质模型反演是一个重要的问题（李恩，2020）。

近年来，随着科技的发展和成熟，高光谱传感器技术也得到了迅速的发展，水质高光谱和遥感技术已能够监测各种水质参数，包括叶绿素a、悬浮物、浊度、化学需氧量和有色可溶性有机物等，并且监测的实时性和准确性也有所增加。现有的高光谱成像仪主要分为星载和机载两种，其中星载平台的空间分辨率较低，包括MODIS、MERIS、HIS和中国天宫一号高光谱成像仪，机载平台目前较为成熟，包括美国AVIRIS、芬兰AISA、加拿大CASI/SASI、中国OMIS和PHI等。其中，EO-1搭载了世界上第一颗民用高光谱成像仪Hyperion，具有较高的时空分辨率，拓宽了水质遥感监测的应用（祝令亚，2006）。Brivio 等（2001）应用 TM 图像，利用辐射传输模型对意大利加尔达（Garda）湖的叶绿素 a 浓度变化进行了研究；徐雯佳等（2012）应用 MODIS 数据确定最佳反演波段，反演了河北省海域叶绿素 a 浓度。中国也发射了环境系列卫星（HJ-1A/B）、HJ-1C 和高分系列卫星（GF 1-7）等，这些卫星已经成功应用于内陆水体的水质监测和蓝藻水华富营养化预测（Zhao et al., 2017），张鹏等（2022）基于 ZY1-02D 卫星遥感影像开展多期叶绿素 a 浓度遥感反演工作，积累南四湖叶绿素 a 浓度的季节性演替规律及时空分布特征；邓实权等（2018）利用 GF-5 卫星高光谱传感器，运用光学分区的方法进行鄱阳湖浑浊水体叶绿素 a 浓度反演算法研究；殷子瑶等（2021）以珠海一号高光谱卫星为遥感数据源，利用与卫星同步的水面实测数据，使用经验回归的方法分别构建了于桥水库悬浮物和透明度的反演模型，检验结果说明了珠海一号高光谱卫星在定量反演内陆水体水质参数方面具有潜力。

2.2.3　其他数据类型

20 世纪初，无人机应用在军事领域，20 世纪 90 年代开始无人机在各个领域得到广泛应用，近年来逐渐应用于水质监测。无人机搭载高光谱/多光谱传感器全面搜集信息，实现对水体水质污染的实时快速监测，为水体水质监测提供新的机遇（王思梦和秦伯强，2023）。

无人机遥感利用的是先进的无人驾驶飞行器技术、遥感传感器技术、遥测遥控技术、通信技术、POS 定位定姿技术、GPS 差分定位技术和遥感应用技术，其是具有自动化、智能化、专业化快速获取国土、资源、环境、事件等空间遥感信息，并进行实时处理、建模和分析的先进新兴航空遥感技术解决方案。与卫星遥感相比，无人机遥感技术具有机动灵活、使用成本低、操作简单、响应迅速和高时空分辨率等特点，即使作业于复杂的天气条件（如阴天、雾霾天气等）下，也能避免云层遮挡的问题，可在一定高度下忽略大气和云层的影响（Shang et al., 2017）。无人机遥感技术的出现，可实现对水源污染等情况做到实时和快速监测，对监测目标进行快速航拍、巡查，大范围、全面地搜集信息，并实时传递现场信息，监视险情发展，进而提供水利资源调查数据，及时掌握水文情况，给水质监测评价提供了新的机遇与途径。如杨振等（2020）结合无人机高光谱数据对矿区水库进行遥感监测，确定了水质参数与光谱参数的定量关系；章佩丽等（2022）利用无人机多光谱数据，结合多元线性回归算法，构建了高锰酸钾指数、总磷、总氮等 3 种水质参数的河道综合反演模型，以实时监测河道水体状况；黄华等（2021）基于最小二乘回归建立了无人机高光谱数据与河流水质指数的反演模型，较好地反映了研究区域河流水质状况。但是受制于环境、仪器和时间等因素，无人机遥感仍在探索阶段，它在细小河道和水体边缘地带的精度不足，主要原因是岸边有河岸、植被以及阴影的影响，容易造成误判，因此需要更多的样本数据做验证。

2.3 水质遥感反演方法

20世纪70年代初，遥感监测技术开始应用于水体研究，随着传感器分辨率不断提高和反演理论不断成熟，反演方法从定性分析转到定量反演，从单一的水域识别逐渐发展到水质参数的定量反演，能够监测到的水域的水质参数种类和精度逐渐增加。20世纪80年代后，多光谱数据和高光谱数据的涌现推动了遥感技术的快速进步，遥感传感器记录的研究水域的辐射值与水域中各水质参数的含量有关，随着水质参数的光谱特性和算法研究的不断深入，水质遥感监测方法经历了分析方法、经验方法、半经验方法、机器学习和综合法的发展历程（王波等，2022）。

2.3.1 分析方法

分析方法是以生物—光学模型为核心，基于大气辐射传输模型，根据遥感反射率 R_{rs} 计算水中实际吸收系数和后向散射系数的比值，继而与水中各组分的后向散射系数、特征吸收系数进行联系，达到反演各水质参数含量的目的（徐慧娟，2007；王林和白洪伟，2013）。分析方法具有较强的物理性，水质参数反演可靠、无时空局限性、适宜性强等优点，将其应用于光学特征类似的水体进行反演可以得到较为理想的结果。但是模型建立之初需要测量大量的数据参数，同时对测量设备的要求较高，算法建立难度较大，在实际通用方面存在改进空间，难以大范围推广。水表面下的辐照度比值与吸收系数和后向散射系数之间的数学关系如下方程所示：

$$R(0,\lambda) = f \frac{b_b(\lambda)}{a(\lambda)+b_b(\lambda)}$$

式中，$R(0,\lambda)$ 表示水表面波长为 λ 时的向上辐照度与向下辐照度的比值；$a(\lambda)$ 是波长为 λ 时的吸收系数；$b_b(\lambda)$ 是波长为 λ 时的后向散射系数。f 为可变函数，其中 $a(\lambda)$、$b_b(\lambda)$ 是水中各种成分贡献的线性和。

$$a(\lambda) = a(\lambda)_{(w)} + \sum_{i=1}^{n} a(\lambda)_i$$
$$b_b(\lambda) = b_b(\lambda)_{(w)} + \sum_{i=1}^{n} b_b(\lambda)_i$$

式中，$i=1，2，3，\cdots，n$，n 为成分数。一般来说只考虑叶绿素（以 C 表示）、悬

浮物（以 X 表示）、黄色物质（以 Y 表示），则上两式可写为

$$a(\lambda) = a(\lambda)_{(w)} + a(\lambda)_{(C)} + a(\lambda)_{(X)} + a(\lambda)_{(Y)}$$

$$b_b(\lambda) = b_b(\lambda)_{(w)} + b_b(\lambda)_{(C)} + b_b(\lambda)_{(X)}$$

其中，黄色物质的后向散射可以忽略不计，各成分的吸收系数和后向散射系数与其浓度有关，可以把上两个公式写成下式：

$$a(\lambda) = a(\lambda)_{(w)} + Ca^*(\lambda)_{(C)} + Xa^*(\lambda)_{(X)} + Ya^*(\lambda)_{(Y)}$$

$$b_b(\lambda) = b_{bW}b_W(\lambda)_{(w)} + b_{bC}b_{(C)}(\lambda) + b_{bX}b_{(X)}(\lambda)$$

式中，$a(\lambda)_{(w)}$ 为纯水的吸收系数；C 为叶绿素浓度，$a^*(\lambda)_{(C)}$ 为其在波长为 λ 时的单位吸收系数；X 为悬浮物浓度；$a^*(\lambda)_{(X)}$ 为其波长为 λ 时单位吸收系数；Y 为黄色物质的浓度；$a^*(\lambda)_{(Y)}$ 为其在波长为 λ 的单位吸收系数；b_W 为纯水的体散射系数；b_{bW} 为纯水的后向散射比例；$b_{(C)}$ 为叶绿素的体散射系数；b_{bC} 为叶绿素的后向散射比例；$b_{(X)}$ 为悬浮物的体散射系数；b_{bX} 为悬浮物的后向散射比例。

因此，在已知三种物质的散射特性（散射系数）和吸收特性（吸收系数）条件下，就可以根据其浓度模拟出不同组分水体的地面反射光谱或大气顶部的反射光谱。反之，当已知不同波段的地面反射率或大气顶部的反射率时，通过建立线性方程组就可以求出相对应的 X、Y、C 值，这种方法一般称为代数法（黄国金，2010）。

2.3.2 经验方法

经验方法是通过实测数据建立水体表观光学性质和水体成分浓度之间的定量关系，是利用遥感数据与同步实测的数据间的统计相关性分析确定两者之间的相关系数而建立经验模型。经验算法的表达式为

$$R_{rs} = A + B \times F(S)$$

式中，R_{rs} 为遥感反射率，它可以是某一波段处的遥感反射率，也可以是某几个波段遥感反射率的比值或差值等某种函数关系；A、B 为方程的回归系数，这两个参数会由遥感反射率和水质参数浓度回归而得到；S 为水质参数浓度，$F(\ )$ 为水质参数浓度的函数关系表达，可以是对数、指数、倒数、多项式、幂函数等。

经验方法过程比较简单，计算量小，易于实现，目前已经有大量的学者应用到不同的水域进行遥感监测，并且取得了一定的成果。由于待测水域地理位置和时间的不同，经验法建立的水质反演模型适用范围较窄，在不同观测水域、不同天气条件、不同时段的情况下，必须建立相应的水质反演模型。另外，为确保遥感数据中的经验法水质参数反演模型的准确性，还需要将大量的实时水质采样数据作为基础，需要耗费大量的时间和人力。经验法建立的水质遥感监测参数反演模型只能在一定浓度范围内反演待测水质参数的含量，超过此范围，反演的误差就会显著增加。但

由于经验法不能保证遥感数据和水质参数间的事实相关性，导致该方法缺乏物理依据，通用性较差（邹宇博，2022）。

2.3.3 半经验方法

半经验方法兴起于20世纪90年代，是伴随着高光谱遥感数据应用于水质监测而发展起来的模型。半经验方法研究各种待测水体水质参数的光谱曲线，找出相应的光谱特征，这些光谱特征作为特定水质参数的代表波段，利用已有的水质参数光谱特征与数学回归统计模型相结合，选取光谱曲线中最优波段或最优波段组合作为估计水质参数含量的相关变量。在此基础上，利用数理统计分析的方法，建立水质遥感反演模型，以达到预测研究水域某一特定水质参数含量的目的。

半经验法充分利用了水质参数的光谱特征，兼顾了遥感影像数据和实测水质数据之间的统计关系，方法模型简单，物理意义明确，是目前最常用的水质遥感反演方法之一。众多的研究学者运用这种方法展开对各种水质的遥感反演，主要集中在悬浮物、叶绿素、总氮、总磷等方向，并取得了不错的研究结果（李恩，2020）。但是半经验方法对实测数据和遥感数据的同步性要求高，依赖性强。因此局限在特定的水域，且受到不同季节限制。

2.3.4 机器学习

水体中复杂的光谱特征导致水质遥感监测本质上是一个非线性的反演过程。对于水质的遥感反演，除了上述的方法之外，机器学习法也在逐步发展应用当中。机器学习是指通过某些算法指导计算机利用已知数据得出适当模型，并利用此模型对新数据进行分析或者预测的过程。机器学习具有较强的适应性、组织性和容错性，可以通过持续不断的学习、校正和误差反馈来提升遥感反演模型的精度和泛化能力，适合模拟遥感影像和水质参数间错综复杂的关系。随着人工智能的不断发展，机器学习作为实现人工智能的必要途径也在不断完善，将机器学习方法应用到水质监测中是水质监测智能化、自动化发展的大势所趋。目前，应用于水质反演的机器学习模型包括随机森林、神经网络、支持向量机等（王波等，2022）。

2.3.4.1 随机森林

随机森林被证实在各种高维特征回归和分类方面应用非常广泛，具有速度快和对过拟合不敏感的特点，是Bagging算法中最具代表性的算法。随机森林从样本集的广度和数据特征深度两个方面构建树模型。通过加权多个决策树的预测结果，有效缓解树模型易过度拟合的问题。随机森林中基本模型的训练是平行的，这与套袋中的基本模型训练类似。随机子空间通过随机采样特征来构造一组特征子空间，然后在这些子空间中训练基本分类器生成多个结果,然后融合到最终结果中(陈搏涛,2022)。

2.3.4.2 神经网络

神经网络方法是模拟人类大脑从而达到具有人类某些性能的,如自适应性、集体运算能力,具有联想综合和容错性能的一门非线性科学。在系统模拟、模式辨认等科学研究领域得到了普遍的应用。神经网络反演模型对复杂的关系具有较好的模拟效果,可以进行各类传感器的遥感数据的整合,综合各个数据的长处,提高反演精度(周荣攀,2016)。

2.3.4.3 支持向量机

支持向量机是由拉基米尔·万普尼克(Vapnik)首先提出的,理论基础是统计学习理论的 VC 理论和结构风险最小化原则,能够近似实现结构风险最小化。其基本思想是采用非线性映射将输入向量映射到一个高维空间,在高维空间构造一个最优超平面,并且以核函数的方式避免了显示的非线性映射,有效地解决了高维空间带来的计算困难,提供了一种解决非线性回归问题的新思路(刘朝相,2014)。支持向量机在解决小样本、非线性和高维模式识别问题中表现出许多特有的优势,其实质就是求解一个二次规划问题,具有泛化能力强、容易训练、没有局部极小等优点。支持向量机在解决人工神经网络"过学习"等问题有着较好的优势(梁坚,2009)。

机器学习对遥感水质反演这种复杂的非线性拟合过程具有较好的适用性,机器学习可以降低人为干扰,通过不断学习,选取适合模拟遥感数据和地表水质参数之间复杂的关系的模型,构建的反演模型具有误差小和预测效果好的特点。但是机器学习本质也是标准黑箱模型,构建遥感反演模型需要大量的训练样本,同时校正参数会增加模型训练的时间成本,因此,如何平衡模型复杂程度和计算效率至关重要。此外,机器学习的理论基础有待完善、模型结果的可解释性有待提高,模型的普遍适用性有待增强。

2.3.5 综合法

单一的水质遥感监测方法均存在各自的局限性,如叶绿素 a 的经验模型通常基于与其光吸收和发射特性相关的物理原理,一般依赖光谱波段中的绿色、蓝色、红色和近红外波段(Odermatt et al., 2012)。但不同水体的物理特征、组成成分和藻类种群具有很大差异,这些因素都会影响经验模型的适用性。综合法是指通过比较或结合几种甚至更多的水质遥感监测方法,发挥每种水质监测方法的优势,在充分利用水质参数光谱特征的基础上,提高水质反演精度,增强模型的通用性(王波等,2022)。如 Hafeez 等(2019)使用人工神经网络、随机森林、Cubist 回归和支持向量回归等多种机器学习技术估算悬浮固体、叶绿素 a 和浊度的浓度，通过陆地卫星将反射率数据与原位反射率数据进行比较，以评估机器学习模型的性能，结果表明，基于神经网络的机器学习方法性能更好；赵力等（2021）采用 XGBoost 模型反演水体总氮和总磷，并与 BP 神经网络模型和数学统计模型的反演结果进行比较，结果显示，XGBoost 模型的反演精度最高，更适用于研究区总氮、总磷监测；代前程等（2022）引入峰谷距离法、荧光基线高度法、峰面积法和基于峰面积法改进的谷上峰面积法共同反演南漪湖叶绿素 a 浓度，研究显示，相较于峰谷距离法、荧光基线高度法和峰面积法精度均有提升，为叶绿素 a 浓度荧光反演提供了新的思路。

2.4 水质参数遥感监测类型

水质参数是表示水环境质量优劣程度及变化趋势的水中各种物质的特征指标。目前，水质监测需要监测的水质参数项目众多，其因用途的不同而名称各异。有的水质参数反映的是水中若干杂质成分共同作用的结果，如水的硬度、水的盐碱度等；有的水质参数表示的是众多污染杂质的综合性指标，如生化需氧量、化学需氧量、浑浊度等；还有的水质指标直接在名称上就反映了其杂质成分，如汞、镉、总氮、总磷、氰化物等。大致上常见的有以下几种。

2.4.1 悬浮物

悬浮物是水环境监测的重要指标，包括悬浮泥沙和有机悬浮颗粒。水环境构成复杂，各种沉淀以及有形状的固态颗粒物质，通常有大量的黏土粒子、有机碎屑、浮游生物等，都会影响水质的悬浮物浓度（冯奇等，2017）。悬浮物物质不易溶解，河口和内陆湖泊中高浓度的悬浮物浓度会影响水生植物的生长，地表水体中悬浮物的含量、类型和体积都会使水体反射率发生变化，监测地表水体中的悬浮物浓度变化可以正确估算地表水体富营养化的变化情况。悬浮物是最早应用遥感估测的水质参数，大量遥感反演模型已经广泛应用于悬浮物的定量监测和时空分布特征等研究，但由于水体环境的复杂性和悬浮物自身的迁移变化，这些模型仍存在时空局限性。

2.4.2 叶绿素 a

叶绿素 a 可以指示浮游生物量的分布，是反映水体初级生产力和富营养化程度的最基本指标，高光谱数据和多光谱数据等多种数据源已被很好地应用于叶绿素 a 浓度的反演。国内外学者针对不同研究区建立了很多关于叶绿素 a 的遥感反演模型，

Gitelson（1992）发现 700 nm 处的反射峰对于计算内陆水域叶绿素 a 浓度很重要；Boucher 等（2018）基于 2013—2015 年的 Landsat 图像，测试了先前开发的各种算法，涵盖 192 个湖泊的 11 种场景；陶星宇等（2023）结合叶绿素 a 浓度实测数据，基于经验分析法实现了西藏典型湖泊叶绿素 a 浓度反演研究，并探索了西藏典型湖泊 2019 年春、夏、秋季叶绿素 a 浓度的时空变化特征。

2.4.3 有色溶解有机物

有色可溶性有机物（Colored Dissolved Organic Matter，CDOM）是影响水体颜色的重要参数之一，它可以强烈吸收紫外和蓝光，对于黄色波段的吸收较小，因此呈现黄色。CDOM 的成分相对复杂，对水色、水下光场和化学过程有重要影响。20 世纪 90 年代，一些学者开始研究遥感监测地表水中的 CDOM，Gitelson（1992）提出了计算 CDOM 的回归算法；D'Sa 和 Miller（2003）提出了一个应用于密西西比河 CDOM 反演的经验模型，并以更高的精度证明了 CDOM 吸收（412 nm）和反射比（510/555）之间的最佳关系；张运林等（2008）基于太湖水体吸收系数、散射系数、辐照度比等生物光学特性及光学活性物质浓度的测定和计算，发展了内陆浅水湖泊 CDOM 的半分析模型；蒋昕桐等（2022）利用 CDOM 吸收系数估算博斯腾湖水体表层 DOC 浓度。不同水体的 CDOM 光学特性不同，需要进一步理解 CDOM 的光学性质，分析 CDOM 在不同波段的吸收特征，对地表水环境保护具有重要意义。

2.4.4 非光敏参数

目前，针对地表水质参数光学特性的遥感反演逐渐成熟，但是非光敏参数，如总氮、总磷和溶解氧等的光学特性较弱，难以直接通过遥感反演获取（Abayazid & El-Adawy, 2019），但是它们会影响到反演的光谱信息，因此需要借助半经验法或机器学习进行间接遥感分析，提高反演的精度（王思梦和秦伯强，2023）。国内外学者对此进行了大量研究，Din 等（2011）使用反向传播网络模型和支持向量机模型对基于 Landsat 8 影像数据的 COD（R^2 = 0.918）浓度进行反演，结果表明 BPMN 模型的精度比 SVM 模型更高；刘静等（2020）基于实测数据对鄱阳湖总磷、总氮浓度进行遥感反演研究，结果发现总磷、总氮的变化趋势受水环境和采砂活动影响较大；Guo 等（2022）基于珠江三角洲 Landsat 8 图像，采用统计方法检索总氮浓度，结果表明珠江三角洲东部总氮浓度高于西部，大铲湾和深圳湾的总氮浓度最高，分别约为 3.02 mg/L 和 3.67 mg/L。750～850 nm 波段可为进一步探索总氮的光谱特性和检索提供重要参考。

2.5 水质遥感反演的波段组合

建立水质遥感反演模型常常需要用到皮尔逊相关系数确定不同波段或者波段组合与水质参数之间的联系，进而确定回归关系。皮尔逊相关系数也被称为皮尔逊积矩相关系数，是一种运用非常广泛的数学统计方法，由著名统计学家卡尔·皮尔逊（Karl Pearson）提出，是用来度量两个变量 X 和 Y 之间的线性相关程度。基于皮尔逊相关系数的波段选择方法是将各波段的光谱特征信息与实测的浓度作为两个变量，计算二者之间的相关性系数，根据相关程度高低选择若干个相关性高的波段，即具有代表性的敏感特征波段进行模型的构建。本研究使用皮尔逊相关系数公式如下：

$$P_{(X,Y)} = \frac{\sum_{i=1}^{n}(X_i - \bar{X})(Y_i - \bar{Y})}{\sqrt{\sum_{i=1}^{n}(X_i - \bar{X})^2}\sqrt{\sum_{i=1}^{n}(Y_i - \bar{Y})^2}}$$

式中，X 和 Y 分别代表两组数据；X_i 为变量组 X 的第 i 个变量；Y_i 为变量组 Y 的第 i 个变量；$\bar{X}$ 和 $\bar{Y}$ 分别表示其平均值；P 为两组变量的相关系数，P 也看作两组数组的协方差与标准差乘积的比值。皮尔逊相关性可以剔除变量量纲的影响，通过 P 值来判断变量间的具体相关关系，P 的取值范围 $-1 \sim 1$，P 的绝对值越大，则两种变量之间的关联性越高，P 的绝对值越接近 0，则代表两组数据变量的关联关系越低。

第3章
研究区域与研究方法

水质遥感监测能够快速获取水质的空间分布，可以弥补水质原位观测的不足，为水质模型数据同化提供观测数据。水质遥感监测的关键在于水质遥感模型的构建，如何提高水质遥感模型反演精度和适用性，是水质遥感研究的重点。目前，卫星遥感技术对水质参数的监测研究已基本成熟，但受卫星遥感影像空间分辨率、时间分辨率等因素的影响，卫星遥感无法针对小范围城市河流、湖泊、水库的水质情况进行有效监测。本研究基于无人机多光谱遥感，以海口市重要湿地的典型区域为研究区，利用同步获取的光谱数据和水质检测数据，构建海口重要湿地水体水质参数（总磷、总氮、浊度、叶绿素a）反演模型，为城市重要湿地的水质监测提供全新的数据来源和技术手段，同时也为湿地水环境保护及治理提供科学依据。

3.1 研究区概况

海口市位于北纬 19°32′～20°05′，东经 110°10′～110°41′，地处海南岛东北部南渡江入海处，地势平坦、降水充足，地理气候条件得天独厚，湿地资源总量丰富，湿地类型多样，是历史上著名的"水城"，其河网密集，是一座江、湖、河、海、溪"五水"并存的城市，2018年荣获首批"国际湿地城市"称号。据第二次全国湿地资源调查，全市湿地面积2.9万 hm^2，有滨海湿地、河流湿地、湖泊湿地、人工湿地等4个湿地类及11个湿地型，湿地率达12.7%。海口整个湿地资源空间格局可归纳为：一轴（南渡江流域）、一带（近海与海岸带）、两区（东寨港红树林、羊山地区湿地资源价值核心区）、多点（凤潭水库、铁炉水库等散点分布的重要湿地斑块）。海口市依托丰富的湿地资源，先后建立了美舍河、五源河2个国家湿地公园，三十六曲溪、潭丰洋、铁炉溪、响水河、三江红树林5个省级湿地公园以及一大批湿地保护小区，构建了完善的分级分类保护、多种形式补充的湿地保护管理体系。

本研究根据海口湿地重要性、典型性，以及光谱数据获取的实际情况，选取美舍河的乾坤湖、五源河的永庄水库、潭丰洋的长钦湖等 3 处典型水体区域作为研究区，具体信息如表 3-1 和图 3-1 所示。

表 3-1 研究区湿地基本信息

序号	名称	中心点位置	面积 / hm²	主要湿地类型	典型水体区域
1	海口美舍河国家湿地公园	19.94622N，110.31620E	468.44	永久性河流、灌丛沼泽、火山熔岩湿地、库塘	羊山水库、乾坤湖
2	海口五源河国家湿地公园	19.96154N，110.25015E	1300.80	浅海水域、永久性河流、库塘	永庄水库、入海口
3	海口潭丰洋省级湿地公园	19.76939N，110.32277E	662.30	灌丛沼泽、淡水泉、火山熔岩湿地、水库和坑塘、稻田	长钦湖、八仙泉

图 3-1 研究区位置

3.1.1 美舍河湿地

美舍河被誉为海口人民的"母亲河",发源于羊山地区,全长 23.86 km,水域面积 68 hm^2,呈圆弧状,流经龙华、琼山、美兰三个辖区,是海口市绿色生态系统一个关键性、基础性的水生态廊道,也是海口文脉的延续和象征。2017 年,海口市美舍河被批准为国家级水利风景区。海口美舍河国家湿地公园南起羊山湿地玉龙泉,北至白沙一桥,由玉龙泉、羊山水库、沙坡水库、美舍河及沿河道部分公共绿地和凤翔公园组成。总面积 468.44 hm^2,其中湿地面积 253.37 hm^2,湿地率 54.09%。2019 年 12 月 25 日,通过国家林业和草原局国家湿地公园试点验收,正式成为"国家湿地公园";2020 年 6 月 5 日,入选《2020 年国家重要湿地名录》,主要湿地类型有永久性河流、灌丛沼泽、淡水泉、库塘、水产养殖场、稻田等。

乾坤湖位于美舍河凤翔城市湿地公园中段,是美舍河上重要的生态节点。在东南侧的坡地上,建设了 8 级人工梯田净化湿地,通过生物净化作用,降解水中污染物。梯田湿地每层高 80 cm,从上而下分别是植被、种植土、生物净化填料、细石子、粗石子。公园周边小区的生活污水被收集至此,通过泵站提升至梯田顶端,在预处理设备中进行预处理后,顺着梯田一层层向下净化,最终流入美舍河。因乾坤湖周边土地利用类型均为城市建设用地及人类居住区,对其水质进行遥感监测可以有效反映城市化对湿地水质的影响。

图 3-2　美舍河国家湿地公园乾坤湖

3.1.2 五源河湿地

海口五源河国家湿地公园主要包括永庄水库、五源河及五源河河口海域 3 个湿地单元，总面积 1300.80 hm²，其中湿地面积 958.39 hm²，有 4 个湿地类及 10 个湿地型，湿地率为 73.68%。五源河上游的永庄水库及周边大面积的河流湿地和灌丛沼泽区是海口市市区内自然生态保存较完好的区域，拥有城市内稀缺的动物栖息地和植被生境；2018 年，海口五源河国家湿地公园被认定为第一批省级重要湿地名录；2019 年 12 月 25 日，通过国家林业和草原局国家湿地公园试点验收，正式成为"国家湿地公园"。

永庄水库位于海口市秀英区海秀镇永庄村南部、五源河国家湿地公园上游，于 1959 年建成运行，水库总库存为 1015 万 m³，最大坝高 14 m，坝长 45.2 m，是一座集灌溉、供水、防洪功能于一体的中型水库，日供水量可达 10 万 t，灌溉五源河下游 6 个村庄的 4500 亩（1 亩 =1/15 hm²，以下同）田地。2009 年，永庄水库被划定为饮用水水源保护区，水库总面积 6.029 km²，其中一级保护区面积为 1.873 km²，二级保护区面积为 4.156 km²。由于城市建设发展，水库周边大量的耕地被征用，导致农业灌溉用水逐渐减少，水库的功能重心向城市供水转移。

图 3-3　五源河国家湿地公园永庄水库

3.1.3　潭丰洋湿地

海口潭丰洋省级湿地公园位于海口市中南部，龙华区南部的新坡镇和龙泉镇，东西宽约 8.5 km，南北长约 4.5 km，总面积 662.30 hm²，其中湿地面积为 424.74 hm²，湿地率为 64.13%，包括人工湿地、河流湿地、湖泊湿地和沼泽湿地 4 类 10 型。2017 年，潭丰洋湿地被列入海口市级重要湿地名录。潭丰洋属火山熔岩地貌湿地，是海口周边最大的综合性火山湿地之一。地下潜水通过火山地表裂隙涌出、漫溢、汇流、聚集，形成一个个看似在空间上离散，实际上具有水文功能联系的湿地，并与大面积稻田相连，形成具有独特风貌的"田洋"这一热带特色湿地。加上火山石表面的多孔隙性，使其空间异质性很高，从而形成了丰富多样的生境，孕育了独特而丰富的动植物物种，广泛分布有水菜花（*Ottelia cordata*）、野生稻（*Oryza rufipogon*）等国家重点保护野生植物，具有重要的种质资源保育研究价值。

长钦湖位于海口潭丰洋省级湿地公园东南部，北靠常年出水的八仙冷泉，是海南最大的自然湿地湖泊，平均宽度约 200 m，总长度 3900 m，最宽处 528 m。虽然长钦湖湿地距海口市区约 25 km，受城市生活污染较少，但湿地公园周边的养殖业、农业种植造成的粪便污染、农药化肥面源污染对长钦湖的生态环境造成了一定程度的破坏。

图 3-4　潭丰洋省级湿地公园长钦湖

3.2　水质样品采集与检测

3.2.1　水质样品采集

依据《地表水环境质量标准》（GB 3838—2002）和《水和废水监测分析方法》等技术要求，利用专业取水设备，从采样点（距离岸边 2.5 m）位置向水面下深入 20 cm 左右，取水 500 mL，装入无菌水样采集袋，送至专业检测机构，检测水样的总磷、总氮、浊度和叶绿素 a 等 4 个指标，分析获取水质实测数据。同时利用高精度 RTK 记录采样点坐标，并按照采样点次序做好标记，以备检测。水质样品夏季（雨季）和冬季（旱季）各采集 1 次，每处研究区域单次实验采样点不少于 100 个。

旱季于 2021 年 11 月 30 日在乾坤湖采集水样 100 个、2021 年 12 月 10 日在永庄水库采集水样 106 个、2022 年 1 月 14 日在长钦湖采集水样 110 个，采样点具体分布如图 3-5 所示。

雨季于 2022 年 6 月 7 日在乾坤湖采集水样 106 个、2022 年 6 月 16 日在永庄水库采集水样 101 个、2022 年 6 月 17 日在长钦湖采集水样 101 个。采样点具体分布如图 3-6 所示。

3.2.2　水质样品检测方法

根据相关检测标准，本研究总磷、总氮、浊度、叶绿素 a 含量的检测依据分别为：《水质　总磷的测定　流动注射 - 钼酸铵分光光度法》（HJ 671—2013）、《水质　总氮的测定　碱性过硫酸钾消解紫外分光光度法》（HJ 636—2012）、《水质　浊度的测定　浊度计法》（HJ 1075—2019）、《水质　叶绿素 a 的测定　分光光度法》（HJ 897—2017）。

3.2.2.1　总磷检测方法

a. 试剂与仪器

试剂与材料：总磷 Test'N Tube AmVer^{TM} 试剂管低量程总磷测试组件（2742645-CN: 0-3.5 mg/L PO$_4^{3-}$）[哈希水质分析仪器（上海）有限公司]、去离子水、试剂管 15 mm × 16 mm、小漏斗、移液枪（1～5 mL）及枪头、试剂管架（图 3-7）。

仪器：DRB 200 智能消解仪 [哈希水质分析仪器（上海）有限公司]、DR 900 多参数比色计 [哈希水质分析仪器（上海）有限公司]。

b. 样品处理步骤

（1）打开 DBR 200 消解器，加热到 150℃。

（2）选择测试程序。参照"仪器详细说明"的要求插入适配器或遮光罩。

（3）用移液枪向一个总磷测试 Test'N Tube AmVER^{TM} 试剂管加入 5.0 mL 样品。

（4）用小漏斗向试剂管中加入一包 Potassium Persulfate 试剂粉枕包。

（5）盖紧盖子，摇晃使粉末溶解。

（6）将试剂管插入 DBR 200 消解器中，盖上防护罩。

（7）启动仪器定时器。计时加热 30 min。

（8）计时时间结束后，小心地将热的试剂管从消解器中取出，插在试剂管架上，冷却至室温（18～25℃）。

（9）用移液枪分别向试剂管中加入 2 mL 的 1.54 N 氢氧化钠溶液。盖上盖子，倒转以混合均匀。

（10）先用潮湿的抹布擦拭试剂管，再用干燥的布擦去上面的指纹和其他污渍。

（11）将擦干净的试剂管放入 16 mm 圆形适配器中。

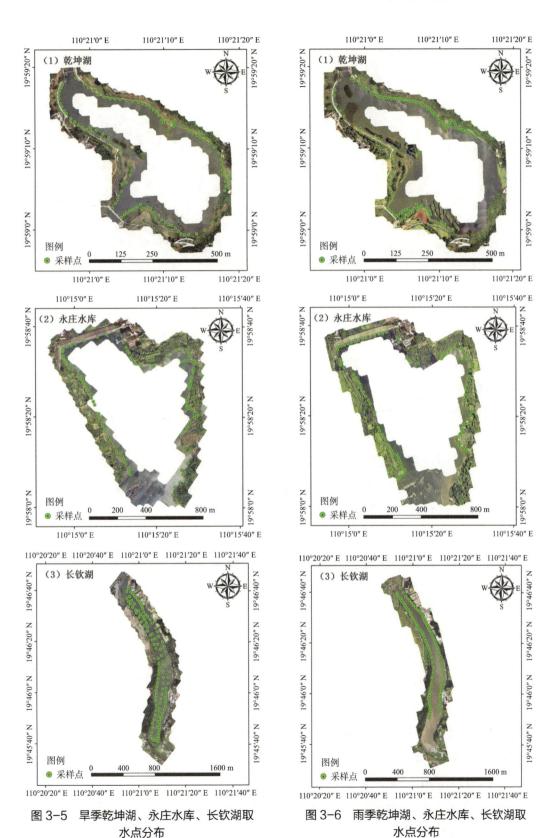

图 3-5　旱季乾坤湖、永庄水库、长钦湖取水点分布

图 3-6　雨季乾坤湖、永庄水库、长钦湖取水点分布

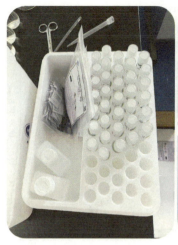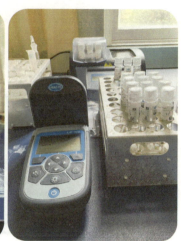

图 3-7　总磷测试实验过程

（12）按下"Zero"（零）键进行仪器调零。这时屏幕将显示：0.00 g/L PO_4^{3-}。

（13）用小漏斗向试剂管中加入一包 PhosVer 3 试剂粉枕包。

（14）立即盖紧盖子，摇晃 20～30 s。

（15）启动仪器定时器，计时反应 2 min，计时反应结束后的 2～8 min 内进行读数。

（16）计时时间结束后，先用潮湿的抹布擦拭试剂管，再用干燥的布擦去上面的指纹和其他污渍。将擦干净的试剂管放入 16 mm 圆形适配器中。按下"Read"（读数）键读取总磷含量，结果以 mg/L PO_4^{3-} 为单位。

c. 测试结果

完成上述步骤后，直接从 DR 900 多参数比色计上读出测量结果。

3.2.2.2　总氮检测方法

a. 试剂与仪器

试剂与材料：Test' N Tube AmVer™ 试剂管低量程总氮测试组件（2672245-CN：0～25.0 mg/L N）[哈希水质分析仪器（上海）有限公司]、去离子水、试剂管 15 mm×16 mm、小漏斗、移液枪（1～5 mL）及枪头、试剂管架（图 3-8）。

仪器：DRB 200 智能消解仪 [哈希水质分析仪器（上海）有限公司]；DR 900 多参数比色计 [哈希水质分析仪器（上海）有限公司]。

b. 样品处理步骤

（1）打开 DBR 200 消解器，加热到 105 ℃。

（2）分别向两个低量程 Total Nitrogen Hydroxide 消解试剂管中各加入一包总氮过硫酸盐试剂粉包。

(3)向一个试剂管中加入 2 mL 样品;同时做空白实验,向第二个试剂管中加入 2 mL 去离子水。盖上盖子,猛烈摇晃至少 30 s 使其混合均匀。

(4)将试剂管插入 DBR 200 消解器,盖上盖子,加热消解 30 min。

(5)消解时间结束后,立即从消解器中取出试剂管,冷却至室温。

(6)将试剂管的盖子打开,分别向两个试剂管中各加入一包总氮 A 试剂粉包。盖上盖子,上下摇晃试剂管 15 s。

(7)启动仪器定时器。计时反应 3 min。

(8)计时时间结束后,将试剂管的盖子打开,分别向两个试剂管中各加入一包总氮 B 试剂粉包;盖上盖子,上下摇晃试剂管 15 s。此时溶液应该变成黄色。

(9)启动仪器定时器,计时反应 2 min。

(10)计时时间结束后,打开两个总氮 C 试剂管,将 2 mL 样品消解液加入一个总氮 C 试剂管中,将 2 mL 空白值消解液加入第二个总氮 C 试剂管中。

(11)盖上盖子并倒转试剂管 10 次以混合均匀。缓慢地、小心地倒转试剂管。

(12)启动仪器定时器,计时反应 5 min。此时溶液的黄色应该变深。

(13)计时结束后,将空白值的试剂管擦拭干净,并将它放入 16 mm 圆形适配器中。

(14)按下"Zero"(零)键进行仪器调零,这时屏幕将显示:0.0 mg/L N。

(15)将装有样品的试剂管擦拭干净,放入 16 mm 圆形适配器中。按下"Read"(读数)键读取总氮含量,结果以 mg/L N 为单位。

c. 测试结果

完成上述步骤后,直接从 DR 900 多参数比色计上读出测量结果。

图 3-8 总氮测试实验过程

3.2.2.3 浊度检测方法

a. 试剂与仪器

试剂与材料：超纯水、浊度标准使用液（400 NTU）、0.45 μm 滤膜（图 3-9）。

仪器：WGA-2000 浊度计（上海仪电物理光学仪器有限公司）。

b. 样品处理步骤

（1）打开电源开关（在仪器后方），将仪器预热半小时左右。

（2）放入超纯水进行零点校准。将浊度标准使用液稀释成不同浓度点，对仪器进行标准系列校准。

（3）把被测样品装入样品瓶中，然后放入仪器，瓶上的十字对准凹口，盖好遮光罩，这时显示读数即为被测试样品的浊度值，单位为 NTU（浊度单位）。

（4）空白测定，按照样品测试条件对超纯水进行测定。

图 3-9　浊度测试仪

c. 测试结果

直接从浊度计上读出测量结果。

3.2.2.4 叶绿素 a 检测方法

a. 试剂与仪器

试剂与材料：丙酮溶液（丙酮∶水 =900∶100）、抽滤装置、玻璃研钵、玻璃刻度离心管（15 mL）、玻璃纤维滤膜（直径 47 mm）、针式过滤器（0.22 μm 有机针式过滤器）（图 3-10）。

仪器：Lambda 750 s 紫外可见近红外分光光度计（美国 PE 公司）。

b. 样品处理步骤

（1）用量筒量取 100 mL 混匀的样品，装好玻璃纤维滤膜进行减压抽滤，用少量水冲洗滤器壁,在样品刚刚完全通过滤膜时结束抽滤,用镊子将滤膜取出,将有样品的一面对折,用滤纸吸干滤膜水分。

(2)将样品滤膜放入研磨装置,加入 3~4 mL 丙酮溶液,研磨至糊状。补加 3~4 mL 丙酮溶液,继续研磨,重复 1~2 次,充分研磨 5 min 以上。将完全破碎后的细胞提取液转移至玻璃刻度离心管中,用丙酮溶液冲洗研钵及研钵杵,将其一并转入离心管中,定容至 10 mL。

(3)将离心管中的研磨提取液充分振荡均匀后,用铝箔包好,放置 4℃避光浸泡提取 2 h 以上,不超过 24 h。在浸泡过程中颠倒摇匀 2~3 次。

(4)用针式过滤器过滤上清液,得到叶绿素 a 的丙酮提取液待测。

(5)将试样移至比色皿中,以丙酮溶液为参比溶液,于波长 750 nm、664 nm、647 nm、630 nm 处测量吸光度。

c. 测试结果

试样中叶绿素 a 的质量浓度(mg/L),计算公式如下:

图 3-10　叶绿素 a 测试实验过程

$$\rho_1 = 11.85 \times (A_{664} - A_{750}) - 1.54 \times (A_{647} - A_{750}) - 0.08 \times (A_{630} - A_{750})$$

式中,ρ_1 为试样中叶绿素 a 的质量浓度,mg/L;A_{664} 为试样在 664 nm 波长下的吸光度值;A_{647} 为试样在 647 nm 波长下的吸光度值;A_{630} 为试样在 630 nm 波长下的吸光度值;A_{750} 为试样在 750 nm 波长下的吸光度值。

样品中叶绿素 a 的质量浓度(μg/L),计算公式如下:

$$\rho = \frac{\rho_1 V_1}{V}$$

式中,ρ 为样品中叶绿素 a 的质量浓度,μg/L;ρ_1 为试样中叶绿素 a 的质量浓度,mg/L;V_1 为试样的定容体积,mL;V 为取样体积,L。

3.3 水质参数反演模型构建

3.3.1 多光谱无人机简介

本研究采用大疆公司的精灵 4 多光谱版系列无人机 P4 Multispectral（图 3-11），它是一款具备多光谱成像功能的航拍飞行器。相机使用 6 个 1/2.9 英寸（1 英寸 = 2.54 cm，以下同）CMOS 影像传感器，包括 1 个用于可见光成像的彩色传感器和 5 个用于多光谱成像的单色传感器（图 3-12），可同时拍摄 JPEG 可见光成像和 TIFF 多光谱成像。该款无人机所搭载的 Mica Sense Red Edge 多光谱传感器是一款目前来说较为先进的多光谱传感器，是专门为小型无人机设计的，体积小、重量轻，便于飞行，能提供蓝（B）450 nm ± 16 nm、绿（G）560 nm ± 16 nm、红（R）650 nm ± 16 nm、红边（RE）730 nm ± 16 nm、近红外（NIR）840 nm ± 26 nm 共 5 个光谱带的数据，基本可以满足当下水质参数反演的实验要求。机身预装机载 D-RTK，可提供厘米级高精度准确定位，实现更为精准的航拍作业。具体参数如表 3-2 所示。

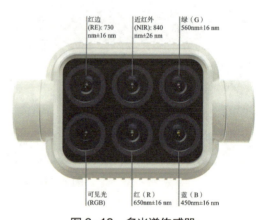

图 3-11 大疆精灵 4 多光谱版无人机　　　图 3-12 多光谱传感器

表 3-2 大疆精灵 4 多光谱版无人机的主要技术参数

项目	技术参数
起飞重量	1487 g
速度测量范围	14 m/s
最大飞行海拔高度	6000 m
单次飞行时间	约 27 min
采集效率	单次飞行最大作业面积约 0.63 km²

(续)

项目	技术参数
影像传感器	6 个 1/2.9 英寸 CMOS，包括 1 个用于可见光成像的彩色传感器和 5 个用于多光谱成像的单色传感器 单个传感器：有效像素 208 万（总像素 212 万）
滤光片	蓝（B）：450 nm ± 16 nm； 绿（G）：560 nm ± 16 nm； 红（R）：650 nm ± 16 nm； 红边（RE）：730 nm ± 16 nm； 近红外（NIR）：840 nm ± 26 nm
镜头	FOV：62.7°；焦距：5.74 mm（35 mm 格式等效：40 mm）； 无穷远固定焦距；光圈：f/2.2
照片最大分辨率	1600×1300（4:3.25）
悬停精度	启用 RTK 且 RTK 正常工作时：垂直 ±0.1 m；水平 ±0.1 m 未启用 RTK 时： 垂直 ±0.1 m（视觉定位正常工作时）；±0.5 m（GNSS 定位正常工作时） 水平 ±0.3 m（视觉定位正常工作时）；±1.5 m（GNSS 定位正常工作时）
多频多系统高精度 RTK GNSS	使用频点：GPS 为 L1/L2；GLONASS 为 L1/L2；BeiDou 为 B1/B2；Galileo 为 E1/E5 首次定位时间：< 50 s 定位精度：垂直 1.5 cm + 1 ppm（RMS）；水平 1 cm + 1 ppm（RMS） 速度精度：0.03 m/s

备注：相关参数来源于用户手册。

3.3.2 光谱数据采集与处理

在水样采集的同一时间，选择晴朗无风、视野较好的天气条件，在研究区域正上方采用大疆精灵 4 多光谱版无人机，设置合适的飞行航线和重叠率，利用其搭载的五通道多光谱传感器，获取重要湿地的多光谱原始数据（图 3-13～图 3-15）。由于海口空域飞行高度限制，无人机的飞行高度统一设置为 120 m。

采用大疆智图平台对原始图像进行辐射校正、空间二维多光谱重建等处理，获取可用的光谱反射率数据。为便于后文描述，本研究将 Blue、Green、Red、Red Edge 和 NIR 5 个光谱带的数据，分别定义为 R_1、R_2、R_3、R_4 和 R_5。

相对卫星遥感影像，多光谱传感器获取的影像在处理过程上较为简便，可以省去复杂烦琐的大气校正过程，只需要采用与多光谱传感器配套的软件，将获取的影像数据导出，即可得到光谱反射率数据。将选择的影像导入 ArcGIS 10.3 软件，根据经纬度坐标，找到水面采样点，分别构建以采样点为中心的 PPI 矩阵作为感兴趣区域，以区域内所有点的平均光谱反射率作为该点的光谱反射率数据，共获得 100 组与实验检测数据相对应的水质光谱反射率数据。经多次测试，本研究以采样点为中心的 6×6（PPI）矩阵为 ROI，可以减弱因为取水仪器的大小造成的误差。

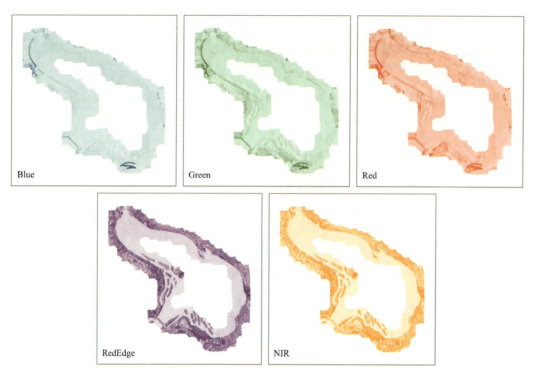

图 3-13 乾坤湖水面多光谱影像

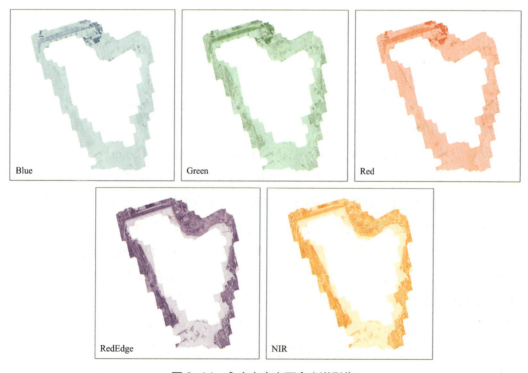

图 3-14 永庄水库水面多光谱影像

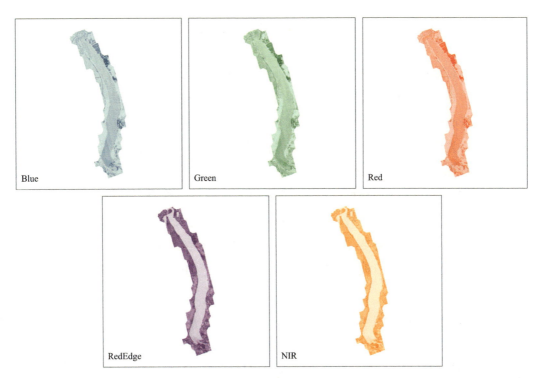

图 3-15　长钦湖水面多光谱影像

3.3.3　光谱参数构建

为了降低背景信息的干扰，提取有效的光谱信息，需要尝试多样化的组合计算模式。通过对以往水质参数反演遥感研究中所使用的组合计算公式进行筛选（刘彦君等，2019），选定对 TP、TN、TUB、Chl-a 等 4 种参数较为敏感的波段及波段组合，得出如表 3-3 所示的满足本实验需求的光谱参数组合计算公式。

表 3-3　光谱参数及组合计算公式

光谱参数	计算公式	光谱参数	计算公式
V1	R_1	V9	$(R_2+R_3)/R_5$
V2	R_2	V10	$(R_2+R_3)R_5$
V3	R_3	V11	$R_1/(R_5+R_2)$
V4	R_4	V12	R_2+R_3
V5	R_5	V13	$R_2+R_3+R_5$
V6	R_3/R_2	V14	R_3/R_5
V7	R_2+R_5	V15	R_2/R_1
V8	$(R_3+R_5)/R_2$	V16	R_5/R_1

3.3.4 水质参数反演模型构建

参考以往水质要素反演研究（章佩丽等，2022；朱云芳等，2017），筛选不同波段组合，将采样测得的水质要素实测值与构建的波段组合光谱参数（V1～V16）之间进行 Pearson 相关性分析，选定对水质参数较为敏感的光谱参数（显著水平 $P<0.05$）。为避免无人机在飞行的过程中受光照、风速等客观因素的影响，根据显著性达标数据的散点图来剔除异常值（刘彦君等，2019）。从获得数据中随机抽出 20 组数据用于检验，剩余数据以光谱参数作为自变量，水质参数作为因变量绘制散点图，根据趋势线的 R^2 判断相关性达标数据中最适用于拟合的数据。最终筛选出最优的光谱参数作为自变量，选择其对应的水质参数作为因变量，利用 SPSS 软件分别构建一元线性回归模型（U）、指数函数模型（E）、幂函数模型（P）和多项式函数模型（PL）。

（1）线性函数一般形式如下：

$$f_{(x)} = mx + b$$

式中，b 为被解释变量，光谱的波段计算值为自变量，水质参数的浓度为因变量。

（2）指数函数一般形式如下：

$$f_{(x)} = a^x \ (a > 0 \ 且 \ a \neq 1)$$

式中，a 为被解释变量，光谱的波段计算值为自变量，水质参数的浓度为因变量。

（3）幂函数一般形式如下：

$$f_{(x)} = x^a \ (a \ 为有理数)$$

式中，a 为被解释变量，光谱的波段计算值为自变量，水质参数的浓度为因变量。

（4）多项式函数一般形式如下：

$$Y_i = \beta_0 + \beta_1 X_{1i} + \beta_2 X_{2i} + \cdots + \beta_k X_{ki} + \mu_i, \ i=1, 2, \cdots, n$$

式中，β 为模型的截距项；β_1、β_2、$\cdots$、β_k 为待估计参数；X_{1i}、X_{2i}、X_{ki} 为解释变量；μ_i 为误差项。光谱的波段计算值为自变量，水质参数的浓度为因变量。

3.3.5 模型精度评价

为对上述模型进行检验，将检验样本的水质参数实测值与模型计算所得的估测值进行拟合分析。通过拟合方程的决定系数 R^2、均方根误差、回归方程的斜率来评估反演模型的精度。通常均方根误差越小、R^2 和拟合方程的斜率越接近于 1，模型的精度越高（曹引等，2017；黄昕晰等，2020）。计算公式如下：

$$R^2 = 1 - \frac{\sum_{i=1}^{n}(y_i - \hat{y}_i)^2}{\sum_{i=1}^{n}(y_i - \bar{y})^2}$$

$$RMSE = \sqrt{\frac{\sum_{i=1}^{n}(\hat{y}_i - y_i)^2}{n}}$$

式中，y_i 为第 i 个采样点的水质参数实测值；$\hat{y}_i$ 为第 i 个采样点的水质参数反演值；$\bar{y}$ 为水质参数实测值的平均值；n 为建模或验证模型所用采样点的个数。

3.4 水质参数空间分析与评价

3.4.1 水质参数空间制图方法

3.4.1.1 反距离权重法

空间插值法被广泛用于资源管理、灾害管理和生态环境治理中，其中应用较多的有反距离权重法、克里金法、样条函数法、趋势面法和多元回归等一系列模型方法。空间异质性是空间插值研究的隐含前提，要素的非均匀空间分布是进行空间插值的前提，空间相关性是空间插值研究的基础（孙惠玲等，2017）。反距离权重法即使用若干个实测点 $Z(x_i, y_i)$ 来推求未知点 $Z_0(x_0, y_0)$ 的一种方法，一般来说，首先要计算出预测点周围每个实测点的权重，然后根据线性加权法计算出 Z_0 的预测值，具体公式如下：

$$W_i = \frac{1/d_i}{\sum_{i=1}^{n} 1/d_i}$$

$$Z_0 = \sum_{i=1}^{n} \lambda_i (x_i, y_i)$$

式中，d_i 为预测点周围各实测点到预测点之间的距离。

研究区域水质状况不同程度受空间分布、地形、上游入库河流等因素的影响，导致研究区域水环境中各污染指标含量不均，存在空间异质性。在多光谱影像数据拼接的过程中，由于水面中央无特征参照点，无法解决水面中央多光谱数据的拼接问题。因此，本研究计划利用水岸周边的水质参数反演结果，采用 ArcGIS 空间分析模块中的 IDW 空间插值工具，通过空间插值的方式获取水面中部的水质空间分布情况，以解决水面中央光谱数据空缺的问题，有效开展海口市重要湿地水质空间变化情况的研究。

3.4.1.2 自然断点法

自然断点法亦称为 Jenks 自然间断点分级法，是一种单变量分类方法，分类原则为使分类对象类内方差最小、类间方差最大。该方法基于聚类分析中的单变量分类方法，在分级数确定的情况下，通过绘制数据值的频率，以方差拟合优度方法，通过迭代计算类间自然存在的数据断点，使类中的差异最小化，类间的差异最大化，从而对数据中的相似值进行最恰当的分组。在对研究区域内水质状况进行空间等级划分时，采用自然断点分级法，将面要素集合分为 7 级，并以分级界限作为水质参数的空间阈值。自然断点法的实现过程分为以下 3 步。

（1）给定样本集合 $x=\{x_1, x_2, \cdots, x_m\}$，计算该集合的偏差平方和、样本均值：计算数组"平均值的偏差平方和"（SDAM）。

$$SDAM = \sum_{i=1}^{n}(x_i - \bar{x})^2$$

$$\bar{x} = \frac{1}{m}\sum_{i=0}^{m} x_i$$

式中，SDAM 为样本集合的偏差平方和；x_i 为第 i 个样本（设共有 m 个样本）；$\bar{x}$ 为样本均值。

（2）设集合 x 共划分了 k 个类簇：$C_1, C_2, \cdots, C_k$，依次计算每个类簇的偏差平方和：$SDAM_{C1}$、$SDAM_{C2}$、$\cdots$、$SDAM_{Ck}$，对其求总和：

$$SDCM_t = \sum_{j=1}^{k} SDAM_{ct}, \quad t = 1, 2, \cdots, C_m^k$$

式中，$SDCM_t$ 为样本集合划分为 k 个类簇的第 t 种划分法所对应的所有类簇的总偏差平方和，依次计算所有 C_m^k 种划分法的值：$SDCM_1$、$SDCM_2$、$\cdots$、$SDAM_{C_m^k}$，选择其中最小的一个值作为最终结果 $SDCM_{min}$，该值对应的分类范围即为最佳分类。

（3）拟合优度验证。计算各种分类的梯度 GVF_i：

$$GVF_i = (SDAM - SDCM_t)/SDAM_t$$

式中，$0 \leq GVF_i \leq 1$，梯度越大表示类间差异越大，当 $GVF_i = 0$ 时表示糟糕拟合，当 $GVF_i = 1$ 时表示完美拟合。步骤（2）中 $SDCM_{min}$ 对应的分类梯度值最大，可验证自然断点分级法结果最为理想。

3.4.2 水质评价方法

3.4.2.1 归一化处理

由于水质参数的量纲不同，在进行水质综合分析前要将所有的变量进行归一化处理。归一化是将有量纲的数值经过变换，转化为无量纲数值，进而消除各指标的量纲差异，归一化之后所有数值的范围为 [0, 1]。计算公式为正向指标：
$$x' = \frac{x - x_{\min}}{x_{\max} - x_{\min}}$$

负向指标：
$$x' = \frac{x_{\max} - x}{x_{\max} - x_{\min}}$$

式中，x' 为归一化后的数据；x 为原始的水质参数数据；$x_{\min}$ 为水质参数最小值；$x_{\max}$ 为水质参数最大值。

3.4.2.2 层次分析法

层次分析法是1977年由美国运筹学家托马斯·萨迪（Thomas L Saaty）提出的一种多目标决策分析方法，其基本原理是通过已有数据和评价指标将复杂的问题层次化分解，建立一个具有相互内在联系及隶属关系的层次结构模型，然后根据一定标准化原则，两两比较构造判断矩阵，最终把问题归结为最下层相对于最上层的权重值及排序问题。它依据数学模型，将评价体系从定性向定量过渡，具备诸多优点，广泛运用于土地利用规划、环境评价和社会经济分析等领域。层次分析法步骤如下所示。

（1）构建判断矩阵

邀请20名相关领域测试者采用层次分析法1~9比例标度，对总磷、总氮、浊度和叶绿素a重要程度通过两两对比建立判断矩阵（表3-4和表3-5）。

表3-4 层次分析法判断矩阵

A	B_1	B_2	B_3	…	B_n
B_1	a_{11}	a_{12}	a_{13}	…	a_{1n}
B_2	a_{21}	a_{22}	a_{23}	…	a_{2n}
B_3	a_{31}	a_{32}	a_{33}	…	a_{3n}
…	…	…	…	a_{ii}	…
B_n	a_{n1}	a_{n2}	a_{n3}	…	a_{nn}

注：矩阵中 a_{ij} 为两个因子（a_i 和 a_j）的相对重要比例标度，任何判断矩阵都应满足 $a_{ii}=1$，$a_{ij}=1/a_{ji}$。

表3-5 因子对比时重要性等级及其赋值

序号	重要性等级	a_{ij} 赋值	序号	重要性等级	a_{ij} 赋值
1	i, j 两因子同样重要	1	6	i 因子比 j 因子稍不重要	1/3
2	i 因子比 j 因子稍重要	3	7	i 因子比 j 因子明显不重要	1/5
3	i 因子比 j 因子明显重要	5	8	i 因子比 j 因子强烈不重要	1/7
4	i 因子比 j 因子强烈重要	7	9	i 因子比 j 因子极端不重要	1/9
5	i 因子比 j 因子极端重要	9			

注：在上述两相邻判断的中间值时，a_{ij} 可赋值2、4、6、8、1/2、1/4、1/6、1/8。

（2）一致性检验

为了确保专家主观评价的精确度，消除指标两两对比时产生的误差，有必要对其判断矩阵作一致性检验。计算公式为：

$$CI = -\frac{\sum_{i=2}^{n}\lambda_i}{n-1} = \frac{\lambda_{\max}-n}{n-1}$$

式中，n 为判断矩阵阶数；$\lambda_{\max}$ 为判断矩阵最大特征值。

判断矩阵通过检验的条件是 $CR=CI/RI<0.10$；若 $CR=CI/RI \geq 0.10$，则需要进行调整，直到满足条件为止。其中随机一致性指标的 RI 取值见表 3-6。

表 3-6 一致性指标 RI 值

阶数	1	2	3	4	5	6	7	8	9	10	11
RI 值	0	0	0.58	0.96	1.12	1.24	1.32	1.41	1.45	1.49	1.52

（3）指标权重计算

指标权重的计算原理是采用公式：

$$W_i = \frac{\sqrt[n]{\prod_{j=1}^{n}a_{kj}}}{\sum_{k=1}^{n}\sqrt[n]{\prod_{j=1}^{n}a_{kj}}}$$

式中，W_i 为指标权重；i, j, k 为 $1, 2, 3, \cdots, n$；a_{ij} 为两个因子相对重要比例标度。本研究采用层次分析法软件 yaahp V12.0 软件计算各指标权重值。

3.4.3 景观格局分析

3.4.3.1 景观类型分类

为了定量分析重要湿地周边的土地利用景观类型及其景观配置对水质的影响，并考虑到现有土地利用产品不足以反映复杂小微湿地范围内的土地覆被细节，本研究为提高土地利用景观类型的分类精度，采用国土变更调查数据，获取重要湿地周边土地利用景观类型，在 ArcGIS 10.3 平台下，参照《土地利用现状分类》（GB/T 21010—2017）标准，将湿地周边的土地利用类型进行归类合并，最终分为乔木林地、灌木林地、草地、水田、旱地、水域、道路、建设用地和未利用地等 9 种土地利用景观类型（图 3-16）。

3.4.3.2 景观格局指数选取

景观格局指数是指能够高度浓缩景观格局信息、反映景观结构组成和空间配置某些方面特征的定量指标，能够通过描述景观格局进而建立景观结构与过程或现象

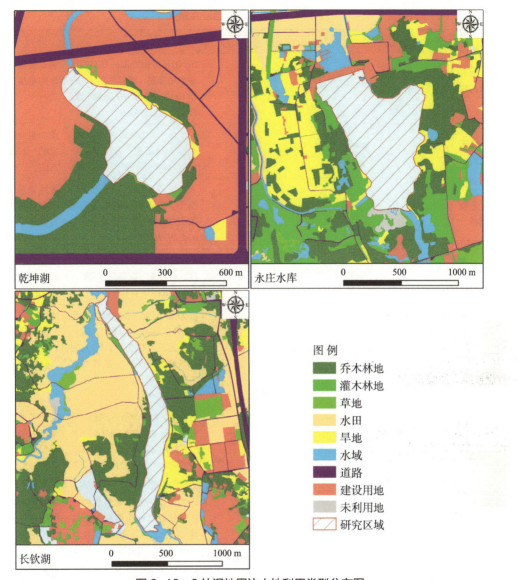

图 3-16　3 处湿地周边土地利用类型分布图

的联系，是景观生态学研究的重要方法（邬建国，2007）。

本书参考相关文献，结合研究区的实际情况，分别从类型水平和景观水平上选取斑块密度、最大斑块指数、景观分裂指数、景观形状指数、聚集度指数、蔓延度指数、香农多样性指数和香农均匀度指数等（Zhang et al., 2019；范雅双等，2021），包括密度、面积、边缘、形状、聚散性和多样性等 6 个维度的格局指数，各景观指数模型的计算公式和生态学意义见表 3-7（邬建国，2007）。考虑到空间分析精度的一致性，借助 ArcGIS 将研究区域景观分类矢量图转换为 .grid 格式，并导入 Fragstats 4.2 进行景观格局指数的计算分析。

表 3-7 景观格局指数及其意义

景观指数	计算公式	变量说明及取值范围	生态意义
斑块密度	$PD = NP/A$	NP 和 A 分别为某一景观的斑块数和面积，计算结果 PD 表示 100 hm² 范围内的斑块个数。取值范围：$PD \geq 0$	表征景观异质性的重要指标之一
最大斑块指数	$LPI = \dfrac{\max(a_1, a_2, \cdots, a_n)}{A}（100）$	$a_1, a_2, \cdots, a_n$ 为各斑块的面积，A 为景观面积。取值范围：$0 < LPI \leq 100$	反映景观优势度的一种简单方法
景观分裂指数	$DIVISION = \dfrac{\sqrt{AN_i}}{2A_i}$	A 为景观总面积；A_i 为景观类型 i 的面积；N_i 为景观类型 i 的斑块个数。取值范围：$0 \leq DIVISION \leq 1$	表述景观类型中各斑块的分离程度
景观形状指数	$LSI = \dfrac{0.25E}{\sqrt{A}}$	E 为景观类型斑块边界的总长度；A 为景观类型的总面积。取值范围：$0 \leq LSI \leq 3$	反映景观形状的复杂程度
聚集度	$AI = \left[\sum\limits_{i=1}^{m} \left(\dfrac{g_{ii}}{\max g_{ii}} \right) p_i \right] \times 100$	g_{ii} 为基于单倍法的斑块类型 i 像元之间的结点数，$\max g_{ii}$ 为上述表达中的最大值，p_i 为斑块类型 i 在所有景观类型中的面积占比。取值范围：$0 < AI \leq 100$	描述景观类型的聚集程度
蔓延度指数	$CONTAG = \left\{ 1 + \dfrac{\sum\limits_{i=1}^{m}\sum\limits_{k=1}^{m} \left[(P_i) \left(\dfrac{g_{ik}}{\sum\limits_{k=1}^{m} g_{ik}} \right) \right] \left[\ln(P_i) \left(\dfrac{g_{ik}}{\sum\limits_{k=1}^{m} g_{ik}} \right) \right]}{2\ln(m)} \right\}(100)$	P_i 为 i 类型斑块所占的面积百分比，g_{ik} 为 i 类型斑块与 k 类型斑块毗邻的数目，m 为景观中的斑块类型总数目。取值范围：$0 < CONTAG \leq 100$	反映了景观里斑块类型的团聚程度或延展趋势，包含了空间信息
香农多样性指数	$SHDI = -\sum\limits_{i=1}^{m} (P_i \times \ln P_i)$	P_i 为类型 i 在整个景观中所占的比例，m 为景观中斑块类型的总数。取值范围：$SHDI \geq 0$，无上限	反映景观异质性和多样性程度
香农均匀度指数	$SHEI = \dfrac{-\sum\limits_{i=1}^{m}(P_i \times \ln P_i)}{\ln(m)}$	P_i 为类型 i 在整个景观中所占的比例，m 为景观中斑块类型的总数。取值范围：$0 \leq SHEI \leq 1$	表达整体景观中不同的斑块类型在面积上分布的均匀程度

3.4.3.3 相关性分析

在采样点缓冲区尺度上，考虑到研究区域湿地水体流向不定且无法确定明显的上下游关系，因此，采用以水体采样点的圆形缓冲区为分析单元，根据已有水质与土地利用的尺度效应的相关研究为依据确定缓冲区半径（宋继鹏等，2022），本研究按照 60 m、80 m、100 m、120 m 和 140 m 的半径设置 5 级缓冲区。为便于数据分析，在 3 处典型湿地各随机选取 30 个分布均匀的采样点代表湿地局部水体质量与景观格局做相关性分析，统计分析并绘制每个缓冲区下的景观类型组成和景观格局指数。

利用相关分析法，计算各水体采样点 TP、TN、TUB、Chl-a 浓度与各缓冲区尺度上的景观类型占比、景观格局指数进行 Spearman 相关分析。采用 Microsoft Excel 对各湿地水质数据与景观组成和景观格局指数进行数据处理，采用 SPSS 22.0 对各类数据进行统计分析。

第4章
水体总磷浓度反演

总磷是水质监测的重要指标之一。自然水环境中能够被浮游植物和沉水植物吸收的主要是可溶性磷酸盐，磷超标会导致水体富营养化，造成水体恶臭。随着农业和城市化的发展，大量生活污水和工业废水排入河流、水库、湖泊，使水中磷、氮含量快速增加，导致藻类过度繁殖打破了生态平衡，水体富营养化日益严重，成为我国环境污染重点治理对象之一，其中磷的输入是富营养化的主要原因。水体富营养化是一个长期累积变化的过程，只有掌握了水体中总磷的时空变化规律，才能进一步分析这些变化的影响因素。遥感技术的发展为研究区的总磷浓度监测提供了大量的光谱遥感数据，使从水体总磷浓度长时间序列变化的角度探讨富营养化与人类活动的响应关系成为可能。

本章内容基于无人机多光谱数据，选取美舍河的乾坤湖、五源河的永庄水库、潭丰洋的长钦湖等3处典型水体区域作为研究区，探讨不同水体总磷浓度光谱特征，尝试构建适用于湿地水体且具有一定普适性的总磷浓度遥感估算模型，揭示湿地总磷浓度长时间序列和时空格局并分析其变化规律，这对富营养化湿地总磷浓度监测具有积极意义，可为我省富营养化湿地水体的水环境和水生态修复提供重要参考。

4.1 总磷浓度反演数据相关性分析

将乾坤湖、永庄水库、长钦湖3处湿地水体采样测得的总磷值与构建的光谱参数（V1~V16）进行 Pearson 相关性分析，得出皮尔森相关系数。皮尔森相关系数是一种线性相关系数。皮尔森相关系数是用来反映两个变量线性相关程度的统计量。相关系数用 r 表示，其中 n 为样本量。r 描述的是两个变量间线性相关强弱的程度。r 的绝对值越大表明相关性越强。因此在相关性分析的基础上，选择 TP 水质参数指标所对应的若干显著水平小于 0.05，符合统计学要求的光谱参数数据进行下一步分析。

旱季乾坤湖、永庄水库、长钦湖总磷与光谱参数的相关性分析结果如表 4-1 所示：乾坤湖符合 TP 要求的光谱参数有 V8、V9、V14、V15、V16 共 5 组，其中相关性最好的为 V14 光谱参数，相关系数整体上达到了 -0.357；永庄水库符合 TP 要求的光谱参数有 V6 共 1 组，相关系数整体上达到了 0.274；长钦湖符合 TP 要求的光谱参数有 V1 共 1 组，相关系数整体上达到了 -0.190。

表 4-1　旱季光谱参数与总磷（TP）的相关系数

光谱参数	乾坤湖		永庄水库		长钦湖	
	相关性	显著性	相关性	显著性	相关性	显著性
V1	-0.009	0.929	0.088	0.370	-0.190*	0.047
V2	-0.129	0.201	0.092	0.350	-0.186	0.051
V3	-0.051	0.617	0.167	0.087	-0.184	0.055
V4	0.153	0.129	0.106	0.281	-0.166	0.083
V5	0.031	0.759	0.155	0.113	-0.183	0.055
V6	0.092	0.363	0.274**	0.005	-0.130	0.175
V7	0.007	0.944	0.107	0.275	-0.183	0.056
V8	0.219*	0.029	0.161	0.099	-0.094	0.327
V9	-0.350**	0.000	0.011	0.912	0.039	0.686
V10	0.069	0.497	0.098	0.318	-0.161	0.092
V11	-0.031	0.759	-0.086	0.378	0.015	0.880
V12	-0.090	0.371	0.134	0.172	-0.185	0.053
V13	-0.016	0.875	0.135	0.168	-0.184	0.055
V14	-0.357**	0.000	0.080	0.415	0.018	0.854
V15	-0.228*	0.023	0.027	0.781	0.017	0.864
V16	0.202*	0.043	0.058	0.553	-0.054	0.572

注：*表示在 0.05 水平上相关性显著；**表示在 0.01 水平上相关性显著。

雨季乾坤湖、永庄水库、长钦湖总磷与光谱参数的相关性分析结果如表 4-2 所示：乾坤湖符合 TP 要求的光谱参数有 V1、V3、V6、V11、V15 共 5 组，其中相关性最好的为 V15 光谱参数，相关系数整体上达到了 0.274；永庄水库符合 TP 要求的光谱参数有 V2 共 1 组，相关系数整体上达到了 0.197；长钦湖符合 TP 要求的光谱参数有 V11、V15 共 2 组，其中相关性最好的为 V15 光谱参数，相关系数整体上达到了 0.200。

表 4-2 雨季光谱参数与总磷（TP）的相关系数

光谱参数	乾坤湖		永庄水库		长钦湖	
	相关性	显著性	相关性	显著性	相关性	显著性
V1	−0.238*	0.018	0.079	0.437	0.084	0.403
V2	−0.174	0.085	0.197*	0.049	0.135	0.180
V3	−0.209*	0.038	0.162	0.106	0.147	0.144
V4	−0.068	0.504	0.019	0.851	0.107	0.290
V5	−0.119	0.240	0.021	0.836	0.143	0.156
V6	−0.208*	0.039	0.018	0.860	0.147	0.145
V7	−0.127	0.211	0.112	0.265	0.134	0.183
V8	−0.094	0.353	−0.028	0.778	0.144	0.153
V9	0.184	0.068	0.096	0.340	0.062	0.539
V10	−0.106	0.298	0.031	0.762	0.136	0.177
V11	−0.219*	0.029	−0.063	0.536	−0.197*	0.050
V12	−0.183	0.055	0.186	0.064	0.143	0.157
V13	−0.161	0.111	0.137	0.174	0.143	0.157
V14	0.159	0.117	0.123	0.221	0.088	0.384
V15	0.274**	0.006	0.114	0.260	0.200*	0.046
V16	0.004	0.669	−0.008	0.934	0.063	0.534

注：* 表示在 0.05 水平上相关性显著；** 表示在 0.01 水平上相关性显著。

4.2 总磷浓度反演参数选择

受光照、飞行速度、风速等客观因素的影响，数据中往往会存在一些异常数据，导致整体数据的相关性不足，因此，在符合统计学要求的基础上，绘制相关性达标数据的散点图，根据散点图去除异常数据。从获得的数据中随机抽出 20 组用于检验，剩余数据以光谱参数作为自变量，水质参数作为因变量绘制散点图，根据趋势线的 R^2 判断相关性达标数据中最适用于拟合的数据。

如图 4-1 所示为乾坤湖水质参数显著性达标数据散点图，从图中可以看出，旱季乾坤湖以 TP 为因变量的散点图中，光谱参数 V9、V14 的趋势线 R^2 值最高，$R^2_{TP-V9}=0.1597$、$R^2_{TP-V14}=0.1578$；雨季乾坤湖以 TP 为因变量的散点图中，光谱参数 V1、V15 的趋势线 R^2 值最高，$R^2_{TP-V1}=0.12$、$R^2_{TP-V15}=0.1416$；根据趋势线分别去除异常数据，乾坤湖的剩余样本数均为 $n=50$。

如图 4-2 所示为永庄水库水质参数显著性达标数据散点图，从图中可以看出，旱季永庄水库以 TP 为因变量的散点图中，光谱参数 V6 的趋势线 R^2 值最高，

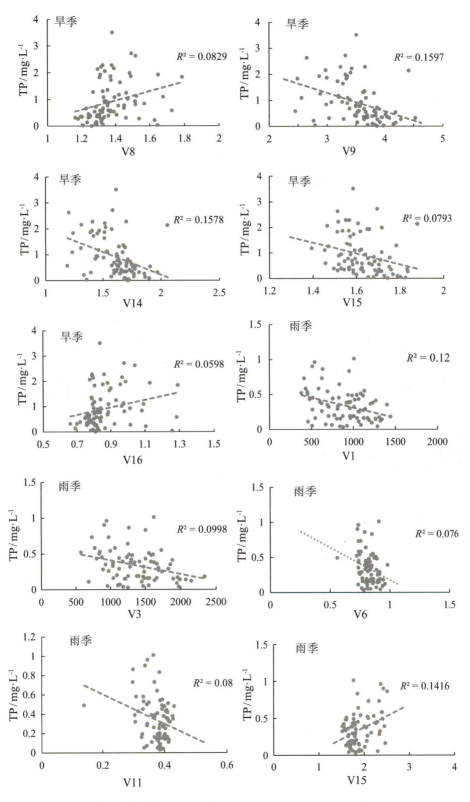

图 4-1 乾坤湖总磷（TP）显著性达标数据散点图

$R^2_{TP\text{-}V6}$=0.0537；雨季永庄水库以总磷为因变量的散点图中，光谱参数 V2 的趋势线 R^2 值最高，$R^2_{TP\text{-}V2}$=0.0357；根据趋势线分别去除异常数据，永庄水库的剩余样本数均为 n=50。

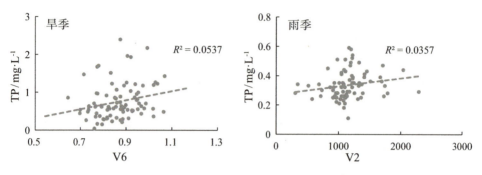

图 4-2　永庄水库总磷（TP）显著性达标数据散点图

如图 4-3 所示为长钦湖水质参数显著性达标数据散点图，从图中可以看出，旱季长钦湖以 TP 为因变量的散点图中，光谱参数 V1 的趋势线 R^2 值最高，$R^2_{TP\text{-}V1}$=0.0394；雨季长钦湖以 TP 为因变量的散点图中，光谱参数 V11、V15 的趋势线 R^2 值最高，$R^2_{TP\text{-}V11}$=0.0171、$R^2_{TP\text{-}V15}$=0.0303；根据趋势线分别去除异常数据，长钦湖的剩余样本数均为 n=50。

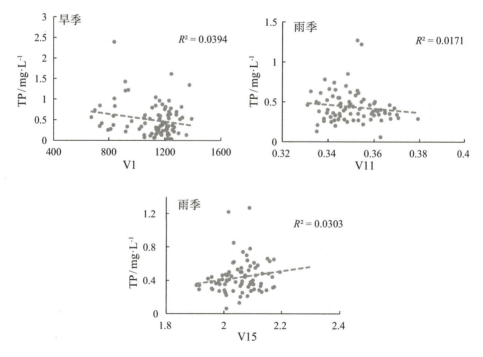

图 4-3　长钦湖总磷（TP）显著性达标数据散点图

4.3 总磷浓度反演模型构建

将乾坤湖、永庄水库、长钦湖剩余样本的最优光谱参数作为自变量，以其对应的总磷作为因变量，使用 SPSS 软件建立线性回归模型、指数模型、幂函数模型、多项式模型 4 种函数模型。将之前经过处理的光谱数据按照采样点进行对应数据的输入，分别生成 4 种模型，再根据模型的相关性系数来选择最优的模型进行预测。

旱季，乾坤湖以 V9、V14 为自变量，永庄水库以 V6 为自变量，长钦湖以 V1 为自变量，其分别以各自相对应的总磷作为因变量，构建一元线性回归模型，记为 U_{TP}；指数函数模型，记为 E_{TP}；幂函数模型，记为 P_{TP}；多项式模型，记为 PL_{TP}。通过拟合方程的决定系数 R^2、均方根误差（$RMSE$）、回归方程的斜率评价模型的估测能力和精度，一般来讲，R^2 以及拟合方程的斜率越接近于 1，均方根误差越小，模型的精度越高。旱季乾坤湖、永庄水库、长钦湖的总磷分别对应的反演模型如表 4-3 所示，分别对应模型的拟合结果如图 4-4～图 4-6 所示。

表 4-3 旱季总磷（TP）反演模型

采样点	TP 模型	TP 模型表达式	R^2	$RMSE$
乾坤湖	U_{TP9}	$y = -1.019x + 4.532$	0.2953	0.506
	U_{TP14}	$y = -2.393x + 4.785$	0.3034	0.503
	E_{TP9}	$y = 42.102e^{-1.139x}$	0.3078	0.549
	E_{TP14}	$y = 45.088e^{-2.543x}$	0.2860	0.557
	P_{TP9}	$y = 154.879x^{-4.231}$	0.3337	0.538
	P_{TP14}	$y = 6.066x^{-4.409}$	0.3243	0.542
	PL_{TP9}	$y = 2.225x^2 - 17.046x + 33.174$	0.5699	0.399
	PL_{TP14}	$y = 12.607x^2 - 43.890x + 38.697$	0.7473	0.308
永庄水库	U_{TP6}	$y = 2.505x - 1.474$	0.6243	0.177
	E_{TP6}	$y = 0.031e^{3.478x}$	0.5366	0.294
	P_{TP6}	$y = 0.986x^{2.944}$	0.5162	0.300
	PL_{TP6}	$y = 9.029x^2 - 13.242x + 5.318$	0.7156	0.155
长钦湖	U_{TP1}	$y = 0.001x - 0.296$	0.0793	0.258
	E_{TP1}	$y = 0.067e^{0.001x}$	0.0578	0.690
	P_{TP1}	$y = 0.000153x^{1.091}$	0.0330	0.699
	PL_{TP1}	$y = 9.204 - 06Ex^2 - 0.019x + 9.799$	0.6686	0.156

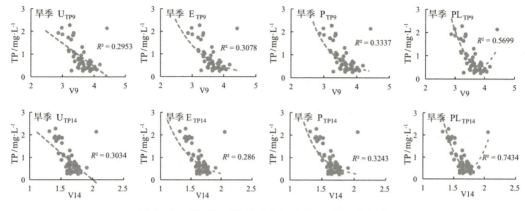

图 4-4　旱季乾坤湖总磷（TP）反演模型拟合图

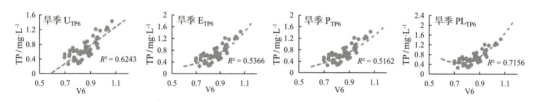

图 4-5　旱季永庄水库总磷（TP）反演模型拟合图

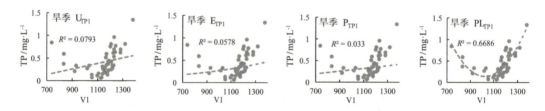

图 4-6　旱季长钦湖总磷（TP）反演模型拟合图

分别对乾坤湖、永庄水库、长钦湖的不同光谱参数自变量进行四种不同函数的模型拟合，最终各自得到关于总磷的反演模型。按照模型的决定系数 R^2 自大至小进行排序，可以看出在旱季乾坤湖中，前 4 个 R^2 较大的总磷反演模型依次是 PL_{TP14}、PL_{TP9}、P_{TP9}、P_{TP14}，它们的决定系数 R^2 依次为 0.7473、0.5699、0.3337 及 0.3243。结合 *RMSE* 值来看，可以明显看出，光谱参数 V14 用于旱季乾坤湖总磷模型的拟合具有更好的拟合效果，多项式拟合模型效果相对更好，拟合曲线的变化趋势呈现出大体的一致性，随着光谱反射率不断增大，总磷浓度先减少后增大。

旱季永庄水库中，前 4 个 R^2 较大的 TP 反演模型依次是 PL_{TP6}、U_{TP6}、E_{TP6}、P_{TP6}，它们的决定系数 R^2 依次为 0.7156、0.6243、0.5366 及 0.5162。结合 *RMSE* 值来看，可以明显看出，多项式拟合模型效果相对更好，拟合曲线的变化趋势呈现为随着光谱反射率不断增大，总磷浓度在不断增大。

旱季长钦湖中，前 4 个 R^2 较大的 TP 反演模型依次是 PL_{TP1}、U_{TP1}、E_{TP1}、P_{TP1}，

它们的决定系数 R^2 依次为 0.6686、0.0793、0.0578 及 0.0330。结合 $RMSE$ 值来看，可以明显看出，多项式拟合模型效果相对更好，拟合曲线的变化趋势呈现大体的一致性，随着光谱反射率不断的增大，总磷浓度先减少后增大。

雨季，乾坤湖以 V1、V15 为自变量，永庄水库以 V2 为自变量，长钦湖以 V11、V15 为自变量，以各自相对应的总磷作为因变量构建一元线性回归模型、指数函数模型、幂函数模型、多项式模型，分别对应的反演模型如表 4-4 所示，分别对应模型的拟合结果如图 4-7～图 4-9 所示。

表 4-4　雨季总磷（TP）反演模型

采样点	TP 模型	TP 模型表达式	R^2	$RMSE$
乾坤湖	U_{TP1}	$y = -4.136\text{E}-04x + 0.665$	0.3470	0.163
	U_{TP15}	$y = 0.499x - 0.660$	0.5370	0.138
	E_{TP1}	$y = 0.838\text{e}^{-0.001x}$	0.4158	0.473
	E_{TP15}	$y = 0.015\text{e}^{1.474x}$	0.5094	0.435
	P_{TP1}	$y = 330.584x^{-1.069}$	0.3834	0.485
	P_{TP15}	$y = 0.038x^{2.916}$	0.4985	0.440
	PL_{TP1}	$y = 1.351\text{E}-07x^2 - 0.0006532x + 0.760$	0.3502	0.164
	PL_{TP15}	$y = 0.716x^2 - 2.405x + 2.218$	0.5844	0.131
永庄水库	U_{TP2}	$y = 0.000151x + 0.147$	0.4972	0.043
	E_{TP2}	$y = 0.187\text{e}^{0.00045x}$	0.4620	0.137
	P_{TP2}	$y = 0.021x^{0.383}$	0.3395	0.152
	PL_{TP2}	$y = 6.971\text{E}-08x^2 - 1.363\text{E}-05x + 0.238$	0.5308	0.042
长钦湖	U_{TP11}	$y = -5.440x + 2.341$	0.3066	0.092
	U_{TP15}	$y = 1.166x - 1.950$	0.4767	0.080
	E_{TP11}	$y = 34.360\text{e}^{-12.569x}$	0.2788	0.227
	E_{TP15}	$y = 0.002\text{e}^{2.652x}$	0.4202	0.203
	P_{TP11}	$y = 0.004x^{-4.442}$	0.2796	0.227
	P_{TP15}	$y = 0.009x^{5.366}$	0.4152	0.204
	PL_{TP11}	$y = 46.622x^2 - 38.375x + 8.152$	0.3102	0.092
	PL_{TP15}	$y = 5.429x^2 - 20.958x + 20.568$	0.5364	0.076

按照模型的决定系数 R^2 自大至小进行排序，可以看出雨季乾坤湖中，前 4 个 R^2 较大的总磷反演模型依次是 PL_{TP15}、U_{TP15}、E_{TP15}、P_{TP15}，它们的决定系数 R^2 依次为 0.5844、0.5370、0.5094 及 0.4985。结合 $RMSE$ 值来看，可以明显看出，光谱参数 V15 用于雨季乾坤湖总磷模型的拟合具有更好的拟合效果，多项式拟合模型效

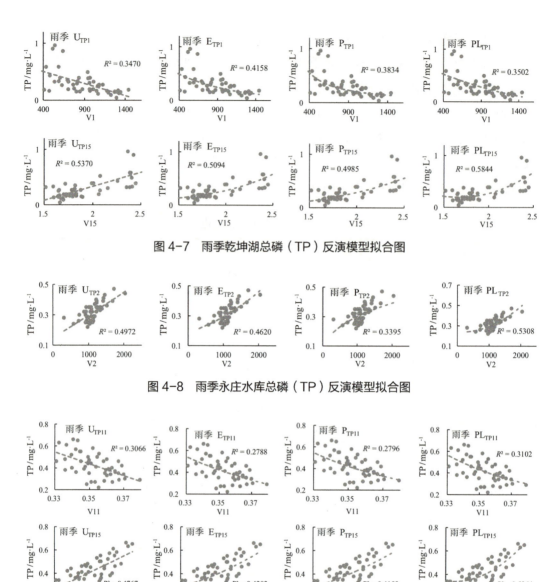

图 4-7 雨季乾坤湖总磷（TP）反演模型拟合图

图 4-8 雨季永庄水库总磷（TP）反演模型拟合图

图 4-9 雨季长钦湖总磷（TP）反演模型拟合图

果相对更好，拟合曲线的变化趋势呈现为随着光谱反射率不断的增大，总磷浓度在不断增大。

雨季永庄水库中，前4个 R^2 较大的总磷反演模型依次是 PL_{TP2}、U_{TP2}、E_{TP2}、P_{TP2}，它们的决定系数 R^2 依次为 0.5308、0.4972、0.4620 及 0.3395。结合 $RMSE$ 值来看，可以明显看出，多项式函数拟合模型效果相对更好，拟合曲线的变化趋势呈现出大体的一致性，随着光谱反射率不断的增大，总磷浓度在不断增大。

雨季长钦湖中，前 4 个 R^2 较大的 TP 反演模型依次是 PL_{TP15}、U_{TP15}、E_{TP15}、P_{TP15}，它们的决定系数 R^2 依次为 0.5364、0.4767、0.4202 及 0.4152。结合 $RMSE$ 值来看，可以明显看出，光谱参数 V15 用于长钦湖总磷模型的拟合具有更好的拟合效果，多项式拟合模型效果相对更好，拟合曲线的变化趋势呈现出大体的一致性，随着光谱反射率不断的增大，总磷浓度在不断的增大。

4.4 总磷浓度反演模型检验

从上述水质参数反演模型表及拟合图可以明显的看出，乾坤湖、长钦湖、永庄水库内构建的总磷反演模型中，无论是其决定系数还是均方根误差的差距都很小，因此要在进行多光谱图像反演之前对上述模型进行检验，检验的结果会对如何选择反演所用的模型产生影响。参考无人机遥感反演的同类型文献，检验样本普遍在 5~20 组，鉴于本实验的总数据量以及实验区域的面积，最终确定为 20 组数据用于检验。再加上水质会因为时间、季节发生很大的变化，一般的水质反演实验如时间跨度较长会分季度做不同的拟合模型，为了保证实验的科学性，后期无法增加检验样本。所以利用之前预留的 20 个检验样本的水质参数实测值和各个模型的估测值进行拟合分析，通过拟合方程的决定系数 R^2、回归方程斜率的对比状况进行比较分析。

旱季总磷估测模型精度检验结果如表 4-5 所示，回归结果中斜率和 R^2 越接近 1，表明估测结果越精确。按照回归方程的决定系数 R^2 自大至小进行排序，在乾坤湖总磷反演模型中，前 4 个 R^2 较大的反演模型依次是 PL_{TP14}、P_{TP14}、E_{TP14}、PL_{TP9}，模型的回归斜率分别为 0.5030、0.3141、0.2871、0.4135，决定系数 R^2 分别为 0.8389、0.6202、0.5900、0.5713，可以看出乾坤湖的总磷反演模型的整体估测水平较为平稳，贴近实测值。

在永庄水库总磷反演模型中，前 4 个 R^2 较大的反演模型依次是 U_{TP6}、P_{TP6}、E_{TP6}、PL_{TP6}，模型的回归斜率分别为 0.8408、0.6983、0.6922、0.6452，决定系数 R^2 分别为 0.7492、0.7363、0.7244、0.6298，可以看出永庄水库的总磷反演模型的整体估测水平较为平稳，贴近实测值。

在长钦湖总磷反演模型中，前 4 个 R^2 较大的反演模型依次是 PL_{TP1}、E_{TP1}、P_{TP1}、U_{TP1}，模型的回归斜率分别为 0.4421、0.0183、0.0232、0.0720，决定系数 R^2 分别为 0.5356、0.061、0.0391、0.0374，可以看出长钦湖的总磷反演模型的整体估测水平较为平稳，贴近实测值。

表 4-5　旱季总磷（TP）估测模型精度检验

采样点	TP 模型	TP 回归方程	R^2	回归方程斜率
乾坤湖	U_{TP9}	$y = 0.3465x + 0.4561$	0.4169	0.3465
	U_{TP14}	$y = 0.3461x + 0.4226$	0.4775	0.3461
	E_{TP9}	$y = 0.2942x + 0.3908$	0.4873	0.2942
	E_{TP14}	$y = 0.2871x + 0.3616$	0.5900	0.2871
	P_{TP9}	$y = 0.3137x + 0.3678$	0.5056	0.3137
	P_{TP14}	$y = 0.3141x + 0.326$	0.6202	0.3141
	PL_{TP9}	$y = 0.4135x + 0.3603$	0.5713	0.4135
	PL_{TP14}	$y = 0.503x + 0.1519$	0.8389	0.5030
永庄水库	U_{TP6}	$y = 0.8408x + 0.1064$	0.7492	0.8408
	E_{TP6}	$y = 0.6922x + 0.1729$	0.7244	0.6922
	P_{TP6}	$y = 0.6983x + 0.174$	0.7363	0.6983
	PL_{TP6}	$y = 0.6452x + 0.2345$	0.6298	0.6452
长钦湖	U_{TP1}	$y = 0.072x + 0.8394$	0.0374	0.0720
	E_{TP1}	$y = 0.0183x + 0.2086$	0.0610	0.0183
	P_{TP1}	$y = 0.0232x + 0.3295$	0.0391	0.0232
	PL_{TP1}	$y = 0.4421x + 0.215$	0.5356	0.4421

雨季总磷估测模型精度检验结果如表 4-6 所示，按照回归方程的决定系数 R^2 自大至小进行排序，在乾坤湖 TP 反演模型中，前 4 个 R^2 较大的反演模型依次是 P_{TP1}、E_{TP1}、U_{TP1}、E_{TP15}，模型的回归斜率分别为 0.7518、0.6137、0.6304、0.6570，决定系数 R^2 分别为 0.8189、0.7745、0.7466、0.7266，可以看出乾坤湖的 TP 反演模型的整体估测水平较为平稳，贴近实测值。

表 4-6　雨季总磷（TP）估测模型精度检验

采样点	TP 模型	TP 回归方程	R^2	回归方程斜率
乾坤湖	U_{TP1}	$y = 0.6304x + 0.1036$	0.7466	0.6304
	U_{TP15}	$y = 0.8142x - 0.0349$	0.7033	0.8142
	E_{TP1}	$y = 0.6137x + 0.1655$	0.7745	0.6137
	E_{TP15}	$y = 0.657x + 0.0109$	0.7266	0.6570
	P_{TP1}	$y = 0.7518x + 0.0254$	0.8189	0.7518
	P_{TP15}	$y = 0.6483x + 0.0068$	0.7205	0.6483
	PL_{TP1}	$y = 0.7042x + 0.0621$	0.6764	0.7042
	PL_{TP15}	$y = 0.6183x + 0.0544$	0.6739	0.6183

(续)

采样点	TP 模型	TP 回归方程	R^2	回归方程斜率
永庄水库	U_{TP2}	$y = 0.3109x + 0.1838$	0.5768	0.3109
	E_{TP2}	$y = 0.2716x + 0.1953$	0.6109	0.2716
	P_{TP2}	$y = 0.2435x + 0.2038$	0.4972	0.2435
	PL_{TP2}	$y = 0.2555x + 0.2046$	0.6549	0.2555
长钦湖	U_{TP11}	$y = 0.2494x + 0.3014$	0.4501	0.2494
	U_{TP15}	$y = 0.3539x + 0.267$	0.5377	0.3539
	E_{TP11}	$y = 0.2509x + 0.2931$	0.5142	0.2509
	E_{TP15}	$y = 0.3979x + 0.2771$	0.6183	0.3979
	P_{TP11}	$y = 0.2573x + 0.2933$	0.5288	0.2573
	P_{TP15}	$y = 0.3557x + 0.2587$	0.6023	0.3557
	PL_{TP11}	$y = 0.2713x + 0.2947$	0.5365	0.2713
	PL_{TP15}	$y = 0.4715x + 0.2299$	0.7627	0.4715

在永庄水库总磷反演模型中，前 4 个 R^2 较大的反演模型依次是 PL_{TP2}、E_{TP2}、U_{TP2}、P_{TP2}，模型的回归斜率分别为 0.2555、0.2716、0.3109、0.2435，决定系数 R^2 分别为 0.6549、0.6109、0.5768、0.4972，可以看出永庄水库的总磷反演模型的整体估测水平一般。

在长钦湖总磷反演模型中，前 4 个 R^2 较大的反演模型依次是 PL_{TP15}、E_{TP15}、P_{TP15}、U_{TP15}，模型的回归斜率分别为 0.4715、0.3979、0.3557、0.3539，决定系数 R^2 分别为 0.7627、0.6183、0.6023、0.5377，可以看出长钦湖的总磷反演模型的整体估测水平较为平稳，贴近实测值。

4.5 本章小结

本章内容基于无人机多光谱数据与同一时间采集的水样实测数据，对乾坤湖、永庄水库、长钦湖旱季和雨季水体总磷进行遥感反演研究，建立线性回归模型、指数函数模型、幂函数模型及多项式模型。通过比较得出，旱季乾坤湖多项式函数 PL_{TP14}、永庄水库多项式函数 PL_{TP6}、长钦湖多项式函数 PL_{TP1} 的决定系数 R^2 值最高，分别为 0.7473、0.7156、0.6686。经过检验，其所对应模型的估测值与实测值线性回归方程的决定系数 R^2 分别为 0.8389、0.6298、0.5356，所对应的回归斜率分别为 0.5030、0.6452、0.4421；雨季乾坤湖多项式函数 PL_{TP15}、永庄水库多项式函数 PL_{TP2}、长钦湖多项式函数 PL_{TP15} 的决定系数 R^2 值最高，分别为 0.5844、0.5308、

0.5364。经过检验，其所对应模型的估测值与实测值线性回归方程的决定系数 R^2 分别为 0.6739、0.6549、0.7627，所对应的回归斜率分别为 0.6183、0.2555、0.4715，表明反演模型精度较高，可以较准确地估测旱、雨两季乾坤湖、永庄水库、长钦湖的总磷浓度。

第5章
水体总氮浓度反演

总氮是指水中各种形态有机氮和无机氮含量的总和。水中氮的含量会对水体产生重要的影响，一般来说，水中氮浓度如果超过一定标准会使藻类等水生植物和微生物大量繁殖，并在流动缓慢的水域聚集而形成大片的水华或赤潮，出现水体富营养化状态。藻类的死亡和腐化又会消耗一部分水中的溶解氧，使溶解氧浓度减小，水体能见度下降，进一步影响水生生物的光合作用，导致很多鱼类等一些水生生物死亡，造成水质恶性循环，从而引起水体生态失衡，给生态环境和人类的生活生产造成巨大损失。

在过去的几十年里，氮肥、磷肥施用的增加提高了我国的作物产量，保证了粮食安全，但也因此加剧了内陆和沿海水域水体富营养化问题。富营养化是地表水体面临的最严重、最具挑战性的环境问题之一。作为防治、监控污水的重要手段，自然水体中总氮的动态监测对水环境保护和水体健康具有重要意义。本章内容基于无人机多光谱数据，选取美舍河的乾坤湖、五源河的永庄水库、潭丰洋的长钦湖等3处典型水体区域作为研究区，探讨不同水体总氮浓度光谱特征，并构建湿地水体总氮浓度遥感估算模型，揭示湿地总氮浓度长时间序列时空格局并分析其变化规律，为我省富营养化重要湿地水体的水环境和水生态修复提供重要参考。

5.1 总氮浓度反演数据相关性分析

将乾坤湖、永庄水库和长钦湖3处湿地水体采样测得的总氮值与构建的光谱参数（V1～V16）进行 Pearson 相关性分析，得出皮尔森相关系数。在相关性分析的基础上，选择总氮水质参数指标所对应的若干显著水平小于0.05，符合统计学要求的光谱参数数据进行下一步分析。旱季总氮与光谱参数的相关性分析结果如表5-1所示：旱季乾坤湖中，符合总氮要求的光谱参数有V15共1组，相关系数整体上达到了0.217；旱季永庄水库中，符合总氮要求的光谱参数有V16共1组，相关系数整体上达到了 0.193；旱季长钦湖中，符合 TN 要求的光谱参数有 V8、V9 共 2 组，其中相关性最好的为 V8 光谱参数，相关系数整体上达到了 -0.201。

表 5-1　旱季光谱参数与总氮（TN）的相关系数

光谱参数	乾坤湖		永庄水库		长钦湖	
	相关性	显著性	相关性	显著性	相关性	显著性
V1	-0.083	0.414	-0.123	0.210	-0.136	0.158
V2	0.069	0.499	-0.118	0.230	-0.110	0.253
V3	0.153	0.129	-0.094	0.336	-0.114	0.234
V4	0.096	0.346	0.108	0.269	-0.163	0.088
V5	0.004	0.969	0.022	0.820	-0.159	0.098
V6	0.173	0.087	-0.057	0.565	-0.121	0.209
V7	0.030	0.770	-0.028	0.776	-0.132	0.169
V8	0.053	0.600	0.115	0.242	-0.201*	0.035
V9	-0.005	0.962	-0.136	0.164	0.196*	0.040
V10	0.019	0.851	0.054	0.582	-0.140	0.146
V11	-0.172	0.089	-0.148	0.130	0.017	0.861
V12	0.122	0.230	-0.107	0.277	-0.112	0.243
V13	0.073	0.476	-0.057	0.561	-0.126	0.190
V14	0.041	0.687	-0.175	0.073	0.182	0.056
V15	0.217*	0.031	0.013	0.896	0.102	0.291
V16	0.068	0.506	0.193*	0.047	-0.167	0.080

注：* 表示在 0.05 水平上相关性显著；** 表示在 0.01 水平上相关性显著。

雨季乾坤湖、永庄水库、长钦湖总氮与光谱参数的相关性分析结果如表 5-2 所示：乾坤湖符合 TN 要求的光谱参数有 V6 共 1 组，相关系数整体上达到了 0.215；永庄水库符合 TN 要求的光谱参数有 V11 共 1 组，相关系数整体上达到了 0.226；长钦湖符合 TN 要求的光谱参数有 V4 共 1 组，相关系数整体上达到了 -0.199。

表 5-2　雨季光谱参数与总氮（TN）的相关系数

光谱参数	乾坤湖		永庄水库		长钦湖	
	相关性	显著性	相关性	显著性	相关性	显著性
V1	0.081	0.423	0.170	0.090	-0.149	0.140
V2	0.064	0.529	0.071	0.483	-0.128	0.206
V3	0.141	0.164	0.123	0.223	-0.092	0.364

（续）

光谱参数	乾坤湖		永庄水库		长钦湖	
	相关性	显著性	相关性	显著性	相关性	显著性
V4	−0.095	0.352	0.010	0.925	−0.199*	0.047
V5	−0.014	0.889	0.036	0.726	−0.158	0.117
V6	0.215*	0.032	0.081	0.424	−0.024	0.809
V7	−0.029	0.774	0.042	0.676	−0.157	0.120
V8	−0.053	0.601	−0.001	0.991	−0.098	0.333
V9	−0.016	0.877	−0.059	0.562	0.073	0.472
V10	−0.029	0.775	0.093	0.357	−0.156	0.121
V11	0.075	0.461	0.226*	0.024	0.076	0.453
V12	0.104	0.307	0.100	0.321	−0.108	0.286
V13	0.028	0.785	0.074	0.467	−0.126	0.211
V14	0.012	0.910	−0.055	0.589	0.055	0.590
V15	−0.046	0.653	−0.160	0.112	−0.009	0.929
V16	−0.153	0.130	−0.084	0.408	−0.111	0.271

注：*表示在0.05水平上相关性显著；**表示在0.01水平上相关性显著。

5.2 总氮浓度反演参数选择

如图 5-1 所示为乾坤湖水质参数显著性达标数据散点图，旱季乾坤湖以总氮为因变量的散点图中，光谱参数 V15 的趋势线 R^2 值最高，$R^2_{TN-V15}=0.0604$；雨季乾坤湖以 TN 为因变量的散点图中，光谱参数 V6 的趋势线 R^2 值最高，$R^2_{TN-V6}=0.0845$。根据趋势线分别去除异常数据，乾坤湖的剩余样本数均为 $n=50$。

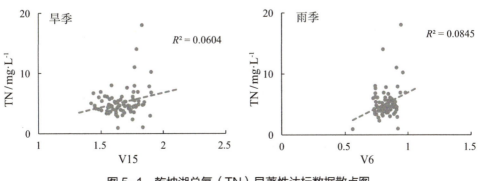

图 5-1 乾坤湖总氮（TN）显著性达标数据散点图

如图 5-2 所示为永庄水库水质参数显著性达标数据散点图，旱季永庄水库以总氮为因变量的散点图中，光谱参数 V16 的趋势线 R^2 值最高，R^2_{TN-V16}=0.0552；雨季永庄水库以总氮为因变量的散点图中，光谱参数 V11 的趋势线 R^2 值最高，R^2_{TN-V11}=0.0442；根据趋势线分别去除异常数据，永庄水库的剩余样本数均为 n=50。

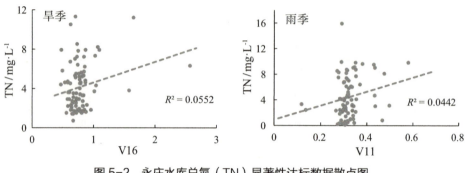

图 5-2　永庄水库总氮（TN）显著性达标数据散点图

如图 5-3 所示为长钦湖水质参数显著性达标数据散点图，旱季长钦湖以总氮为因变量的散点图中，光谱参数 V8、V9 的趋势线 R^2 值最高，R^2_{TN-V8}=0.0279、R^2_{TN-V9}=0.0297；雨季长钦湖以总氮为因变量的散点图中，光谱参数 V4 的趋势线 R^2 值最高，R^2_{TN-V4}=0.0464；根据趋势线分别去除异常数据，长钦湖的剩余样本数均为 n=50。

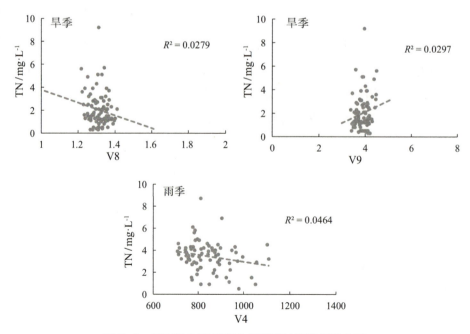

图 5-3　长钦湖总氮（TN）显著性达标数据散点图

5.3 总氮浓度反演模型构建

将乾坤湖、永庄水库、长钦湖剩余样本的最优光谱参数作为自变量,将其对应的总氮作为因变量,使用 SPSS 软件建立线性回归模型、指数模型、幂函数模型、多项式模型 4 种函数模型。将之前经过处理的光谱数据按照采样点进行对应数据的输入,分别生成 4 种模型,再根据模型的相关性系数来选择最优的模型进行预测。

旱季,乾坤湖以 V15 为自变量,永庄水库以 V16 为自变量,长钦湖以 V8、V9 为自变量,以各自相对应的总氮为因变量构建一元线性回归模型,记为 U_{TN};指数函数模型,记为 E_{TN};幂函数模型,记为 P_{TN};多项式模型,记为 PL_{TN}。通过拟合方程的决定系数 R^2、均方根误差($RMSE$)、回归方程的斜率评价模型的估测能力和精度,一般来讲,R^2 及拟合方程的斜率越接近 1,均方根误差越小,模型的精度越高。旱季乾坤湖、永庄水库、长钦湖的总氮分别对应的反演模型如表 5-3 所示,分别对应模型的拟合结果如图 5-4 ~ 图 5-6 所示。

表 5-3 旱季总氮(TN)反演模型

采样点	TN 模型	TN 模型表达式	R^2	$RMSE$
乾坤湖	U_{TN15}	$y = 6.006x - 5.460$	0.3287	1.042
	E_{TN15}	$y = 0.716e^{1.092x}$	0.3086	0.198
	P_{TN15}	$y = 1.834x^{1.729}$	0.2823	0.202
	PL_{TN15}	$y = 42.371x^2 - 135.026x + 111.297$	0.6635	0.745
永庄水库	U_{TN16}	$y = 9.639x - 3.035$	0.7056	1.123
	E_{TN16}	$y = 0.918e^{1.900x}$	0.5483	0.311
	P_{TN16}	$y = 6.646x^{1.835}$	0.6129	0.288
	PL_{TN16}	$y = -4.351x^2 + 18.371x - 7.047$	0.7285	1.090
长钦湖	U_{TN8}	$y = -18.983x + 27.059$	0.6313	0.656
	U_{TN9}	$y = 2.891x - 9.178$	0.5959	0.687
	E_{TN8}	$y = 151475.931e^{-8.607x}$	0.5964	0.320
	E_{TN9}	$y = 0.01e^{1.347x}$	0.5943	0.321
	P_{TN8}	$y = 40.683x^{-11.327}$	0.6008	0.319
	P_{TN9}	$y = 0.001x^{5.254}$	0.5922	0.322
	PL_{TN8}	$y = 133.490x^2 - 369.451x + 256.818$	0.7158	0.582
	PL_{TN9}	$y = 2.549x^2 - 17.126x + 29.901$	0.6399	0.656

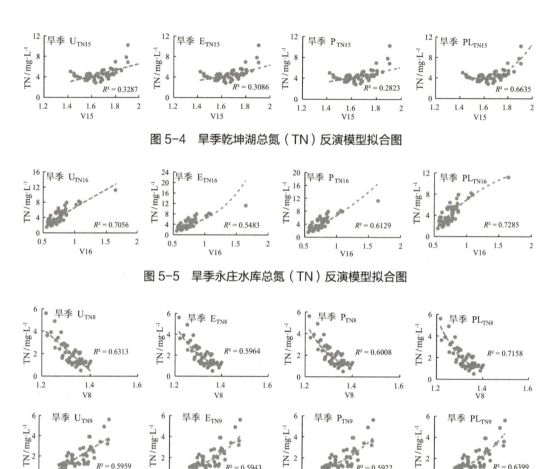

图 5-4　旱季乾坤湖总氮（TN）反演模型拟合图

图 5-5　旱季永庄水库总氮（TN）反演模型拟合图

图 5-6　旱季长钦湖总氮（TN）反演模型拟合图

旱季乾坤湖中，前 4 个 R^2 较大的 TN 反演模型依次是 PL_{TN15}、U_{TN15}、E_{TN15}、P_{TN15}，它们的决定系数 R^2 依次为 0.6635、0.3287、0.3086 及 0.2823。结合 RMSE 值来看，可以明显看出，多项式函数拟合模型效果相对更好，拟合曲线的整体变化趋势呈现出大体的一致性，随着光谱反射率不断的增大，总氮浓度先减小后增大。

旱季永庄水库中，前 4 个 R^2 较大的 TN 反演模型依次是 PL_{TN16}、U_{TN16}、P_{TN16}、E_{TN6}，它们的决定系数 R^2 依次为 0.7285、0.7056、0.6129 及 0.5483。结合 RMSE 值来看，可以明显看出，多项式函数和线性函数拟合模型效果相对更好，拟合曲线的整体变化趋势呈现出大体的一致性，随着光谱反射率不断的增大，总氮浓度在不断增大。

旱季长钦湖中，前 4 个 R^2 较大的 TN 反演模型依次是 PL_{TN8}、PL_{TN9}、U_{TN8}、P_{TN8}，它们的决定系数 R^2 依次为 0.7158、0.6399、0.6313 及 0.6008。可以明显看出，光谱参数 V8 用于旱季长钦湖总氮模型的拟合具有更好的拟合效果，多项式拟合模型效果相对更好，拟合曲线的整体变化呈现出大体的一致性，随着光谱反射率不断的增大，总氮浓度在不断的减小。

雨季，乾坤湖以 V6 作为自变量，永庄水库以 V11 作为自变量，长钦湖以 V4 作为自变量，以各自相对应的总氮作为因变量构建一元线性回归模型、指数函数模型、幂函数模型、多项式模型。雨季乾坤湖、永庄水库、长钦湖的总氮分别对应的反演模型如表 5-4 所示，分别对应模型的拟合结果如图 5-7～图 5-9 所示。

表 5-4　雨季总氮（TN）反演模型

采样点	TN 模型	TN 模型表达式	R^2	RMSE
乾坤湖	U_{TN6}	$y = 29.192x - 18.906$	0.4442	1.834
	E_{TN6}	$y = 0.130e^{4.370x}$	0.5278	0.232
	P_{TN6}	$y = 9.458x^{3.504}$	0.4999	0.239
	PL_{TN6}	$y = 332.676x^2 - 521.710x + 208.120$	0.7309	1.290
永庄水库	U_{TN11}	$y = 34.235x - 7.223$	0.5025	1.863
	E_{TN11}	$y = 0.165e^{8.821x}$	0.2756	0.782
	P_{TN11}	$y = 171.363x^{3.600}$	0.3140	0.760
	PL_{TN11}	$y = -110.350x^2 + 122.391x - 23.962$	0.5563	1.778
长钦湖	U_{TN4}	$y = -0.008x + 10.210$	0.4578	0.748
	E_{TN4}	$y = 63.535e^{-0.004x}$	0.4623	0.328
	P_{TN4}	$y = 1311022761x^{-2.952}$	0.4309	0.337
	PL_{TN4}	$y = -4.206E - 05x^2 + 0.064x - 20.474$	0.5806	0.665

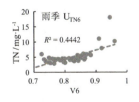 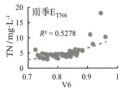 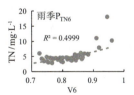 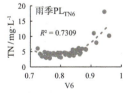

图 5-7　雨季乾坤湖总氮（TN）反演模型拟合图

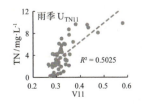 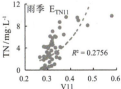 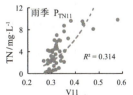 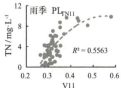

图 5-8　雨季永庄水库总氮（TN）反演模型拟合图

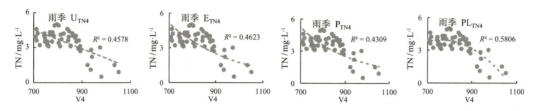

图 5-9 雨季长钦湖总氮（TN）反演模型拟合图

雨季乾坤湖中，前 4 个 R^2 较大的 TN 反演模型依次是 PL_{TN6}、E_{TN6}、P_{TN6}、U_{TN6}，它们的决定系数 R^2 依次为 0.7309、0.5278、0.4999 及 0.4442。可以明显看出，多项式拟合模型效果相对更好，拟合曲线的整体变化趋势呈现出大体的一致性，随着光谱反射率不断增大，总氮浓度先减小后增大。

雨季永庄水库中，前 4 个 R^2 较大的总氮反演模型依次是 PL_{TN11}、U_{TN11}、P_{TN11}、E_{TN11}，它们的决定系数 R^2 依次为 0.5563、0.5025、0.3140 及 0.2756。结合 *RMSE* 值来看，可以明显看出，多项式拟合模型效果相对更好，拟合曲线的整体变化趋势呈现出大体的一致性，随着光谱反射率不断增大，总氮浓度在不断增大。

雨季长钦湖中，前 4 个 R^2 较大的总氮反演模型依次是 PL_{TN4}、E_{TN4}、U_{TN4}、P_{TN4}，它们的决定系数 R^2 依次为 0.5806、0.4623、0.4578 及 0.4309。可以明显看出，多项式拟合模型效果相对更好，拟合曲线的整体变化趋势呈现出大体的一致性，随着光谱反射率不断增大，总氮浓度在不断减小。

5.4 总氮浓度反演模型检验

从上述水质参数反演模型表及拟合图可以明显看出，乾坤湖、长钦湖、永庄水库内构建的总氮反演模型中，无论是其决定系数还是均方根误差的差距都很小，因此要在进行多光谱图像反演之前对上述模型进行检验，检验的结果会对如何选择反演所用的模型产生影响。参考无人机遥感反演的同类型文献，检验样本普遍在 5~20 组，鉴于本实验的总数据量及实验区域的面积，最终确定为 20 组数据用于检验。再加上水质会因为时间、季节发生大的变化，一般的水质反演实验如时间跨度较长会分季度做不同的拟合模型，所以为了保证实验的科学性，后期无法增加检验样本。所以利用之前预留的 20 个检验样本的水质参数实测值和各个模型的估测值进行拟合分析，通过拟合方程的决定系数 R^2、回归方程斜率的对比状况进行比较分析。

旱季总氮估测模型精度检验结果如表 5-5 所示，在乾坤湖总氮反演模型中，前 4 个 R^2 较大的反演模型依次是 PL_{TN15}、P_{TN15}、E_{TN15}、U_{TN15}，模型的回归斜率分别为

0.9061、0.1750、0.2053、0.5450，决定系数 R^2 分别为 0.7456、0.7352、0.6664、0.5778，可看出乾坤湖的总氮反演模型的整体估测水平较为平稳，贴近实测值；在永庄水库总氮反演模型中，前 4 个 R^2 较大的反演模型依次是 U_{TN16}、PL_{TN16}、P_{TN16}、E_{TN16}，模型的回归斜率分别为 0.3646、0.4614、0.3461、0.2556，决定系数 R^2 分别为 0.5678、0.5675、0.5662、0.5630，可看出永庄水库的总氮反演模型的整体估测水平一般，与实测值存在一定差异；在长钦湖总氮反演模型中，前 4 个 R^2 较大的反演模型依次是 U_{TN8}、E_{TN8}、P_{TN8}、PL_{TN8}，模型的回归斜率分别为 0.6677、0.5298、0.5288、0.5452，决定系数 R^2 分别为 0.7745、0.7403、0.7345、0.6691，可以看出长钦湖的总氮反演模型的整体估测水平较为平稳，贴近实测值。

表 5-5　旱季总氮（TN）估测模型精度检验

采样点	TN 模型	TN 回归方程	R^2	回归方程斜率
乾坤湖	U_{TN15}	$y = 0.545x + 2.362$	0.5778	0.5450
	E_{TN15}	$y = 0.205x + 3.296$	0.6664	0.2053
	P_{TN15}	$y = 0.175x + 3.3088$	0.7352	0.1750
	PL_{TN15}	$y = 0.910x + 0.639$	0.7456	0.9061
永庄水库	U_{TN16}	$y = 0.3646x + 2.7433$	0.5678	0.3646
	E_{TN16}	$y = 0.2556x + 2.8287$	0.5630	0.2556
	P_{TN16}	$y = 0.3461x + 2.5657$	0.5662	0.3461
	PL_{TN16}	$y = 0.4614x + 2.4289$	0.5675	0.4614
长钦湖	U_{TN8}	$y = 0.6677x + 0.5777$	0.7745	0.6677
	U_{TN9}	$y = 0.4788x + 0.9964$	0.3859	0.4788
	E_{TN8}	$y = 0.5298x + 0.7436$	0.7403	0.5298
	E_{TN9}	$y = 0.3956x + 1.123$	0.3317	0.3956
	P_{TN8}	$y = 0.5288x + 0.7446$	0.7345	0.5288
	P_{TN9}	$y = 0.2642x + 0.7319$	0.3422	0.2642
	PL_{TN8}	$y = 0.5452x + 0.7956$	0.6691	0.5452
	PL_{TN9}	$y = 0.3843x + 1.1715$	0.3004	0.3843

雨季总氮估测模型精度检验结果如表 5-6 所示，按照回归方程的决定系数 R^2 自大至小进行排序，在乾坤湖总氮反演模型中，反演模型的 R^2 依次是 PL_{TN6}、E_{TN6}、P_{TN6}、U_{TN6}，模型的回归斜率分别为 0.7471、0.3955、0.3702、0.4862，决定系数 R^2 分别为 0.7938、0.5047、0.4737、0.4006，可以看出乾坤湖的总氮反演模型的整体估测水平较为平稳，贴近实测值；在永庄水库总氮反演模型中，反演模型的 R^2 依次是 PL_{TN11}、E_{TN11}、P_{TN11}、U_{TN11}，模型的回归斜率分别为 0.9602、0.7193、0.8607、

0.7131，决定系数 R^2 分别为 0.7096、0.6705、0.5939、0.5781，可以看出永庄水库的总氮反演模型的整体估测水平较为平稳，贴近实测值；在长钦湖总氮反演模型中，反演模型的 R^2 依次是 PL_{TN4}、U_{TN4}、E_{TN4}、P_{TN4}，模型的回归斜率分别为 0.9085、0.5327、0.4403、0.5247，决定系数 R^2 分别为 0.6802、0.5917、0.5063、0.4906，可以看出长钦湖的总氮反演模型的整体估测水平较为平稳，贴近实测值。

表 5-6 雨季总氮（TN）估测模型精度检验

采样点	TN 模型	TN 回归方程	R^2	回归方程斜率
乾坤湖	U_{TN6}	$y = 0.4862x + 2.0104$	0.4006	0.4862
	E_{TN6}	$y = 0.3955x + 2.3602$	0.5047	0.3955
	P_{TN6}	$y = 0.3702x + 2.5109$	0.4737	0.3702
	PL_{TN6}	$y = 0.7471x + 0.3621$	0.7938	0.7471
永庄水库	U_{TN11}	$y = 0.7131x - 0.7911$	0.5781	0.7131
	E_{TN11}	$y = 0.7193x - 0.3413$	0.6705	0.7193
	P_{TN11}	$y = 0.8607x - 1.5424$	0.5939	0.8607
	PL_{TN11}	$y = 0.9602x - 1.9134$	0.7096	0.9602
长钦湖	U_{TN4}	$y = 0.5327x + 1.5113$	0.5917	0.5327
	E_{TN4}	$y = 0.4403x + 0.7558$	0.5063	0.4403
	P_{TN4}	$y = 0.5247x + 1.3583$	0.4906	0.5247
	PL_{TN4}	$y = 0.9085x - 0.2841$	0.6802	0.9085

5.5 本章小结

本章内容利用无人机多光谱遥感数据，结合实测水质数据，建立了乾坤湖、永庄水库、长钦湖旱季和雨季水体总氮含量反演模型，并对反演模型进行了精度评价。通过比较得出，旱季乾坤湖多项式函数 PL_{TN15} 最高、永庄水库多项式函数 PL_{TN16} 最高、长钦湖线性回归模型 U_{TN8} 的决定系数 R^2 值较高，分别为 0.6635、0.7285、0.6313。经过检验，其所对应模型的估测值与实测值线性回归方程的决定系数 R^2 分别为 0.7456、0.5675、0.7745，所对应的回归斜率分别为 0.9061、0.4614、0.6677；雨季乾坤湖多项式函数 PL_{TN6}、永庄水库多项式函数 PL_{TN11}、长钦湖多项式函数 PL_{TN4} 的决定系数 R^2 值最高，分别为 0.7309、0.5563、0.5806。经过检验，其所对应模型的估测值与实测值线性回归方程的决定系数 R^2 分别为 0.7938、0.7096、0.6802，所对应的回归斜率分别为 0.7471、0.9602、0.9085，表明反演模型精度较高，可以较准确地估测旱、雨两季乾坤湖、永庄水库、长钦湖的总氮浓度。

第6章
水体浊度浓度反演

浊度是指水中悬浮物对光线透过时所发生的阻碍程度。水中的悬浮物一般是泥土、砂粒、微细的有机物和无机物、浮游生物、微生物和胶体物质等。水的浊度不仅与水中悬浮物质的含量有关，而且与它们的大小、形状及折射系数等有关（袁欣智，2016）。浊度是水质环境监测的一个重要光学指标，可以代表光线透过水体的阻碍程度，它是水体质量的综合要素，对水体的初级生产力、生物化学过程、水动力环境与物质输运的研究有着重要意义。在很早以前，人们就非常关心水体的浑浊程度，浑浊程度是人类肉眼判断水体健康的第一感觉。如今，浊度已经是许多国家和地区定期测量的水质环境监测项目，已被列入欧洲强制性海洋观察测量战略框架。通常情况下，浊度的观测网是基于沿海平台的监测或航测的调查，由于现场观测站位稀疏，因此无法提供足够的空间代表性和覆盖率。而水色遥感技术可以大范围同步获取如叶绿素、悬浮颗粒物和黄色物质等水体组分浓度信息，不仅弥补了定点水质监测断面采样监测无法反映全局水质情况的缺陷，还能从水质空间分布规律中发现污染物的成因及扩散发展趋势。遥感技术在浊度反演中的应用为水资源保护与可持续发展提供了有力的技术支持与科学依据，现已成为浊度研究的重要技术手段。

本章内容基于无人机多光谱数据，选取美舍河的乾坤湖、五源河的永庄水库、潭丰洋的长钦湖等3处典型水体区域作为研究区，探讨不同水体浊度浓度光谱特征，尝试构建适用于湿地水体具有一定普适性的浊度浓度遥感估算模型，揭示湿地浊度浓度长时间序列时空格局并分析其变化规律，为海南省重要湿地水体的水环境和水生态修复提供重要参考。

6.1 浊度浓度反演数据相关性分析

将乾坤湖、永庄水库和长钦湖3处湿地水体采样测得的浊度值与构建的光谱参数（V1～V16）进行 Pearson 相关性分析，得出皮尔森相关系数。在相关性分析的基础上，选择 TUB 水质参数指标所对应的若干显著水平小于 0.05，符合统计学要求的光谱参数数据进行下一步分析。旱季浊度与光谱参数的相关性分析结果如表 6-1 所示：旱季乾坤湖中，符合浊度要求有 V4、V8、V9、V14、V16 共 5 组光谱参数，其中相关性最好的为 V9 光谱参数，相关系数整体上达到了 0.316；永庄水库中，符合浊度要求的光谱参数有 V11 共 1 组，相关系数整体上达到了 -0.209；长钦湖中，符合浊度要求的光谱参数有 V9、V14 共 2 组，其中相关性最好的为 V14 光谱参数，相关系数整体上达到了 -0.218。

表 6-1　旱季光谱参数与浊度（TUB）的相关系数

光谱参数	乾坤湖		永庄水库		长钦湖	
	相关性	显著性	相关性	显著性	相关性	显著性
V1	-0.127	0.207	-0.038	0.701	-0.086	0.374
V2	-0.039	0.700	0.033	0.736	-0.109	0.256
V3	-0.094	0.350	0.058	0.552	-0.105	0.275
V4	-0.240*	0.016	0.066	0.502	-0.019	0.845
V5	-0.153	0.128	0.054	0.582	-0.049	0.610
V6	-0.131	0.194	0.097	0.322	-0.045	0.640
V7	-0.156	0.122	0.051	0.602	-0.078	0.419
V8	-0.223*	0.025	0.126	0.200	0.121	0.209
V9	0.316**	0.001	-0.095	0.331	-0.203*	0.034
V10	-0.186	0.064	0.074	0.450	-0.058	0.545
V11	0.051	0.616	-0.209*	0.031	-0.042	0.661
V12	-0.07	0.488	0.047	0.630	-0.107	0.264
V13	-0.133	0.187	0.055	0.575	-0.088	0.360
V14	0.305**	0.002	-0.075	0.442	-0.218*	0.022
V15	0.195	0.051	0.109	0.264	-0.062	0.517
V16	-0.198*	0.049	0.171	0.080	0.161	0.093

注：* 表示在 0.05 水平上相关性显著；** 表示在 0.01 水平上相关性显著。

雨季乾坤湖、永庄水库、长钦湖浊度与光谱参数的相关性分析结果如表 6-2 所示：乾坤湖中，符合浊度要求有 V4、V5、V8 共 3 组光谱参数，其中相关性最好的为 V8 光谱参数，相关系数整体上达到了 -0.248；永庄水库中，符合浊度要求的光谱参数有 V9、V14、V15 共 3 组，其中相关性最好的为 V15 光谱参数，相关系数整体上达到了 -0.235；长钦湖中，符合浊度要求的光谱参数有 V1、V2、V3、

V4、V5、V6、V7、V8、V9、V10、V11、V12、V13、V14、V15 共 15 组，其中相关性最好的为 V5 光谱参数，相关系数整体上达到了 0.613。

表 6-2　雨季光谱参数与浊度（TUB）的相关系数

光谱参数	乾坤湖		永庄水库		长钦湖	
	相关性	显著性	相关性	显著性	相关性	显著性
V1	−0.118	0.243	0.054	0.590	0.521**	0.000
V2	−0.116	0.181	−0.103	0.306	0.603**	0.000
V3	−0.143	0.159	−0.059	0.561	0.579**	0.000
V4	−0.207*	0.040	0.030	0.771	0.502**	0.000
V5	−0.214*	0.033	0.000	0.999	0.613**	0.000
V6	−0.181	0.073	0.015	0.884	0.453**	0.000
V7	−0.196	0.051	−0.031	0.759	0.607**	0.000
V8	−0.248*	0.013	0.090	0.372	0.449**	0.000
V9	0.133	0.189	−0.199*	0.047	0.214*	0.033
V10	−0.173	0.087	0.027	0.787	0.591**	0.000
V11	−0.032	0.754	0.170	0.091	−0.488**	0.000
V12	−0.141	0.165	−0.084	0.407	0.592**	0.000
V13	−0.188	0.063	−0.043	0.672	0.602**	0.000
V14	0.108	0.286	−0.217*	0.030	0.286**	0.004
V15	0.109	0.283	−0.235*	0.018	0.512**	0.000
V16	−0.180	0.075	0.005	0.959	0.138	0.171

注：* 表示在 0.05 水平上相关性显著；** 表示在 0.01 水平上相关性显著。

6.2　浊度浓度反演参数选择

如图 6-1 所示为乾坤湖水质参数显著性达标数据散点图，旱季乾坤湖以浊度为因变量的散点图中，光谱参数 V9、V14 的趋势线 R^2 值最高，$R^2_{TUB\text{-}V9}=0.1364$、$R^2_{TUB\text{-}V14}=0.1233$；雨季乾坤湖以浊度为因变量的散点图中，光谱参数 V5、V8 的趋势线 R^2 值最高，$R^2_{TUB\text{-}V5}=0.0415$、$R^2_{TUB\text{-}V8}=0.0625$；根据趋势线分别去除异常数据，乾坤湖的剩余样本数均为 $n=50$。

如图 6-2 所示为永庄水库水质参数显著性达标数据散点图，旱季永庄水库以浊度为因变量的散点图中，光谱参数 V11 的趋势线 R^2 值最高，$R^2_{TUB\text{-}V11}=0.0415$；雨季永庄水库以浊度为因变量的散点图中，光谱参数 V14、V15 的趋势线 R^2 值最高，$R^2_{TUB\text{-}V14}=0.0471$、$R^2_{TUB\text{-}V15}=0.0592$；根据趋势线分别去除异常数据，永庄水库的剩余样本数均为 $n=50$。

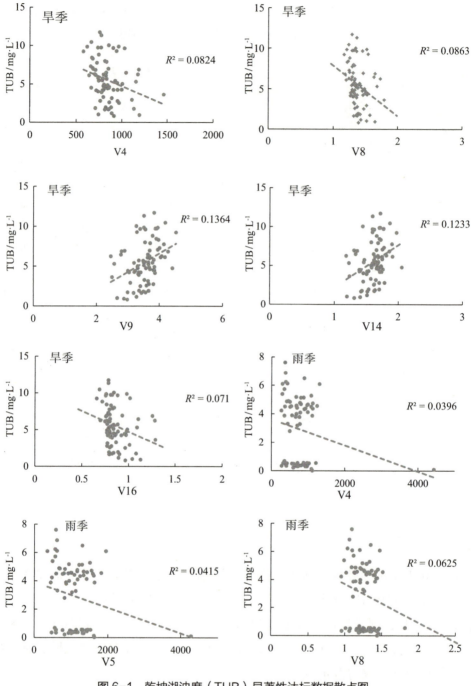

图 6-1 乾坤湖浊度（TUB）显著性达标数据散点图

如图 6-3 所示为长钦湖水质参数显著性达标数据散点图，旱季长钦湖以浊度为因变量的散点图中，光谱参数 V9、V14 的趋势线 R^2 值最高，$R^2_{TUB-V9}=0.0415$、$R^2_{TUB-V14}=0.0448$；雨季长钦湖以浊度为因变量的散点图中，光谱参数 V5、V7 的趋

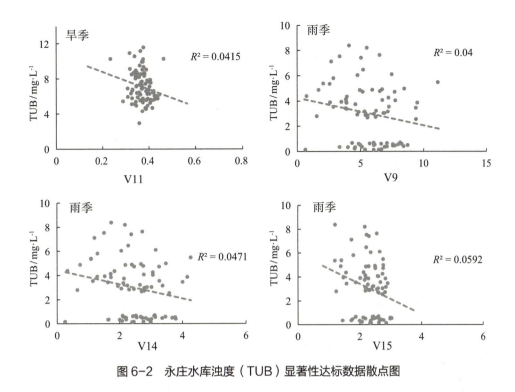

图 6-2 永庄水库浊度（TUB）显著性达标数据散点图

势线 R^2 值最高，$R^2_{TUB-V5}=0.3379$、$R^2_{TUB-V7}=0.3354$；根据趋势线分别去除异常数据，长钦湖的剩余样本数均为 $n=50$。

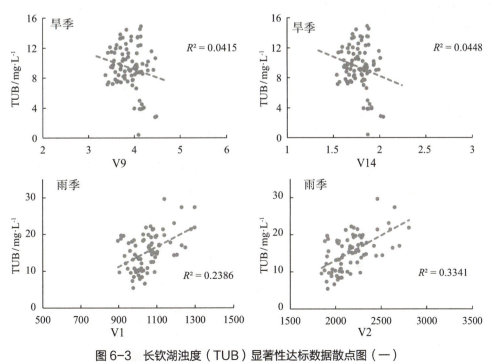

图 6-3 长钦湖浊度（TUB）显著性达标数据散点图（一）

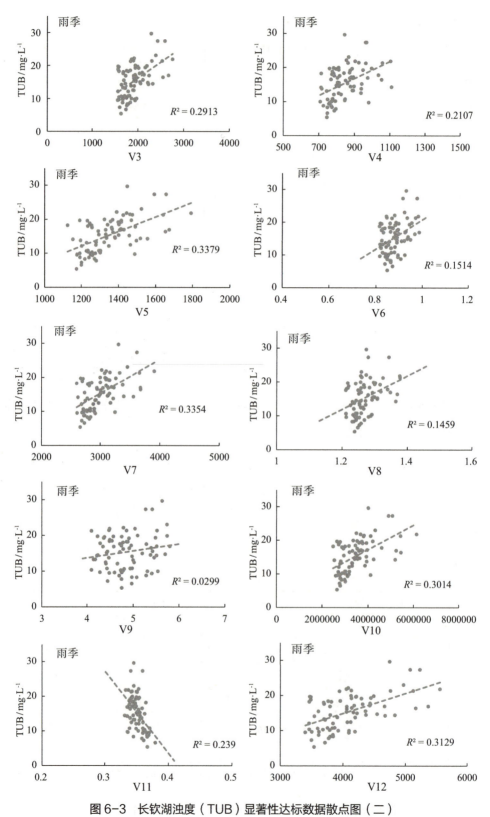

图 6-3 长钦湖浊度（TUB）显著性达标数据散点图（二）

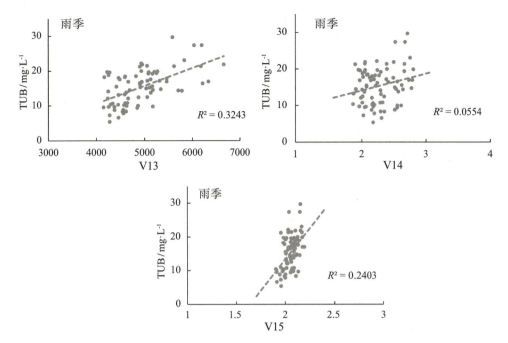

图 6-3　长钦湖浊度（TUB）显著性达标数据散点图（三）

6.3　浊度浓度反演模型构建

将乾坤湖、永庄水库、长钦湖剩余样本的最优光谱参数作为自变量，将其对应的浊度作为因变量，使用 SPSS 软件建立线性回归模型、指数模型、幂函数模型、多项式模型 4 种函数模型。将之前经过处理的光谱数据按照采样点进行对应数据的输入，分别生成 4 种模型，再根据模型的相关性系数来选择最优的模型进行预测。

旱季，乾坤湖以 V9、V14 作为自变量构建浊度的反演模型，永庄水库以 V11 作为自变量，长钦湖以 V9、V14 作为自变量，以各自相对应的浊度作为因变量构建一元线性回归模型，记为 U_{TUB}；指数函数模型，记为 E_{TUB}；幂函数模型，记为 P_{TUB}；多项式模型，记为 PL_{TUB}。通过拟合方程的决定系数 R^2、均方根误差（$RMSE$）、回归方程的斜率评价模型的估测能力和精度，一般来讲，R^2 以及拟合方程的斜率越接近 1，均方根误差越小，模型的精度越高。旱季乾坤湖、永庄水库、长钦湖的浊度分别对应的反演模型如表 6-3 所示，分别对应模型的拟合结果如图 6-4～图 6-6 所示。

旱季乾坤湖中，前 4 个 R^2 较大的浊度反演模型依次是 PL_{TUB9}、U_{TUB9}、P_{TUB9}、PL_{TUB14}，它们的决定系数 R^2 依次为 0.6197、0.6192、0.5934 及 0.5904。结合 $RMSE$ 来看，可以明显看出，光谱参数 V9 用于旱季乾坤湖浊度模型的拟合具有更

表 6-3　旱季浊度（TUB）反演模型

采样点	TUB 模型	TUB 模型表达式	R^2	RMSE
乾坤湖	U_{TUB9}	$y = 4.164x - 10.497$	0.6192	1.222
	U_{TUB14}	$y = 9.996x - 11.843$	0.5863	1.274
	E_{TUB9}	$y = 0.053e^{1.195x}$	0.5731	0.386
	E_{TUB14}	$y = 0.033e^{2.924x}$	0.5636	0.390
	P_{TUB9}	$y = 0.016x^{4.298}$	0.5934	0.377
	P_{TUB14}	$y = 0.401x^{4.694}$	0.5765	0.384
	PL_{TUB9}	$y = 0.214x^2 + 2.626x - 7.768$	0.6197	1.234
	PL_{TUB14}	$y = 3.667x^2 - 1.794x - 2.448$	0.5904	1.281
永庄水库	U_{TUB11}	$y = -29.457x + 18.661$	0.6432	0.867
	E_{TUB11}	$y = 32.221e^{-3.896x}$	0.6166	0.121
	P_{TUB11}	$y = 2.004x^{-1.332}$	0.5791	0.127
	PL_{TUB11}	$y = -69.192x^2 + 20.625x + 9.728$	0.6599	0.855
长钦湖	U_{TUB9}	$y = -3.998x + 24.955$	0.1850	2.173
	U_{TUB14}	$y = -8.585x + 24.670$	0.1661	2.198
	E_{TUB9}	$y = 118.512e^{-0.665x}$	0.2556	0.294
	E_{TUB14}	$y = 116.182e^{-1.444x}$	0.2347	0.298
	P_{TUB9}	$y = 240.163x^{-2.428}$	0.2277	0.299
	P_{TUB14}	$y = 35.051x^{-2.385}$	0.2066	0.303
	PL_{TUB9}	$y = -18.395x^2 + 138.909x - 251.394$	0.5911	1.556
	PL_{TUB14}	$y = -101.361x^2 + 349.731x - 290.720$	0.6497	1.440

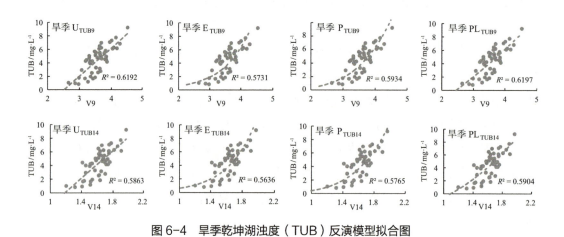

图 6-4　旱季乾坤湖浊度（TUB）反演模型拟合图

好的拟合效果，多项式函数和线性函数拟合模型效果相对更好，拟合曲线的整体变化趋势呈现出大体的一致性，随着光谱反射率不断增大，浊度浓度在不断增大。

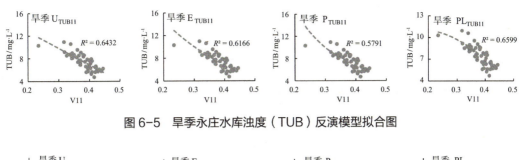

图 6-5　旱季永庄水库浊度（TUB）反演模型拟合图

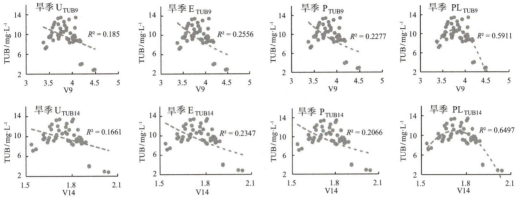

图 6-6　旱季长钦湖浊度（TUB）反演模型拟合图

旱季永庄水库中，前 4 个 R^2 较大的浊度反演模型依次是 PL_{TUB11}、U_{TUB11}、E_{TUB11}、P_{TUB11}，它们的决定系数 R^2 依次为 0.6599、0.6432、0.6166 及 0.5791。结合 *RMSE* 来看，可以明显看出，幂函数和指数函数拟合模型效果相对更好，拟合曲线的整体变化趋势呈现出大体的一致性，随着光谱反射率不断增大，浊度浓度在不断减小。

旱季长钦湖中，前 4 个 R^2 较大的浊度反演模型依次是 PL_{TUB14}、PL_{TUB9}、E_{TUB9}、E_{TUB14}，它们的决定系数 R^2 依次为 0.6497、0.5911、0.2556 及 0.2347。结合 *RMSE* 来看，可以明显看出，光谱参数 V14 用于旱季长钦湖 TUB 模型的拟合具有更好的拟合效果，多项式函数拟合模型效果相对更好，拟合曲线的整体变化趋势呈现出大体的一致性，随着光谱反射率不断增大，浊度浓度先增大后减小。

雨季，乾坤湖以 V5、V8 为自变量，永庄水库以 V14、V15 为自变量，长钦湖以 V5、V7 为自变量，以各自相对应的浊度为因变量构建一元线性回归模型、指数函数模型、幂函数模型、多项式模型。雨季乾坤湖、永庄水库、长钦湖的浊度分别对应的反演模型如表 6-4 所示，分别对应模型的拟合结果如图 6-7～图 6-9 所示。

雨季乾坤湖中，前 4 个 R^2 较大的浊度反演模型依次是 PL_{TUB5}、P_{TUB5}、PL_{TUB8}、E_{TUB5}，它们的决定系数 R^2 依次为 0.6267、0.5815、0.4848 及 0.4583。结合 *RMSE* 来看，可以明显看出，光谱参数 V5 用于雨季乾坤湖浊度模型的拟合具有更好的拟合效果，

表6-4 雨季浊度（TUB）反演模型

采样点	TUB 模型	TUB 模型表达式	R^2	RMSE
乾坤湖	U_{TUB5}	$y = -0.002x + 5.097$	0.3605	1.865
	U_{TUB8}	$y = -4.008x + 7.883$	0.2745	1.986
	E_{TUB5}	$y = 7.578e^{-0.002x}$	0.4583	1.099
	E_{TUB8}	$y = 52.918 \cdot e^{-2.842x}$	0.3362	1.217
	P_{TUB5}	$y = 22017388.03x^{-2.424}$	0.5815	0.966
	P_{TUB8}	$y = 4.342x^{-4.957}$	0.4032	1.154
	PL_{TUB5}	$y = 1.310E-06x^2 - 0.008x + 8.731$	0.6267	1.440
	PL_{TUB8}	$y = 6.576x^2 - 26.695x + 25.631$	0.4848	1.692
永庄水库	U_{TUB14}	$y = -1.600x + 6.765$	0.4553	1.448
	U_{TUB15}	$y = -3.071x + 10.110$	0.5339	1.340
	E_{TUB14}	$y = 12.616e^{-0.769x}$	0.3567	0.854
	E_{TUB15}	$y = 51.017e^{-1.385x}$	0.3688	0.846
	P_{TUB14}	$y = 5.205x^{-1.203}$	0.2770	0.906
	P_{TUB15}	$y = 18.206x^{-2.670}$	0.3343	0.869
	PL_{TUB14}	$y = -0.179x^2 - 0.813x + 6.025$	0.4601	1.457
	PL_{TUB15}	$y = -0.235x^2 - 2.068x + 9.098$	0.5348	1.353
长钦湖	U_{TUB5}	$y = 0.048x - 49.652$	0.8828	1.824
	U_{TUB7}	$y = 0.021x - 47.881$	0.7914	2.434
	E_{TUB5}	$y = 0.160e^{0.003x}$	0.8184	0.163
	E_{TUB7}	$y = 0.188e^{0.001x}$	0.7387	0.202
	P_{TUB5}	$y = 5.709E-14x^{4.601}$	0.8386	0.154
	P_{TUB7}	$y = 4.547E-15x^{4.457}$	0.7218	0.196
	PL_{TUB5}	$y = -2.591E-05x^2 + 0.119x - 98.470$	0.8885	1.798
	PL_{TUB7}	$y = -5.289E-06x^2 + 0.054x - 97.743$	0.7963	2.430

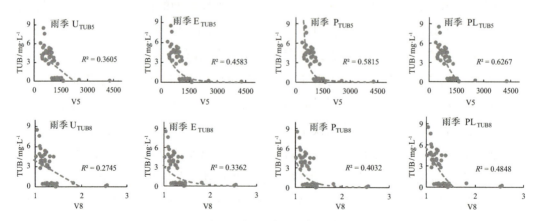

图6-7 雨季乾坤湖浊度（TUB）反演模型拟合图

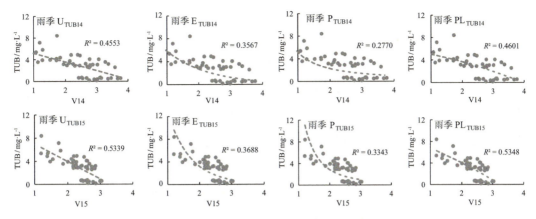

图 6-8　雨季永庄水库浊度（TUB）反演模型拟合图

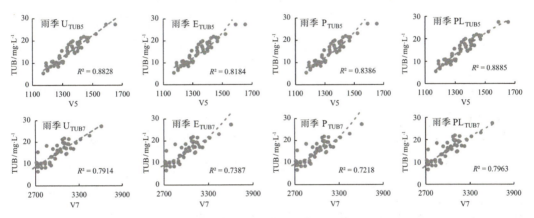

图 6-9　雨季长钦湖浊度（TUB）反演模型拟合图

多项式函数拟合模型效果相对更好，拟合曲线的整体变化趋势呈现出大体的一致性，随着光谱反射率不断增大，浊度浓度在不断减小。

雨季永庄水库中，前 4 个 R^2 较大的浊度反演模型依次是 PL_{TUB15}、U_{TUB15}、PL_{TUB14}、U_{TUB14}，它们的决定系数 R^2 依次为 0.5348、0.5339、0.4601 及 0.4553。结合 $RMSE$ 来看，可以明显看出，光谱参数 V15 用于雨季永庄水库浊度模型的拟合具有更好的拟合效果，多项式拟合模型和线性拟合模型效果相对更好，拟合曲线的整体变化趋势呈现出大体的一致性，随着光谱反射率不断增大，浊度浓度在不断减小。

在长钦湖中，前 4 个 R^2 较大的浊度反演模型依次是 PL_{TUB5}、U_{TUB5}、P_{TUB5}、E_{TUB5}，它们的决定系数 R^2 依次为 0.8885、0.8828、0.8386 及 0.8184。结合 $RMSE$ 来看，可以明显看出，光谱参数 V5 用于长钦湖浊度模型的拟合具有更好的拟合效果，幂函数和指数函数拟合模型效果相对更好，拟合曲线的整体变化趋势呈现出大体的一致性，随着光谱反射率不断增大，浊度浓度在不断增大。

6.4 浊度浓度反演模型检验

从上述水质参数反演模型表及拟合图可以明显看出，乾坤湖、长钦湖、永庄水库内构建的浊度反演模型中，无论是其决定系数还是均方根误差的差距都很小，因此要在进行多光谱图像反演之前对上述模型进行检验，检验的结果会对如何选择反演所用的模型产生影响。参考无人机遥感反演的同类型文献，检验样本普遍在 5～20 组，鉴于本实验的总数据量及实验区域的面积，最终确定为 20 组数据用于检验。再加上水质会因为时间、季节发生大的变化，一般的水质反演实验如时间跨度较长会分季度做不同的拟合模型，为了保证实验的科学性，后期无法增加检验样本。所以利用之前预留的 20 个检验样本的水质参数实测值和各个模型的估测值进行拟合分析，通过拟合方程的决定系数 R^2、回归方程斜率的对比状况进行比较分析。

旱季浊度估测模型精度检验结果如表 6-5 所示，在乾坤湖浊度反演模型中，前 4 个 R^2 较大的反演模型依次是 PL_{TUB9}、U_{TUB9}、P_{TUB9}、E_{TUB9}，模型的回归斜率分别为 0.4568、0.4570、0.5212、0.5691，决定系数 R^2 分别为 0.8102、0.8086、0.8079、0.8033，可以看出乾坤湖的浊度反演模型的整体估测水平精度较为平稳，贴近实测值；在永庄水库浊度反演模型中，前 4 个 R^2 较大的反演模型依次是 P_{TUB11}、E_{TUB11}、U_{TUB11}、PL_{TUB11}，模型的回归斜率分别为 0.6881、0.7556、0.7672、0.8228，决定系数 R^2 分别为 0.9142、0.9124、0.9059、0.8922，可以看出永庄水库的浊度反演模型的整体估测水平精度较为平稳，贴近实测值；在长钦湖浊度反演模型中，前 4 个 R^2 较大的反演模型依次是 PL_{TUB9}、PL_{TUB14}、U_{TUB14}、U_{TUB9}，模型的回归斜率

表 6-5　旱季浊度（TUB）估测模型精度检验

采样点	TUB 模型	TUB 回归方程	R^2	回归方程斜率
乾坤湖	U_{TUB9}	$y = 0.457x + 2.0843$	0.8086	0.4570
	U_{TUB14}	$y = 0.406x + 2.2277$	0.6433	0.4060
	E_{TUB9}	$y = 0.5691x + 1.3662$	0.8033	0.5691
	E_{TUB14}	$y = 0.4422x + 1.6658$	0.6697	0.4422
	P_{TUB9}	$y = 0.5212x + 1.3925$	0.8079	0.5212
	P_{TUB14}	$y = 0.444x + 1.7037$	0.6651	0.4440
	PL_{TUB9}	$y = 0.4568x + 2.0705$	0.8102	0.4568
	PL_{TUB14}	$y = 0.4041x + 2.203$	0.6523	0.4041

（续）

采样点	TUB 模型	TUB 回归方程	R^2	回归方程斜率
永庄水库	U_{TUB11}	$y = 0.7672x + 1.4734$	0.9059	0.7672
	E_{TUB11}	$y = 0.7556x + 1.4968$	0.9124	0.7556
	P_{TUB11}	$y = 0.6881x + 1.9957$	0.9142	0.6881
	PL_{TUB11}	$y = 0.8228x + 1.0601$	0.8922	0.8228
长钦湖	U_{TUB9}	$y = 0.249x + 7.1855$	0.2544	0.2490
	U_{TUB14}	$y = 0.2616x + 7.0419$	0.2844	0.2616
	E_{TUB9}	$y = 0.3398x + 6.0654$	0.2014	0.3398
	E_{TUB14}	$y = 0.3634x + 5.7998$	0.2311	0.3634
	P_{TUB9}	$y = 0.3106x + 6.326$	0.1846	0.3106
	P_{TUB14}	$y = 0.33x + 6.1127$	0.2135	0.3300
	PL_{TUB9}	$y = 0.5654x + 3.9929$	0.8046	0.5654
	PL_{TUB14}	$y = 0.6713x + 2.7918$	0.7670	0.6713

分别为 0.5654、0.6713、0.2616、0.2490，决定系数 R^2 分别为 0.8046、0.7670、0.2844、0.2544，可以看出长钦湖的浊度反演模型的整体估测水平精度较为平稳，贴近实测值。

雨季浊度估测模型精度检验结果如表 6-6 所示，按照回归方程的决定系数 R^2 自大至小进行排序，在乾坤湖浊度反演模型中，前 4 个 R^2 较大的反演模型依次是 E_{TUB5}、PL_{TUB5}、U_{TUB5}、P_{TUB5}，模型的回归斜率分别为 0.2917、0.6613、0.2409、0.5772，决定系数 R^2 分别为 0.6646、0.6605、0.6540、0.6420，可以看出乾坤湖的浊度反演模型的整体估测水平精度较为平稳，贴近实测值；在永庄水库浊度反演模型中，前

表 6-6 雨季浊度（TUB）估测模型精度检验

采样点	TUB 模型	TUB 回归方程	R^2	回归方程斜率
乾坤湖	U_{TUB5}	$y = 0.2409x + 2.2549$	0.6540	0.2409
	U_{TUB8}	$y = 0.2281x + 2.0141$	0.6359	0.2281
	E_{TUB5}	$y = 0.2917x + 0.2457$	0.6646	0.2917
	E_{TUB8}	$y = 0.2473x + 0.7402$	0.5783	0.2473
	P_{TUB5}	$y = 0.5772x - 0.0606$	0.6420	0.5772
	P_{TUB8}	$y = 0.3628x + 0.448$	0.5125	0.3628
	PL_{TUB5}	$y = 0.6613x - 0.1297$	0.6605	0.6613
	PL_{TUB8}	$y = 0.5684x + 0.562$	0.6190	0.5684

（续）

采样点	TUB 模型	TUB 回归方程	R^2	回归方程斜率
永庄水库	U_{TUB14}	$y = 0.5077x + 1.5828$	0.5604	0.5077
	U_{TUB15}	$y = 0.6631x + 1.3222$	0.6942	0.6631
	E_{TUB14}	$y = 0.6675x + 0.8943$	0.4931	0.6675
	E_{TUB15}	$y = 1.0255x + 0.2761$	0.6844	1.0255
	P_{TUB14}	$y = 0.6965x + 0.7457$	0.3579	0.6965
	P_{TUB15}	$y = 1.0757x + 0.1573$	0.6470	1.0757
	PL_{TUB14}	$y = 0.5105x + 1.5126$	0.5565	0.5105
	PL_{TUB15}	$y = 0.6563x + 1.3149$	0.6905	0.6563
长钦湖	U_{TUB5}	$y = 0.8376x - 0.8881$	0.9642	0.8376
	U_{TUB7}	$y = 0.722x + 1.5627$	0.9618	0.7220
	E_{TUB5}	$y = 0.7294x - 2.5969$	0.9809	0.7294
	E_{TUB7}	$y = 0.1692x + 0.9368$	0.9833	0.1692
	P_{TUB5}	$y = 1.1825x - 5.1468$	0.9821	1.1825
	P_{TUB7}	$y = 0.9674x - 1.7716$	0.9837	0.9674
	PL_{TUB5}	$y = 0.7592x - 0.6197$	0.9414	0.7592
	PL_{TUB7}	$y = 0.6852x + 2.994$	0.9343	0.6852

4 个 R^2 较大的反演模型依次是 U_{TUB15}、PL_{TUB15}、E_{TUB15}、P_{TUB15}，模型的回归斜率分别为 0.6631、0.6563、1.0255、1.0757，决定系数 R^2 分别为 0.6942、0.6905、0.6844、0.6470，可以看出永庄水库的浊度反演模型的整体估测水平精度较为平稳，贴近实测值；在长钦湖浊度反演模型中，前 4 个 R^2 较大的反演模型依次是 P_{TUB7}、E_{TUB7}、P_{TUB5}、E_{TUB5}，模型的回归斜率分别为 0.9674、0.1692、1.1825、0.7294，决定系数 R^2 分别为 0.9837、0.9833、0.9821、0.9809，可以看出长钦湖的浊度反演模型的整体估测水平精度较为平稳，贴近实测值。

6.5 本章小结

本章内容利用无人机多光谱遥感数据，结合实测水质数据，建立了乾坤湖、永庄水库、长钦湖旱季和雨季水体浊度浓度反演模型，并对反演模型进行了精度评价。通过比较得出，旱季乾坤湖多项式函数 PL_{TUB9} 较高、永庄水库多项式函数 PL_{TUB11} 最高、长钦湖多项式函数 PL_{TUB14} 的决定系数 R^2 值最高，分别为 0.6197、0.6599、0.6497。经过检验，其所对应模型的估测值与实测值线性回归方程的决定系数 R^2

分别为 0.8102、0.8922、0.7670，所对应的回归斜率分别为 0.4568、0.8228、0.6713；雨季乾坤湖多项式函数 PL_{TUB5} 最高、永庄水库多项式函数 PL_{TUB15} 最高、长钦湖幂函数 P_{TUB5} 的决定系数 R^2 值较高，分别为 0.6267、0.5348、0.8386。经过检验，其所对应模型的估测值与实测值线性回归方程的决定系数 R^2 分别为 0.6605、0.6905、0.9821，所对应的回归斜率分别为 0.6613、0.6563、1.1825，表明反演模型精度较高，可以较准确地估测旱、雨两季乾坤湖、永庄水库、长钦湖的浊度浓度。

第 7 章
水体叶绿素 a 浓度反演

　　叶绿素 a 作为内陆水体的重要水质参数，是水体中浮游植物生物体的主要组成成分之一，它的浓度是客观反映内陆水体水质富营养化程度的重要生物学指标。具有较高叶绿素 a 含量的水体通常富含磷、氮等营养化物质，这些营养物质会促进藻类的生长或开花，这会导致它们所消耗的溶解氧大幅增加并最终造成大量鱼类死亡。研究人员可以根据水体中叶绿素 a 的含量解读出浮游植物的生长情况、水体富营养化程度，以及潜在的可能暴发的生态环境问题。除此之外，地表水体所显示的光谱特征也会被水体中的叶绿素 a 影响，它能够清晰地显示出水体的健康状况、有机污染程度等，同时也能够显示出人类活动的频繁程度和自然环境的变化（刘文耀，2022）。

　　水体水质状况需通过获取准确的、周期性和时效性的监测来获得相关的数据，从而了解该区域内水环境及其变化状况。水体水质检测中众多参数的一个重要指标便是叶绿素，叶绿素 a 存在于所有水体中浮游藻类等植物中，并且水体中处于游离状态叶绿素 a 浓度的大小与该水体中藻类或者水生植物的种类和数量有着十分紧密的联系，因此监测水体中叶绿素 a 的浓度也是指示整个水体环境是否存在富营养化问题的重要参数之一。对叶绿素 a 浓度进行准确监测，对水产行业发展、水生态系统平衡和人类饮水安全等具有重要意义，应用遥感方法快速、准确地测定水域中叶绿素 a 浓度是目前水体生态环境监测中一个重要的研究方向。

　　本章内容基于无人机多光谱数据，选取美舍河的乾坤湖、五源河的永庄水库、潭丰洋的长钦湖等 3 处典型水体区域作为研究区，探讨不同水体叶绿素 a 浓度光谱特征，尝试构建适用于湿地水体具有一定普适性的叶绿素 a 浓度遥感估算模型，揭示湿地叶绿素 a 浓度长时间序列时空格局并分析其变化规律，为海南省重要湿地水体的水环境和水生态修复提供重要参考。

7.1 叶绿素 a 浓度反演数据相关性分析

将乾坤湖、永庄水库和长钦湖 3 处湿地水体采样测得的叶绿素 a 值与构建的光谱参数（V1～V16）进行 Pearson 相关性分析，得出皮尔森相关系数。在相关性分析的基础上，选择叶绿素 a 水质参数指标所对应的若干显著水平小于 0.05，符合统计学要求的光谱参数数据进行下一步分析。旱季叶绿素 a 与光谱参数的相关性分析结果如表 7-1 所示：旱季乾坤湖中，符合叶绿素 a 要求的光谱参数有 V14 共 1 组，相关系数整体上达到了 0.215；永庄水库中，符合叶绿素 a 要求的光谱参数有 V9 共 1 组，相关系数整体上达到了 0.219；长钦湖中，符合叶绿素 a 要求的光谱参数有 V14 共 1 组，相关系数整体上达到了 0.189。

表 7-1 旱季光谱参数与叶绿素 a 的相关系数

光谱参数	乾坤湖		永庄水库		长钦湖	
	相关性	显著性	相关性	显著性	相关性	显著性
V1	0.115	0.253	−0.188	0.054	0.103	0.284
V2	0.085	0.401	−0.159	0.103	0.130	0.174
V3	0.123	0.221	−0.135	0.169	0.123	0.202
V4	−0.051	0.611	−0.146	0.135	0.033	0.735
V5	0.042	0.678	−0.138	0.157	0.072	0.456
V6	0.121	0.232	−0.073	0.455	0.040	0.675
V7	0.022	0.825	−0.169	0.083	0.097	0.316
V8	−0.024	0.814	−0.076	0.438	−0.107	0.266
V9	0.149	0.139	0.219*	0.024	0.176	0.066
V10	0.009	0.928	−0.123	0.208	0.065	0.500
V11	0.157	0.118	0.022	0.823	0.003	0.972
V12	0.108	0.284	−0.148	0.130	0.127	0.187
V13	0.063	0.532	−0.157	0.109	0.107	0.268
V14	0.215*	0.032	0.190	0.052	0.189*	0.048
V15	−0.063	0.536	0.048	0.624	0.092	0.341
V16	−0.148	0.142	−0.068	0.487	−0.131	0.172

注：*表示在 0.05 水平上相关性显著；**表示在 0.01 水平上相关性显著。

雨季乾坤湖、永庄水库、长钦湖叶绿素 a 与光谱参数的相关性分析结果如表 7-2 所示：乾坤湖中，符合叶绿素 a 要求的光谱参数有 V1、V2、V3、V4、V5、V7、V8、V10、V12、V13 共 10 组，其中相关性最好的为 V13 光谱参数，相关系数整体上达到了 −0.298；永庄水库中，符合叶绿素 a 要求的光谱参数有 V1 共 1 组，相关系数整体上达到了 −0.203；长钦湖中，符合叶绿素 a 要求的光谱参数有 V9 共 1 组，相关系数整体上达到了 −0.219。

表 7-2　雨季光谱参数与叶绿素 a 的相关系数

光谱参数	乾坤湖		永庄水库		长钦湖	
	相关性	显著性	相关性	显著性	相关性	显著性
V1	−0.236*	0.019	−0.203*	0.043	−0.005	0.957
V2	−0.282**	0.005	−0.178	0.076	−0.066	0.516
V3	−0.269**	0.007	−0.145	0.149	−0.067	0.509
V4	−0.245*	0.015	−0.130	0.199	0.121	0.231
V5	−0.267**	0.008	−0.143	0.155	−0.013	0.896
V6	−0.131	0.197	−0.008	0.940	−0.044	0.665
V7	−0.291*	0.004	−0.181	0.071	−0.013	0.899
V8	−0.201**	0.047	−0.026	0.800	0.133	0.186
V9	0.194	0.054	−0.001	0.996	−0.219*	0.029
V10	0.273**	0.006	−0.151	0.134	0.014	0.892
V11	−0.032	0.757	−0.069	0.496	0.012	0.905
V12	−0.278**	0.005	−0.167	0.096	−0.067	0.510
V13	−0.298**	0.003	−0.179	0.074	−0.040	0.692
V14	0.180	0.074	0.007	0.941	−0.191	0.057
V15	0.119	0.240	0.045	0.655	−0.172	0.087
V16	−0.154	0.127	−0.038	0.709	0.188	0.061

注：* 表示在 0.05 水平上相关性显著；** 表示在 0.01 水平上相关性显著。

7.2　叶绿素 a 浓度反演参数选择

如图 7-1 所示为乾坤湖水质参数显著性达标数据散点图，旱季乾坤湖以叶绿素 a 为因变量的散点图中，光谱参数 V14 的趋势线 R^2 值最高，$R^2_{CHL-V14}=0.0348$；雨季乾坤湖以叶绿素 a 为因变量的散点图中，光谱参数 V2 和 V3 的趋势线 R^2 值最高，$R^2_{CHL-V2}=0.0794$、$R^2_{CHL-V3}=0.0722$；根据趋势线分别去除异常数据，乾坤湖的剩余样本数均为 $n=50$。

如图 7-2 所示为永庄水库水质参数显著性达标数据散点图，旱季永庄水库以叶绿素 a 为因变量的散点图中，光谱参数 V9 的趋势线 R^2 值最高，$R^2_{CHL-V9}=0.0480$；雨季永庄水库以叶绿素 a 为因变量的散点图中，光谱参数 V1 的趋势线 R^2 值最高，$R^2_{CHL-V1}=0.0355$；根据趋势线分别去除异常数据，永庄水库的剩余样本数均为 $n=50$。

如图 7-3 所示为长钦湖水质参数显著性达标数据散点图,旱季长钦湖以叶绿素 a 为因变量的散点图中,光谱参数 V14 的趋势线 R^2 值最高,$R^2_{\text{CHL-V14}}=0.0599$;雨季长钦湖以叶绿素 a 为因变量的散点图中,光谱参数 V9 的趋势线 R^2 值最高,

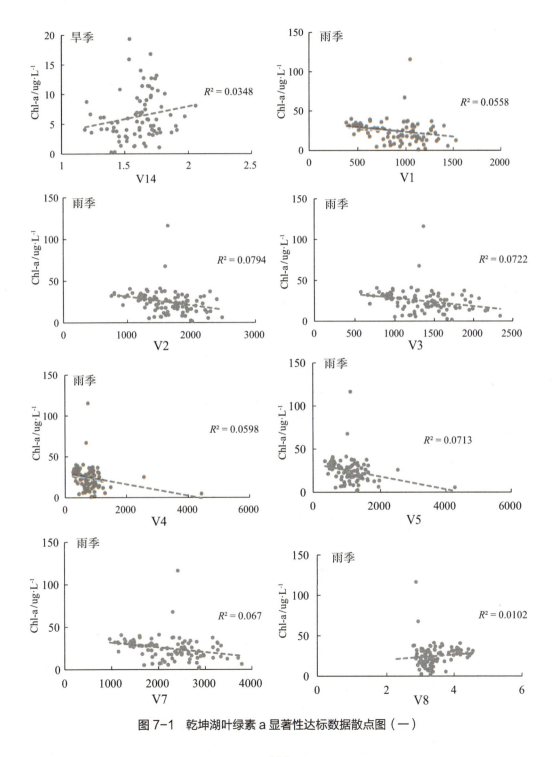

图 7-1　乾坤湖叶绿素 a 显著性达标数据散点图(一)

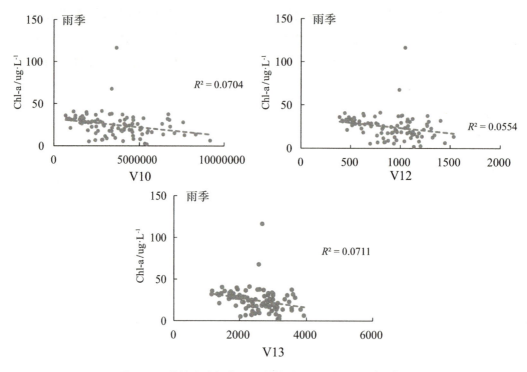

图 7-1 乾坤湖叶绿素 a 显著性达标数据散点图（二）

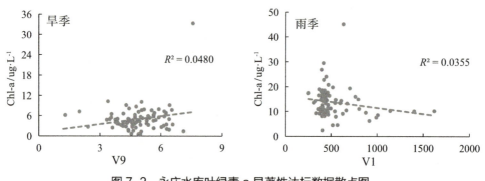

图 7-2 永庄水库叶绿素 a 显著性达标数据散点图

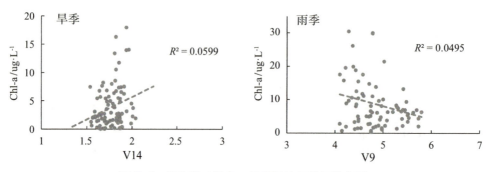

图 7-3 长钦湖叶绿素 a 显著性达标数据散点图

R^2_{CHL-V9}=0.0495；根据趋势线分别去除异常数据，长钦湖的剩余样本数均为 n=50。

7.3 叶绿素 a 浓度反演模型构建

将乾坤湖、永庄水库、长钦湖剩余样本的最优光谱参数作为自变量，将其对应的叶绿素 a 作为因变量，使用 SPSS 软件建立线性回归模型、指数模型、幂函数模型、多项式模型 4 种函数模型。将之前经过处理的光谱数据按照采样点进行对应数据的输入，分别生成 4 种模型，再根据模型的相关性系数来选择最优的模型进行预测。

旱季，乾坤湖以 V14 为自变量，永庄水库以 V9 为自变量，长钦湖以 V14 为自变量，以各自相对应的叶绿素 a 作为因变量构建一元线性回归模型，记为 U_{CHL}；指数函数模型，记为 E_{CHL}；幂函数模型，记为 P_{CHL}；多项式模型，记为 PL_{CHL}。通过拟合方程的决定系数 R^2、均方根误差（RMSE）、回归方程的斜率评价模型的估测能力和精度，一般来讲，R^2 以及拟合方程的斜率越接近 1，均方根误差越小，模型的精度越高。旱季乾坤湖、永庄水库、长钦湖的叶绿素 a 分别对应的反演模型如表 7-3 所示，分别对应模型的拟合结果如图 7-4 ～ 图 7-6 所示。

表 7-3 旱季叶绿素 a 反演模型

采样点	Chl-a 模型	Chl-a 模型表达式	R^2	RMSE
乾坤湖	U_{CHL14}	$y = 14.356x - 16.982$	0.4222	2.434
	E_{CHL14}	$y = 0.036e^{3.059x}$	0.2970	0.682
	P_{CHL14}	$y = 0.602x^{4.472}$	0.2766	0.692
	PL_{CHL14}	$y = 46.739x^2 - 128.589x + 91.278$	0.5536	2.162
永庄水库	U_{CHL9}	$y = 1.234x - 1.040$	0.5591	0.995
	E_{CHL9}	$y = 1.421e^{0.248x}$	0.5404	0.207
	P_{CHL9}	$y = 0.861x^{1.090}$	0.5015	0.216
	PL_{CHL9}	$y = 0.346x^2 - 2.081x + 6.618$	0.6174	0.936
长钦湖	U_{CHL14}	$y = 22.879x - 37.235$	0.4177	2.787
	E_{CHL14}	$y = 1.804E - 06e^{7.790x}$	0.3154	1.184
	P_{CHL14}	$y = 0.001x^{13.567}$	0.3068	1.192
	PL_{CHL14}	$y = 213.491x^2 - 732.793x + 629.278$	0.7241	1.939

旱季乾坤湖中，前 4 个 R^2 较大的叶绿素 a 反演模型依次是 PL_{CHL14}、U_{CHL14}、E_{CHL14}、P_{CHL14}，它们的决定系数 R^2 依次为 0.5536、0.4222、0.2970 及 0.2766。结合

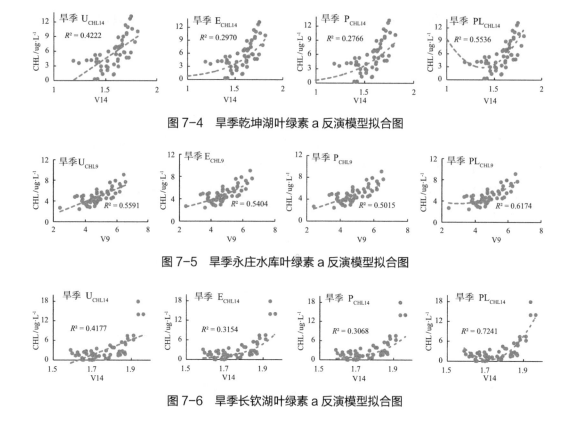

图 7-4　旱季乾坤湖叶绿素 a 反演模型拟合图

图 7-5　旱季永庄水库叶绿素 a 反演模型拟合图

图 7-6　旱季长钦湖叶绿素 a 反演模型拟合图

RMSE 来看，可以明显看出，多项式函数和线性函数拟合模型效果相对优于指数函数和幂函数的拟合模型，拟合曲线的整体变化趋势呈现出大体的一致性，随着光谱反射率不断增大，叶绿素 a 浓度先减小后增大。

旱季永庄水库中，前 4 个 R^2 较大的叶绿素 a 反演模型依次是 PL_{CHL9}、U_{CHL9}、E_{CHL9}、P_{CHL9}，它们的决定系数 R^2 依次为 0.6174、0.5591、0.5404 及 0.5015。结合 RMSE 来看，可以明显看出，多项式和线性函数拟合模型效果相对优于幂函数和指数函数的拟合模型，拟合曲线的整体变化趋势呈现出大体的一致性，随着光谱反射率不断增大，叶绿素浓度在不断增大。

旱季长钦湖中，前 4 个 R^2 较大的叶绿素 a 反演模型依次是 PL_{CHL14}、U_{CHL14}、E_{CHL14}、P_{CHL14}，它们的决定系数 R^2 依次为 0.7241、0.4177、0.3154 及 0.3068。结合 RMSE 来看，可以明显看出，多项式函数和线性函数拟合模型效果相对优于指数函数和幂函数的拟合模型，拟合曲线的整体变化趋势呈现出大体的一致性，随着光谱反射率不断增大，叶绿素 a 浓度先减小后增大。

雨季，乾坤湖以 V2、V3 为自变量，永庄水库以 V1 为自变量，长钦湖以 V9 为自变量，以各自相对应的叶绿素 a 为因变量构建一元线性回归模型、指数函数模型、幂函数模型、多项式模型。雨季乾坤湖、永庄水库、长钦湖的叶绿素 a 分别对应的反演模型如表 7-4 所示，分别对应模型的拟合结果如图 7-7～图 7-9 所示。

表 7-4 雨季叶绿素 a 反演模型

采样点	Chl-a 模型	Chl-a 模型表达式	R^2	RMSE
乾坤湖	U_{CHL2}	$y = -0.016x + 50.599$	0.6335	4.598
	U_{CHL3}	$y = -0.016x + 45.875$	0.6753	4.328
	E_{CHL2}	$y = 79.125e^{-0.001x}$	0.6202	0.222
	E_{CHL3}	$y = 63.665e^{-0.001x}$	0.6671	0.208
	P_{CHL2}	$y = 86487.909x^{-1.120}$	0.5656	0.238
	P_{CHL3}	$y = 16300.200x^{-0.916}$	0.6030	0.227
	PL_{CHL2}	$y = -6.278E-07x^2 - 0.014x + 49.055$	0.6336	4.646
	PL_{CHL3}	$y = 1.005E-06x^2 - 0.019x + 47.684$	0.6759	4.369
永庄水库	U_{CHL1}	$y = -0.007x + 17.764$	0.3948	2.533
	E_{CHL1}	$y = 18.541e^{-0.001x}$	0.4116	0.200
	P_{CHL1}	$y = 274.430x^{-0.486}$	0.4992	0.185
	PL_{CHL1}	$y = 1.248E-05x^2 - 0.029x + 24.895$	0.5454	2.218
长钦湖	U_{CHL9}	$y = -5.989x + 36.235$	0.3067	4.193
	E_{CHL9}	$y = 148.488e^{-0.680x}$	0.1614	0.722
	P_{CHL9}	$y = 1506.542x^{-3.566}$	0.1819	0.713
	PL_{CHL9}	$y = 14.054x^2 - 145.658x + 380.245$	0.6299	3.096

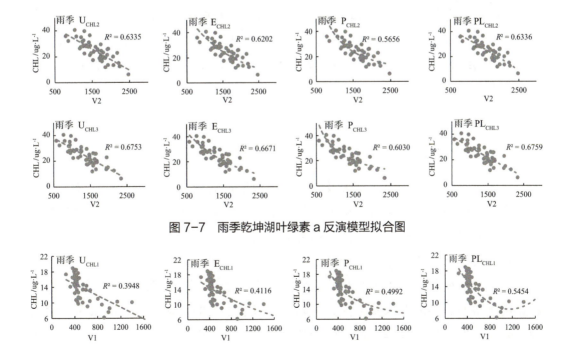

图 7-7 雨季乾坤湖叶绿素 a 反演模型拟合图

图 7-8 雨季永庄水库叶绿素 a 反演模型拟合图

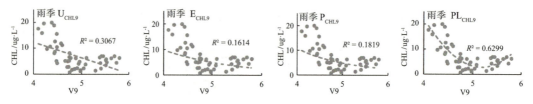

图 7-9 雨季长钦湖叶绿素 a 反演模型拟合图

雨季乾坤湖中，前 4 个 R^2 较大的叶绿素 a 反演模型依次是 PL_{CHL3}、U_{CHL3}、E_{CHL3}、PL_{CHL2}，它们的决定系数 R^2 依次为 0.6759、0.6753、0.6671 及 0.6336。结合 *RMSE* 来看，可以明显看出，光谱参数 V3 用雨季乾坤湖叶绿素 a 模型的拟合具有更好的拟合效果，指数函数和幂函数拟合模型效果相对优于多项式函数和线性函数的拟合模型，拟合曲线的整体变化趋势呈现出大体的一致性，随着光谱反射率不断增大，叶绿素 a 浓度在不断减小。

雨季永庄水库中，前 4 个 R^2 较大的叶绿素 a 反演模型依次是 PL_{CHL1}、P_{CHL1}、E_{CHL1}、U_{CHL1}，它们的决定系数 R^2 依次为 0.5454、0.4992、0.4116 及 0.3948。结合 *RMSE* 来看，可以明显看出，多项式和幂函数拟合模型效果相对优于线性和指数函数的拟合模型，拟合曲线的整体变化趋势呈现出大体的一致性，随着光谱反射率在不断增大，叶绿素 a 浓度先减小后增大。

在长钦湖中，前 4 个 R^2 较大的叶绿素 a 反演模型依次是 PL_{CHL9}、U_{CHL9}、P_{CHL9}、E_{CHL9}，它们的决定系数 R^2 依次为 0.6299、0.3067、0.1819 及 0.1614。结合 *RMSE* 来看，可以明显看出，多项式函数拟合模型效果相对优于其他函数的拟合模型，拟合曲线的整体变化趋势呈现出大体的一致性，随着光谱反射率不断增大，叶绿素 a 浓度先减小后增大。

7.4 叶绿素 a 浓度反演模型检验

从上述水质参数反演模型表及拟合图可以明显看出，乾坤湖、长钦湖、永庄水库内构建的叶绿素 a 反演模型中，无论是其决定系数还是均方根误差的差距都很小，因此要在进行多光谱图像反演之前对上述模型进行检验，检验的结果会对如何选择反演所用的模型产生影响。参考无人机遥感反演的同类型文献，检验样本普遍在 5～20 组，鉴于本实验的总数据量及实验区域的面积，最终确定为 20 组数据用于检验。再加上水质会因为时间、季节发生大的变化，一般的水质反演实验如时间跨度较长会分季度做不同的拟合模型，为了保证实验的科学性，后期无法增加检验样本。所以利用之前预留的 20 个检验样本的水质参数实测值和各个模型的估测值进行拟合分析，通过拟合方程的决定系数 R^2、回归方程斜率的对比状况进行比较分析。

旱季叶绿素 a 估测模型精度检验结果如表 7-5 所示，在乾坤湖叶绿素 a 反演模型中，前 4 个 R^2 较大的反演模型依次是 PL_{CHL14}、E_{CHL14}、P_{CHL14}、U_{CHL14}，模型的回归斜率分别为 0.7928、0.5500、0.4762、0.4365，决定系数 R^2 分别为 0.6379、0.5356、0.5118、0.3851，可以看出乾坤湖的叶绿素 a 反演模型的整体估测水平精度较为平稳，贴近实测值；在永庄水库叶绿素 a 反演模型中，反演模型的 R^2 依次是 PL_{CHL9}、E_{CHL9}、P_{CHL9}、U_{CHL9}，模型的回归斜率分别为 1.1411、0.9593、0.7840、0.8880，决定系数 R^2 分别为 0.5262、0.5256、0.5166、0.5153，可以看出永庄水库的叶绿素 a 反演模型的整体估测水平精度较为平稳，贴近实测值；在长钦湖叶绿素 a 反演模型中，反演模型的 R^2 依次是 PL_{CHL14}、E_{CHL14}、P_{CHL14}、U_{CHL14}，模型的回归斜率分别为 0.9395、0.4932、0.5877、0.4654，决定系数 R^2 分别为 0.8416、0.8304、0.8163、0.6844，可以看出长钦湖的叶绿素 a 反演模型的整体估测水平精度较为平稳，贴近实测值。

表 7-5　旱季叶绿素 a 估测模型精度检验

采样点	Chl-a 模型	Chl-a 回归方程	R^2	回归方程斜率
乾坤湖	U_{CHL14}	$y = 0.4365x + 3.0947$	0.3851	0.4365
	E_{CHL14}	$y = 0.55x + 1.9964$	0.5356	0.5500
	P_{CHL14}	$y = 0.4762x + 2.3069$	0.5118	0.4762
	PL_{CHL14}	$y = 0.7928x + 1.6268$	0.6379	0.7928
永庄水库	U_{CHL9}	$y = 0.888x + 1.1491$	0.5153	0.8880
	E_{CHL9}	$y = 0.9593x + 0.7509$	0.5256	0.9593
	P_{CHL9}	$y = 0.784x + 1.4696$	0.5166	0.7840
	PL_{CHL9}	$y = 1.1411x + 0.0554$	0.5262	1.1411
长钦湖	U_{CHL14}	$y = 0.4654x + 2.1197$	0.6844	0.4654
	E_{CHL14}	$y = 0.4932x + 1.0385$	0.8304	0.4932
	P_{CHL14}	$y = 0.5877x + 1.4316$	0.8163	0.5877
	PL_{CHL14}	$y = 0.9395x + 0.4605$	0.8416	0.9395

雨季叶绿素 a 估测模型精度检验结果如表 7-6 所示，按照回归方程的决定系数 R^2 自大至小进行排序，在乾坤湖叶绿素 a 反演模型中，反演模型的 R^2 依次是 E_{CHL3}、P_{CHL3}、PL_{CHL3}、U_{CHL3}，模型的回归斜率分别为 0.9074、0.9102、0.8356、0.8168，决定系数 R^2 分别为 0.8709、0.8690、0.8601、0.8573，可以看出乾坤湖的叶绿素 a 反演模型的整体估测水平精度较为平稳，贴近实测值。在永庄水库叶绿素 a 反演模型中，反演模型的 R^2 依次是 E_{CHL1}、U_{CHL1}、PL_{CHL1}、P_{CHL1}，模型的回归斜率分别为 0.2744、

0.1647、0.4066、0.3716，决定系数 R^2 分别为 0.6800、0.6789、0.6768、0.6753，可以看出永庄水库的叶绿素 a 反演模型的整体估测水平一般，与实测值存在一定的差异；在长钦湖叶绿素 a 反演模型中，反演模型的 R^2 依次是 PL_{CHL9}、P_{CHL9}、E_{CHL9}、U_{CHL9}，模型的回归斜率分别为 0.5456、0.2944、0.2784、0.4674，决定系数 R^2 分别为 0.6691、0.3669、0.3460、0.2836，可以看出长钦湖的叶绿素 a 反演模型的整体估测水平精度较为平稳，贴近实测值。

表 7-6 雨季叶绿素 a 估测模型精度检验

采样点	Chl-a 模型	Chl-a 回归方程	R^2	回归方程斜率
乾坤湖	U_{CHL2}	$y = 0.7708x + 7.7294$	0.8044	0.7708
	U_{CHL3}	$y = 0.8168x + 5.4445$	0.8573	0.8168
	E_{CHL2}	$y = 0.869x - 2.4071$	0.7842	0.8690
	E_{CHL3}	$y = 0.9074x - 3.1949$	0.8709	0.9074
	P_{CHL2}	$y = 0.9379x + 2.8862$	0.7519	0.9379
	P_{CHL3}	$y = 0.9102x + 2.8801$	0.8690	0.9102
	PL_{CHL2}	$y = 0.7658x + 7.8104$	0.8045	0.7658
	PL_{CHL3}	$y = 0.8356x + 4.7471$	0.8601	0.8356
永庄水库	U_{CHL1}	$y = 0.1647x + 12.975$	0.6789	0.1647
	E_{CHL1}	$y = 0.2744x + 9.1569$	0.6800	0.2744
	P_{CHL1}	$y = 0.3716x + 10.666$	0.6753	0.3716
	PL_{CHL1}	$y = 0.4066x + 10.467$	0.6768	0.4066
长钦湖	U_{CHL9}	$y = 0.4674x + 3.8249$	0.2836	0.4674
	E_{CHL9}	$y = 0.2784x + 3.6497$	0.3460	0.2784
	P_{CHL9}	$y = 0.2944x + 3.516$	0.3669	0.2944
	PL_{CHL9}	$y = 0.5456x + 2.4787$	0.6691	0.5456

7.5 本章小结

本章内容利用无人机多光谱遥感影像，结合实测水质数据，建立了乾坤湖、永庄水库、长钦湖旱季和雨季水体叶绿素 a 浓度反演模型，并对反演模型进行了精度评价。通过比较得出，旱季乾坤湖多项式函数 PL_{CHL14}、永庄水库多项式函数 PL_{CHL9}、长钦湖多项式函数 PL_{CHL14} 的决定系数 R^2 值最高，分别为 0.5536、0.6174、0.7241。经过检验，其所对应模型的估测值与实测值线性回归方程的决定系数 R^2 分别为 0.6379、0.5262、0.8416，所对应的回归斜率分别为 0.7928、1.1411、0.9395；雨季乾坤湖指数函数 E_{CHL3} 较高，永庄水库多项式函数 PL_{CHL1}、长钦湖多项式函数

PL$_{CHL9}$ 的决定系数 R^2 值最高，分别为 0.6671、0.5454、0.6299。经过检验，其所对应模型的估测值与实测值线性回归方程的决定系数 R^2 分别为 0.8709、0.6768、0.6691，所对应的回归斜率分别为 0.9074、0.4066、0.5456，表明反演模型精度较高，可以较准确地估测旱、雨两季乾坤湖、永庄水库、长钦湖的叶绿素 a 浓度。

第8章
水质参数时空变化分析与评价

　　湿地水环境质量存在明显的时间变化特征，其空间变化研究是地表水演变研究的一个重要方面。有研究表明，影响水质参数浓度的主要因素有光照、温度、营养盐和酸碱度等（李军等，2005），不同的季节水体中，水质参数浓度不同，水体反射光谱曲线特征和与水质参数浓度相关性较高的敏感波段也不一致，使各季节选用的反演模型和模型中的参数也存在一定的差异（乐成峰，2007），这种差异使利用遥感反射率反演水质参数浓度在不同水域、同一水域不同时期所用的算法和参数不同。如 Pepe 等（2011）对阿尔卑斯山下伊塞奥湖浮游植物色素与遥感反射率的关系分析中，得出不同时期藻类含量的不同会导致叶绿素敏感波段的变化，且敏感波段与叶绿素浓度的相关性也随季节发生变化；Kallioa 等（2011）对芬兰南部地区的 11 个湖泊水质进行了不同季节的研究，研究结果表明，不同季节反演模型的参数不同，随着季节的变化，反演模型的 R^2 会发生变动。

　　水质综合评价，即通过对水质营养状况有关的一系列指标及指标间的相互关系的分析，对水质的综合状况做出判断，确定其污染程度、划分污染等级，进而为消除水污染提供理论支持与技术指导（田明璐等，2007）。本章内容基于 3 处典型湿地构建的旱季和雨季水体总磷、总氮、浊度和叶绿素 a 浓度的最优反演模型，利用空间分析方法绘制 4 种水质参数不同季节的空间分布图，对研究区域开展综合水质状况空间等级划分与评价分析。

8.1　乾坤湖水质时空变化分析

　　由图 8-1 可知，旱季 TP 在乾坤湖中的浓度呈现东西低、中部高的分布格局，TP 浓度多在 0.50～0.69 mg/L，数值随空间分布变化较大，浓度相对较高，乾坤湖周边农业废水、居民生活污水的直接排入是 TP 含量高的主要原因，另外乾坤湖溶解氧含量低，使河区磷的转化减慢，TP 含量高。相反，雨季 TP 在乾坤湖中的浓度分布由东向西总体呈递增的趋向，浓度为 0.08～0.71 mg/L。雨季 TP 浓度相对旱季浓度较低，分析认为可能是由于旱季水体温度较低，生态消耗较少，使旱季氮磷含量较高，再加上雨季降雨量多，流入河中的水量增多，对水质参数有稀释作用，从而导致雨季乾坤湖 TP 浓度降低。

TN 是评价水体富营养化、预防赤潮灾害以及进行生态环境监测的重要参数，是最常用的污染综合指标之一。由图 8-1 可知，旱季 TN 在乾坤湖中的浓度分布由北向南总体呈点源状递减的趋势，TN 浓度为 3.73～7.63 mg/L，平均浓度为 4.68 mg/L；雨季 TN 在乾坤湖中的浓度分布由北向南总体呈递增的趋向，TN 浓度为 3.58～7.51 mg/L，平均浓度为 4.40 mg/L，数值随空间分布变化较大，浓度差异性较为明显。

旱季 TUB 在乾坤湖中的浓度分布总体呈南北高、东西低的趋势，TUB 浓度分布差异相对较大，浓度为 2.81～10.77 mg/L，雨季 TUB 在乾坤湖中的浓度分布由南向北总体呈递减的趋向，浓度为 0.84～5.75 mg/L。可以看出，雨季 TUB 浓度远低于旱季，分析认为可能是雨季降雨量多，流入河中的水量增多，对 TUB 有稀释作用，从而导致雨季乾坤湖 TUB 浓度降低。

旱季 Chl-a 在乾坤湖中的浓度分布总体呈南北高、东西低的趋势，浓度为 3.42～19.45 μg/L，雨季 Chl-a 在乾坤湖中的浓度分布由南向北总体呈递减的趋向，浓度为 12.31～30.10 μg/L。雨季 Chl-a 浓度远高于旱季，分析认为雨季水体温度高、光照充足，适合藻类的繁殖，使雨季水体中 Chl-a 的含量高于旱季。

地表水环境质量是区域生态环境和经济活动的一种客观反映，主要受降雨、蒸发浓缩和人类活动等因素的影响（张伟燕等，2019；刘智琦等，2022）。根据水质评价结果与时空变化特征，建议加强乾坤湖周边城中村等人类居住区截污管道的建设，减少生活污水、工业废水等输入性污染源，防止污水直接排入水中，注重磷、氮的同步控制，降低水体富营养化的风险；提升乾坤湖湿地植物群落配置，合理分配乔、灌、草等植被，对芦苇等大型水生植物要加强保护和收割，积极培育有经济效益的水生植物，提高生态净化能力，使河滨带成为生态缓冲带；完善管控制度和规程，加强对乾坤湖上游地区的农田管理，优先对农业化肥施用采取管控措施，强化对乾坤湖及其周边污染源的控制，实现对乾坤湖污染源控制管理有据可依、遵章行事，抑制湿地周边城中村生活污染，有效保护生物多样性及其栖息地；科学开展湿地生态环境监测，建设野外长期研究站点，推进湿地生态环境监测网络建设，提升规范监测和湿地管理水平。在暴发藻类的季节中，加强水质监测工作的力度，及时处理水体中的有机质，观测其实时的含量变化，提前采取科学的控制措施，避免藻类发生泛滥，导致生态环境被破坏。

表 8-1 乾坤湖各项水质参数统计表

水质参数	季节	最大值	最小值	平均值	标准差
TP（mg/L）	旱季	1.31	0.50	0.64	0.10
	雨季	0.71	0.08	0.37	0.16
TN（mg/L）	旱季	7.63	3.73	4.68	0.71
	雨季	7.51	3.58	4.40	0.52
TUB（mg/L）	旱季	10.77	2.81	5.88	1.24
	雨季	5.75	0.84	3.40	1.09
Chl-a（μg/L）	旱季	19.45	3.42	9.89	2.67
	雨季	30.10	12.31	21.36	3.27

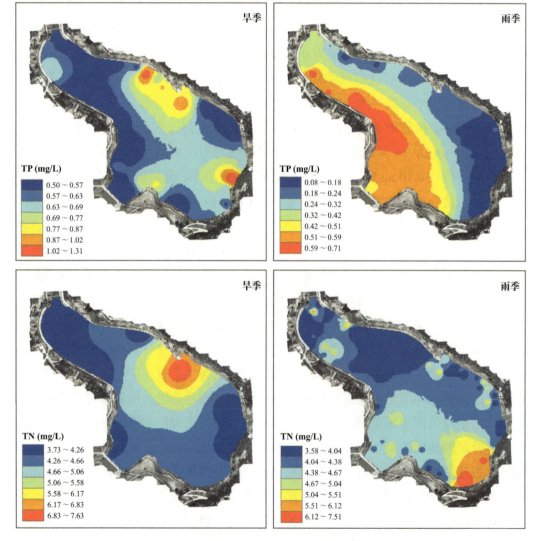

图 8-1 乾坤湖各项水质参数反距离插值图（一）

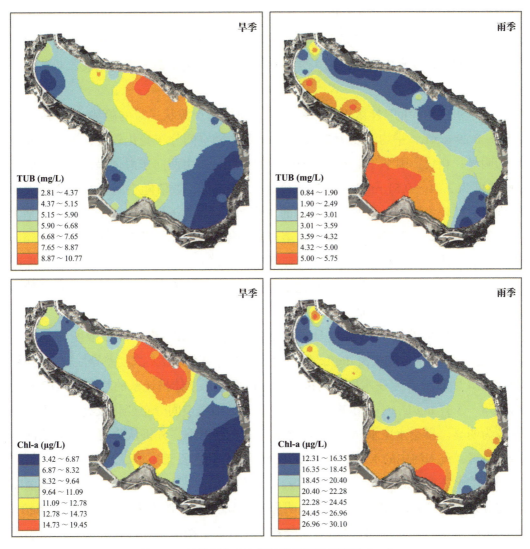

图 8-1 乾坤湖各项水质参数反距离插值图(二)

8.2 永庄水库水质时空变化分析

永庄水库的水质参数在时空分布上有较大差异：旱季 TP 在永庄水库中的浓度分布由东部向西部总体呈点源状递减的趋势（图 8-2），TP 浓度为 0.46~1.38 mg/L，数值随空间分布变化较大，浓度差异性较为明显。永庄水库周边主要为农田，TP 含量高可能与入库支流中携带含磷的污染物进入河区及周边农业河区面源污染的排放有关，部分不易降解且稳定性极高的磷排入河区后，转化成其他形式的磷存留在水库中（高湘等，2015）。雨季 TP 在永庄水库中的浓度分布由东北向西南总体呈递减的趋向，浓度为 0.27~0.32 mg/L，数值随空间分布变化不大，浓度差异性较小，且雨季 TP 浓度要远小于旱季浓度，分析认为可能是由于旱季水体温度低，水生生物生长缓慢甚至死亡，对磷元素的吸收利用减少，加上入境水量减少，生活污水、农业排水和工业废水成为河流的主要补水来源，使河流中磷元素呈增长趋势，故旱季水库 TP 含量高。

旱季永庄水库的 TN 浓度由东部向西部总体呈点源状递减的趋势，TN 浓度为 0.53～8.29 mg/L，平均浓度为 2.72 mg/L，数值随空间分布变化较大，浓度差异性较为明显；相反，雨季 TN 在永庄水库中的浓度分布由西向东总体呈递减的趋向，TN 浓度为 3.54～9.51 mg/L，平均浓度为 5.52 mg/L，数值随空间分布变化较大，浓度差异性较为明显。雨季永庄水库的 TN 含量明显高于旱季，分析认为可能是由于雨季地表径流冲刷强度大，降雨淋溶形成的径流携带富含营养的土壤和岩石碎屑进入河流，使水体总氮含量增高（王亚平等，2017）。农田村庄主要分布在水库西侧，随着雨季地表径流增加，农业化肥施用和生活污水会随之流入水体，也会使靠近西侧的河道 TN 含量增加。

旱季永庄水库的 TUB 浓度呈现中部高、南北低的趋势，TUB 浓度为 5.81～8.41 mg/L，平均浓度为 7.24 mg/L，数值随空间分布变化较大，浓度差异性较为明显；相反，雨季 TUB 在永庄水库中的浓度分布由西向东总体呈递减的趋向，TUB 浓度为 1.78～5.37 mg/L，平均浓度为 2.91 mg/L，数值随空间分布变化较大，浓度差异性较为明显。旱季永庄水库的 TUB 含量明显高于雨季，分析认为可能是由于雨季降雨量多，流入河中的水量增多对 TUB 有稀释作用（夏玉宝等，2021）。

旱季永庄水库的 Chl-a 浓度为 3.49～10.18 μg/L，平均浓度为 6.30 μg/L，数值随空间分布变化较大，浓度差异性较为明显；雨季 Chl-a 的浓度为 11.02～16.55 μg/L，平均浓度为 14.95 μg/L，数值随空间分布变化较大，浓度差异性较为明显。雨季永庄水库的 Chl-a 含量明显高于旱季，分析认为可能是由于雨季水体温度高，适合藻类的繁殖，使雨季水体中叶绿素的含量远高于旱季。

永庄水库是海口市重要的城市供水水源之一，其水质状况至关重要，关乎海口市城乡居民用水安全和健康。根据水库水质评价结果考虑不同季节、不同位点水质的差异性，针对性地提出水库水质治理建议：旱季水库东侧水质状况较差，水库东侧是人口高度聚集的城市建成区，此区域城中村和工厂较多，人类活动频繁，污染形成机制复杂，想要系统地控制该区域的水污染源是极为困难的。除了需要加强城乡结合部截污管道的建设，减少输入性污染源直排入库外，还需持续加强对水库水质的长期监测，定期对水库进行水质监测评价，通过深入分析各污染组分的来源、演化机制和时空变化特征来及时预防水污染。雨季水库西侧水质状况较差，永庄水库西侧以农业面源污染为主，农田氮、磷元素流失是面源污染的主要原因（关荣浩

表 8-2 永庄水库各项水质参数统计表

水质参数	季节	最大值	最小值	平均值	标准差
TP（mg/L）	旱季	1.38	0.46	0.56	0.13
	雨季	0.32	0.27	0.29	0.01
TN（mg/L）	旱季	8.29	0.53	2.72	0.92
	雨季	9.51	3.54	5.52	0.96
TUB（mg/L）	旱季	8.41	5.81	7.24	0.41
	雨季	5.37	1.78	2.91	0.54
Chl-a（μg/L）	旱季	10.18	3.49	6.30	0.93
	雨季	16.55	11.02	14.95	0.72

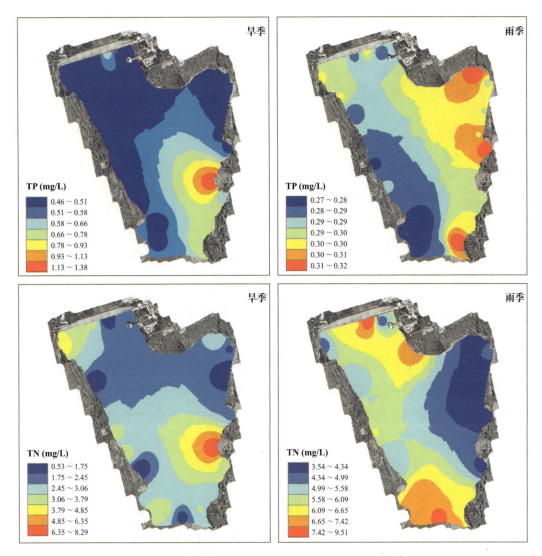

图 8-2 永庄水库各项水质参数反距离插值图（一）

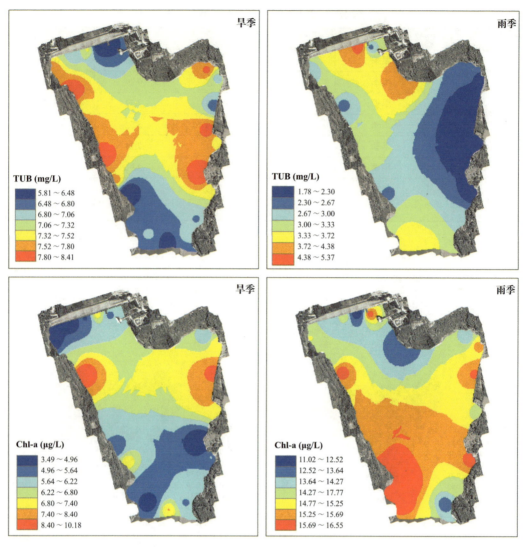

图 8-2 永庄水库各项水质参数反距离插值图（二）

等，2020），为最大程度减少非点源污染物的排放，可以设置生态田埂、生态沟渠、生态隔离带等生态缓冲区域来截流污染物（孙菲等，2022），以减少氮、磷元素的输入，降低水体富营养化的风险。

8.3 长钦湖水质时空变化分析

长钦湖各项水质参数统计表及反距离插值图如表 8-3、图 8-3 所示，结果显示，旱季 TP 浓度南部较低、北部较高，TP 浓度多为 0.01～0.39 mg/L，平均浓度为 0.28 mg/L，数值随空间分布变化较大，浓度差异性较为明显；相反，雨季 TP 在

表 8-3　长钦湖各项水质参数统计表

水质参数	季节	最大值	最小值	平均值	标准差
TP（mg/L）	旱季	1.20	0.01	0.28	0.22
	雨季	0.62	0.34	0.48	0.07
TN（mg/L）	旱季	5.72	1.25	2.57	0.75
	雨季	3.87	1.66	3.47	0.43
TUB（mg/L）	旱季	10.95	1.85	9.07	1.55
	雨季	3.47	0.84	1.57	0.54
Chl-a（μg/L）	旱季	20.79	0.46	4.83	3.48
	雨季	13.67	2.85	6.14	2.02

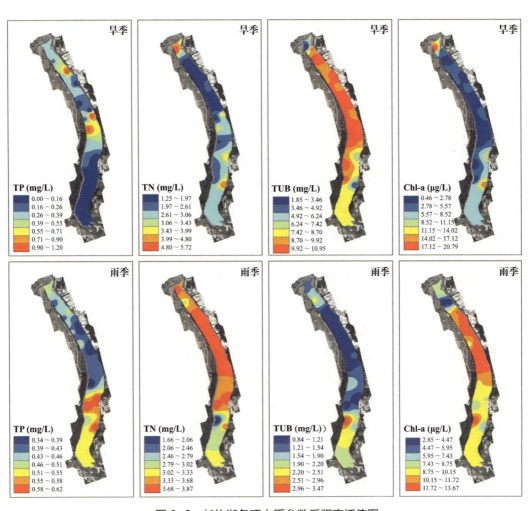

图 8-3　长钦湖各项水质参数反距离插值图

长钦湖中的浓度分布北部较低、南部较高，浓度为 0.34～0.62 mg/L，平均浓度为 0.48 mg/L，浓度差异性较大。污染物的排放、人类活动，以及水体中水生植物、浮游植物等的腐化是水体中 TP 的主要来源，雨季水体磷浓度增加明显，可能与底泥中的磷的释放有关。再加上长钦湖周围居民发展养殖业，禽类动物的粪便经雨水冲刷排入溪流最终汇入长钦湖水中，导致雨季 TP 含量更高。

旱季 TN 在长钦湖中的浓度为 1.25～5.72 mg/L，仅在北部和东南部局部区域的浓度大于 3.43 mg/L，其余地区浓度基本处于 1.25～3.43 mg/L，平均浓度为 2.57 mg/L，长钦湖周边居民畜牧业的养殖活动会造成氮的增加；雨季 TN 在长钦湖中的浓度为 1.66～3.87 mg/L，平均浓度为 3.47 mg/L。雨季水体 TN 浓度明显高于旱季，分析其原因可能是旱季水流流速慢，各形态氮转换延迟，并且接受来自上游的湖水，沉积率不高，氮元素在微生物分解下进行矿化反应，因此旱季 TN 的含量相对较小。

旱季 TUB 在长钦湖中的浓度为 1.85～10.95 mg/L，平均浓度为 9.07 mg/L，数值随空间分布变化较大，浓度差异性较为明显；雨季 TUB 在长钦湖中的浓度为 0.84～3.47 mg/L，平均浓度为 1.57 mg/L，浓度差异性相对较小。旱雨两季 TUB 差异明显，分析其原因可能是雨季降雨量多，流入河中的水量增多对 TUB 有稀释作用，从而导致雨季长钦湖 TUB 浓度降低。

旱季 Chl-a 在长钦湖中的浓度为 0.46～20.79 ug/L，平均浓度为 4.83 μg/L；雨季 Chl-a 在长钦湖中的浓度 2.85～13.67 μg/L，平均浓度为 6.14 μg/L，雨季水体 Chl-a 浓度略高于旱季，水温和光照是影响浮游植物和藻类生长繁殖的重要因素，不同季节水体温度和光照条件都在变化，气候条件的变化可直接导致水体中浮游植物和藻类周期性生长繁殖，甚至衰亡。分析认为旱季水体温度较低，生态消耗较少，使旱季 Chl-a 含量较低，雨季水体温度高、光照充足，适合藻类的繁殖，使雨季水体中 Chl-a 的含量高于旱季。

长钦湖水质污染程度较轻，水质状况较好，湿地地表水污染主要为氮素污染，因此治理长钦湖时应以治理土壤和底泥中的氮污染为主。采取全面考虑和统筹兼顾的方式，在着眼于点源污染的同时，更应从整体防治的角度着力，加强对农业面源、畜禽养殖污染的控制。根据水质评价结果与时空变化特征，建议加快落实湿地公园周边畜牧业的管控，对畜禽粪便进行集中化处理，加强对长钦湖农业污染的管控，同时在景观设计中，种植芦苇、美人蕉和香蒲等一些既有良好景观效果，又能净化水质的湿地植物，达到净化水质、美化环境的效果。

8.4 湿地水质空间评价

基于 3 处湿地水质参数的空间分布信息，采用层次分析等方法对不同湿地旱季和雨季水体总磷、总氮、浊度和叶绿素a浓度的空间分布信息进行空间计算，综合监测与评价研究区域，并对各个重要湿地的水质状况进行等级划分与空间评价分析，分别分析空间分布格局及变化规律。

8.4.1 水质参数权重计算

根据海口市重要湿地水质参数的具体特点，将各个评价指标的赋分标准向有关的专家学者咨询，利用yaahp层次分析法软件进行数据统计运算，并将没有达到一致性检验的数据通过专家回访调整比较判断矩阵，使之满足一致性检验，得出以下总目标层判断矩阵（表8-4）。

表8-4 总目标层(A)判断矩阵

水质参数	TP	TN	TUB	Chl-a	Wi
TP	1.0000	2.0000	2.0000	1.0000	0.3383
TN	0.5000	1.0000	1.0000	1.0000	0.2046
TUB	0.5000	1.0000	1.0000	0.5000	0.1692
Chl-a	1.0000	1.0000	2.0000	1.0000	0.2879

注：λ_{max}=4.0606，CR=0.0227<0.1，判断该矩阵满足一致性检验。

采用层次分析法（AHP）两两比较建立判断矩阵确定各指标的权重值，其权重判断矩阵的一致性比率值均小于0.10，通过一致性检验，表明权重分布合理。在评价体系中各指标的权重值不尽相同，反映出各指标本身在湿地水质评价过程中不同的重要性，权重值越大，影响就越大。其中，总磷、总氮、浊度、叶绿素a 4种水质参数所占比重依次为0.3383、0.2046、0.1692、0.2879。

8.4.2 湿地水质空间分析

确定4种水质参数的评价指标权重后对各水质参数进行归一化处理，处理后将不同水质参数的栅格图层叠加计算得出综合水质状况的空间分布信息，综合评价乾坤湖、永庄水库、长钦湖整体水质状况和季节水质变化特征（图8-4和图8-5）。整体来看，旱季乾坤湖、永庄水库、长钦湖综合水质状况空间差异较小，其中，乾坤湖中部地区水质较差，综合得分为0.4~0.8，东西两边水质状况较好；永庄水库大部分区域得分为0.3~0.4，东南部局部区域水质较差；长钦湖绝大部分区域综合得分为0.2~0.4，水质较好且空间差异较小，只有零星点状区域得分高于0.4。旱季3处湿地中，长钦湖水质状况最好，其次是永庄水库，乾坤湖水质状况最差，且长钦湖以点源污染为主，而乾坤湖和永庄水库以面源污染为主。雨季3处湿地空间

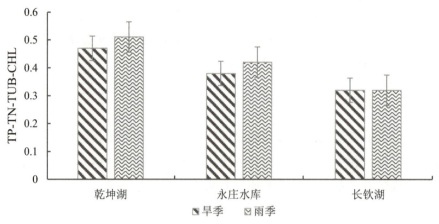

图 8-4　3 处湿地综合水质状况分析

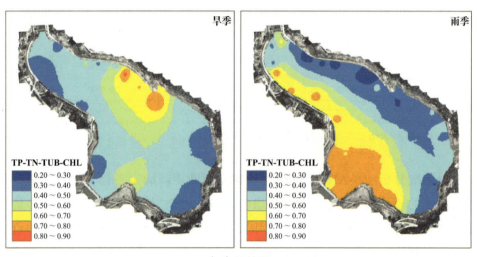

（a）乾坤湖

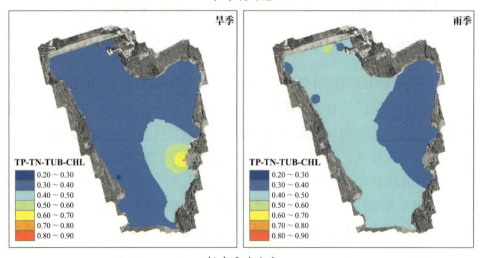

（b）永庄水库

图 8-5　3 处湿地综合水质状况空间分布图（一）

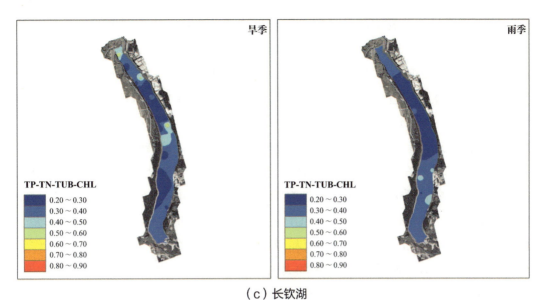

（c）长钦湖

图 8-5 3 处湿地综合水质状况空间分布图（二）

差异较为明显，乾坤湖综合水质状况呈现由南（河道入口处）向北水质综合得分不断变小的趋势，表示水质状况由南向北越来越好；永庄水库整体水质状况较为平稳，水质综合得分为 0.30～0.50，东部区域水质略微好于西部区域；长钦湖呈南北综合水质得分高、中间低的空间格局，整体水质状况平稳。总体来看，雨季乾坤湖水质状况最差，空间差异最为明显，长钦湖水质状况最好，水质空间差异较小。

8.5　本章小结

对湿地来说，水是维持其生态系统稳定的最关键的生态因子之一。水作为一个系统而存在，水质的污染会严重影响人与自然的和谐共存，会在很大程度上破坏自然生态系统的平衡与区域农业、水产等经济的发展。因此，保护湿地水质环境、加快重要湿地水质监测系统建设，准确分析水质污染原因或程度，建立高水平的污水处理机制和措施，对湿地水质的改善具有十分重要的意义。湿地水质反演利用多光谱遥感技术获取水体光谱特性，可以实现对叶绿素浓度、悬浮物含量、总氮、总磷、高锰酸盐指数、水温、水深等水质的快速、大范围、低成本、周期性动态监测，现已成为对湿地水体富营养化、受污染程度等很好的监测手段（李京等，2012）。本章内容利用反演模型得到了乾坤湖、永庄水库、长钦湖总氮、总磷、浊度、叶绿素 a 浓度的空间分布，多角度分析水质参数的时间变化趋势和空间分布特征，为掌握海口市重要湿地水质参数的时空变化规律，制定合理的监测方法提供支持。

研究结果显示，乾坤湖、永庄水库、长钦湖的水质参数在时空分布上均有差异，且存在明显的区域性特点：乾坤湖旱季河道入口及其对岸处的水质参数浓度较高，其余两侧浓度较低；雨季河道入口处水质参数的浓度最高，然后随入湖距离的延伸而呈现浓度递减趋势；整体而言，旱季 TP、TN、TUB 的浓度均高于雨季，但 Chl-a 的含量显著低于雨季，根据水质评价结果与时空变化特征，建议对乾坤湖水质实行分区管理，上游地区可优先对农业化肥施用采取管控措施，削减氮磷含量。

永庄水库旱季东侧的 TP 和 TN 浓度较高，西侧浓度较低，TUB 和 Chl-a 呈北高南低的趋势；雨季水库西侧 TN 和 TUB 浓度较高，向东呈现浓度递减趋势，TP 和 Chl-a 则相反；整体而言，TP、TUB 的平均浓度值和最大浓度值都是旱季大于雨季，相反 TN、Chl-a 的平均浓度值和最大浓度值是雨季高于旱季。永庄水库作为城市水资源保护区，周边拥有大面积的火山熔岩湿地和灌丛沼泽区作为生态缓冲带，截流污染，故其污染程度较轻，整体水质状况较好。

长钦湖的水质参数具有一定的时空变异特性，水质参数随时间变化而显著变化；TP、TN、Chl-a 的平均浓度值和最大浓度值都是雨季大于旱季，相反 TUB 的平均浓度值和最大浓度值是旱季显著大于雨季。综合分析，长钦湖水质污染程度较轻、水质状况较好。长钦湖远离城市，生态环境较好，河道两侧有大量的植物，上游排放的污染物经过自然湿地根系植物过滤和吸收，使水体也得到了一定的自净，污染程度较低。

第9章
水质参数与景观格局相关性分析

人类活动导致的湿地景观格局变化（如主导土地覆盖类型的转变、景观多样性和破碎度等的变化），通过改变水文过程和径流路径，从而影响非点源污染物的发生位置、迁移路径和转化过程，进而对湿地水环境产生深刻影响（范雅双等，2021），湿地周边景观格局变化的水环境效应研究已经成为资源环境领域科学研究的热点问题之一。景观格局变化对生态系统水质净化服务具有重要影响，景观格局指数可以很好地解释地表水污染物负荷量，目前大部分相关研究主要集中于子流域、河岸带缓冲区、采样点缓冲区的景观格局指数与水质之间的关系分析方面，常用的分析方法有相关性分析、冗余分析、主成分分析、SWAT模型、InVEST模型、GBNP模型、多元线性回归等（刘可暄等，2022）。国内外学者普遍认为，建设用地对河流水质指标具有较强的解释能力，建设用地与水质恶化的正相关程度在小尺度上高于大尺度，森林和草地在河岸带尺度上对水质变化的解释要多于其他尺度，较高的森林覆盖率有助于改善水质状况（Shi et al., 2017）。大量研究表明区域地表水质量与景观组成和景观破碎化程度密切相关，但相较于景观破碎化程度，景观组成似乎是导致水质变化的主要因素（范雅双等，2021）。

识别景观格局对地表水质的影响及其特征尺度是水环境研究领域的热点和难点。地表水质是多尺度景观格局的综合反映，它们之间具有明显的区域异质性和空间尺度差异性，由于研究区域的社会经济水平、水文条件，以及所选取的水质变量等因素的不同呈现出差异。因此，需要在不同的典型地区开展研究，以便深入理解不同尺度下两者之间的影响机制，服务于湿地水、土资源保护与管理。本章内容基于无人机水质参数反演数据，以乾坤湖、永庄水库、长钦湖等3处典型水体区域为研究对象，运用GIS技术计算不同缓冲区景观类型组成和景观格局指数，结合相关性分析方法探索不同尺度下景观格局对水质的影响及其特征尺度，并提出有针对性的湿地水质保护建议，为海口市湿地水土资源合理利用与管理、生态环境保护与可持续发展提供科学参考。

9.1 湿地水体周边景观格局分析

9.1.1 乾坤湖景观格局特征

9.1.1.1 不同尺度景观类型变化特征

乾坤湖湿地不同缓冲区景观类型面积占比如图9-1所示。总体来看，各尺度内景观类型主要由水域、乔木林地和建设用地组成，其他地类占比较少。随着缓冲区半径的扩大，道路和建设用地面积的占比增加，道路面积占比从60 m的0.56%增加到140 m的1.67%；建设用地面积占比从60 m的12.84%增加到140 m的26.63%。水域、灌木林地、旱地和乔木林地面积占比减小，其中，水域面积比重减小最快，从60 m的59.10%减少到140 m的49.67%；其次是旱地面积占比，从60 m的7.23%减少到140 m的3.92%；乔木林地面积占比从60 m的18.67%减少到140 m的17.03%；灌木林地面积占比从60 m的1.23%减少到140 m的0.55%；草地面积变化较小。

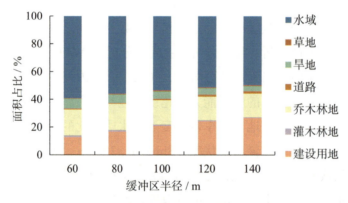

图9-1 乾坤湖不同缓冲区景观类型组成

9.1.1.2 不同尺度景观格局变化特征

乾坤湖湿地不同缓冲区景观格局指数变化如图9-2所示。随着空间尺度的增大，AI和LPI值逐渐增大；而CONTAG、DIVISION、PD、SHDI、SHEI值逐渐减小；LSI反映了区域景观的形状复杂程度，呈现先减后增趋势，最后继续减小的动态变化，在140 m尺度内景观形状复杂度达到最低值。CONTAG表示景观类型中各斑块的分离程度，AI描述景观类型的聚集程度，LPI表征景观优势度，可以反映人类活动干扰的强度与方向，随着空间尺度的增大，乾坤湖景观优势种的丰度增加，景观破碎度逐渐降低，景观聚集度逐渐升高。PD、SHDI和SHEI反映景观异质性，值越高，表明景观类型越多元，景观多样性越丰富。随着空间尺度的增大，乾坤湖受人类活跃影响程度不断降低，干扰强度和频率不断降低，景观异质性显著降低。

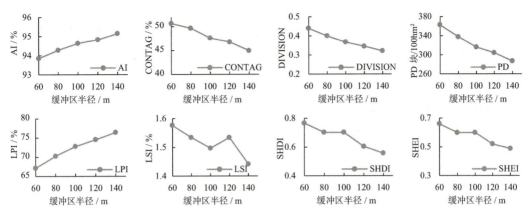

图 9-2　乾坤湖不同缓冲区景观指数变化

9.1.2　永庄水库景观格局特征

9.1.2.1　不同尺度景观类型变化特征

永庄水库各空间尺度景观类型占比如图 9-3 所示。不同缓冲区尺度内景观类型主要由水域、乔木林地和灌木林地组成，其次是旱地及建设用地，其他地类面积占比较少。随着缓冲区半径的扩大，乔木林地、灌木林地、建设用地和未利用地面积占比增加，乔木林地面积占比由 60 m 的 12.54% 增加到 140 m 的 20.01%；灌木林地面积占比由 60 m 的 7.85% 增加到 140 m 的 11.53%；建设用地面积占比由 60 m 的 3.97% 增加到 140 m 的 5.23%；未利用地面积占比由 60 m 的 0.23% 增加到 140 m 的 1.60%。水域和旱地面积占比减小，其中水域面积比重减小最快，从 60 m 的 65.89% 减少到 140 m 的 53.71%；其次是旱地面积占比从 60 m 的 9.54% 减少到 140 m 的

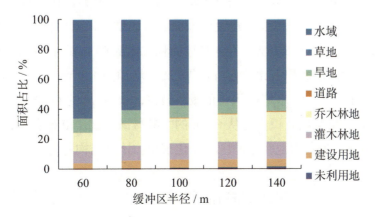

图 9-3　永庄水库不同缓冲区景观类型组成

7.24%；道路和草地在缓冲区下变化很小，比例结构稳定。

9.1.2.2 不同尺度景观格局变化特征

永庄水库不同缓冲区景观格局指数变化如图9-4所示。随着空间尺度的增大，AI和LPI值逐渐增大；而CONTAG、DIVISION、PD、SHDI、SHEI值逐渐减小；LSI呈现先减后增趋势，最后继续减小的动态变化，在140 m尺度内景观形状复杂度达到最低值。综合来看，永庄水库采样点缓冲区的景观格局指数变化呈现出聚集度增加和破碎度减小的趋势，随着缓冲区扩大，越靠近水体采样点的区域，景观类型组成就越复杂，且多为细小的斑块，破碎化严重。

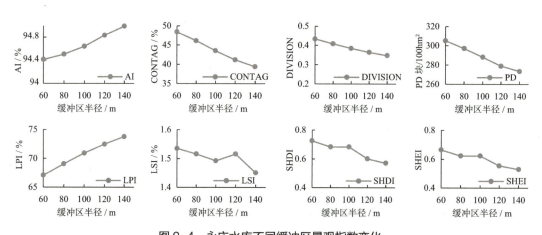

图9-4 永庄水库不同缓冲区景观指数变化

9.1.3 长钦湖景观格局特征

9.1.3.1 不同尺度景观类型变化特征

长钦湖湿地不同缓冲区景观类型面积占比如图9-5所示。总体来看，各尺度内景观类型主要由水域、水田和乔木林地组成，其他地类占比较少。随着缓冲区半径的扩大，水田、乔木林地和建设用地面积占比增加，水田面积占比从60 m的10.45%增加到140 m的18.78%；乔木林地面积占比从60 m的10.64%增加到140 m的14.68%；建设用地面积占比从60 m的0.28%增加到140 m的1.55%。水域和旱地面积占比减小，其中，水域面积比重减小最快，从60 m的68.15%减少到140 m的54.76%；其次是旱地面积占比从60 m的7.61%减少到140 m的6.26%。草地、道路、灌木林地和未利用地在缓冲区下变化很小，比例结构稳定。

9.1.3.2 不同尺度景观格局变化特征

长钦湖湿地不同缓冲区景观格局指数变化如图9-6所示。随着缓冲区半径增加，AI和LPI的值在增加，并在120 m缓冲区尺度后呈平缓增长趋势；CONTAG、

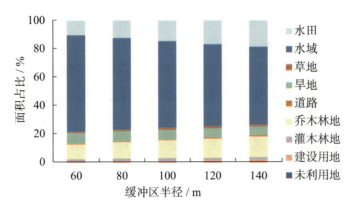

图 9-5　长钦湖不同缓冲区景观类型组成

SHDI 和 SHEI 值逐渐减小，缓冲区内的景观破碎度逐渐降低、聚集度逐渐升高；DIVISION 和 PD 呈现先减后增的变化趋势，120 m 是出现景观变化的重要节点；LSI 呈现先减后增趋势，最后持续减小的动态变化，表明景观形状复杂性随空间尺度增加而先减后增，最后持续减小的动态变化。总体而言，在 60~120 m 缓冲区尺度内，长钦湖景观异质性和土地破碎化程度随着缓冲区半径的增大而减小；120 m 缓冲区尺度后，景观异质性和土地破碎化程度随着缓冲区半径的增大而增大。

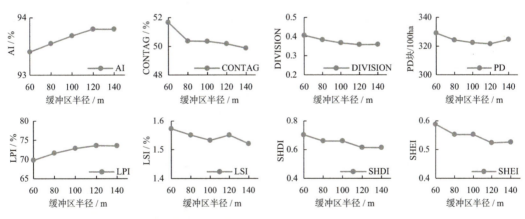

图 9-6　长钦湖不同缓冲区景观指数变化

9.2　湿地水质与景观格局相关性分析

9.2.1　乾坤湖水质与景观格局相关性分析

9.2.1.1　景观类型与水质参数的相关关系

基于 SPSS 软件计算景观类型面积占比与水质参数的相关性。如图 9-7 所示，旱季 TP、TN 和 Chl-a 浓度与各景观类型无显著相关性，TUB 浓度仅在 140 m 缓冲区内与旱地具有显著正相关。雨季 TN 浓度与各景观类型无显著相关性，TP 和 TUB 浓度与旱地呈显著负相关，且不同缓冲区尺度相关系数变化不大；此外，TUB 浓度与乔木林地在 120～140 m 缓冲区内相关性显著，并且随着缓冲区的增加，相关系数逐渐增加；Chl-a 浓度仅在 80 m 尺度内与旱地具有相关性，在 100～140 m 缓冲区内与乔木林地具有显著正相关，且随着缓冲区的增加，相关系数逐渐增加。

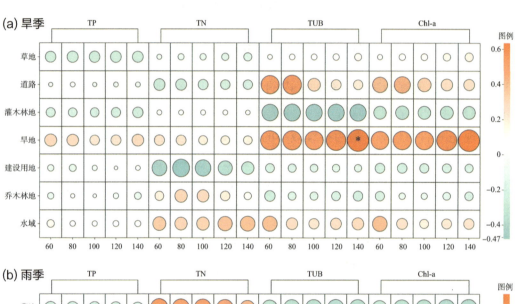

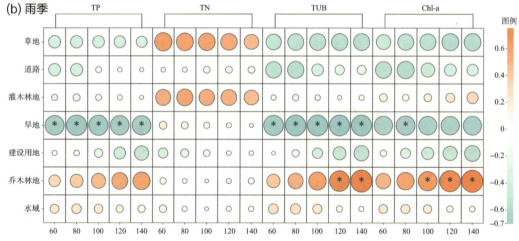

图 9-7　乾坤湖景观类型与水质参数的相关性分析

注：*、**、*** 分别表示在 0.05、0.01、0.001 的水平上显著相关。

9.2.1.2　景观格局与水质参数的相关关系

基于 SPSS 软件计算景观格局指数与水质参数的相关性。如图 9-8 所示，旱季乾坤湖不同缓冲区半径内 TP、TN、TUB 和 Chl-a 浓度与各景观格局指数均无显著相关性。雨季乾坤湖各景观指数与各水质参数浓度具有显著空间尺度特征，在 60～140 m 缓冲区尺度内，TP 浓度与 AI 和 LSI 存在正相关关系，与 DIVISION、LPI、PD、SHDI 存在负相关关系；在 140 m 缓冲区内，TP 浓度与 CONTAG 存在负相关关系；TN 浓度与各景观格局指数均无显著相关性，分析可能由于氮元素是活泼的非金属元素，雨季气温较高，在湿地周边高强度人类活动的影响下，氮元素在水体中的转化特别快；在 60～140 m 缓冲区尺度内，TUB 浓度与 AI 和 LSI 存在正相关关系，与 DIVISION、PD、SHDI 存在负相关关系；在 80～140 m 缓冲区尺度内，TUB 浓度与 LPI 存在负相关关系，显著性概率均小于 0.05；Chl-a 浓度仅在 120 m 缓冲区内与 AI 相关，在 100 m 和 140 m 尺度内与 PD 具有显著负相关，在 80～140 m 尺度内与 DIVISION、LSI 和 SHDI 具有相关性，显著性概率均小于 0.05。

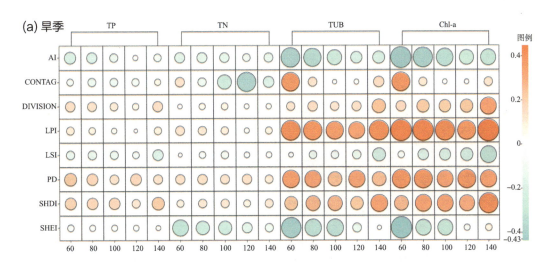

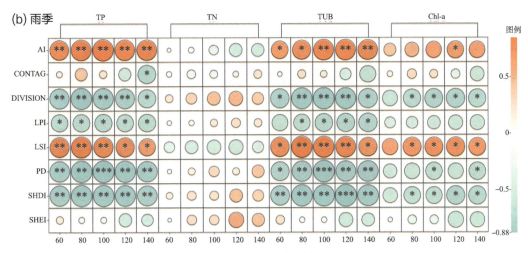

图 9-8　乾坤湖景观格局与水质参数的相关性分析

注：*、**、*** 分别表示在 0.05、0.01、0.001 的水平上显著相关。

9.2.2 永庄水库水质与景观格局相关性分析

9.2.2.1 景观类型与水质参数的相关关系

旱、雨两季永庄水库不同景观类型与水质的相关性分析如图 9-9 所示，旱季 TP 和 TUB 浓度与各景观类型无显著相关性；TN 浓度仅在 120 m 缓冲区内与水域具有负相关关系，在 140 m 缓冲区内与道路具有负相关关系；Chl-a 浓度仅在 120 m 缓冲区内与乔木林地具有正相关关系，显著性概率小于 0.05。雨季 TN 和 Chl-a 浓度与各景观类型无显著相关性；在 100～140 m 缓冲区内，TP 浓度与灌木林地具有显著负相关；在 120～140 m 尺度内，TP 浓度与乔木林地具有显著正相关，且随着缓冲区的增加，相关系数逐渐增加；TUB 浓度仅在 80 m、100 m 和 140 m 缓冲区尺度与旱地具有负相关关系，显著性概率小于 0.05。

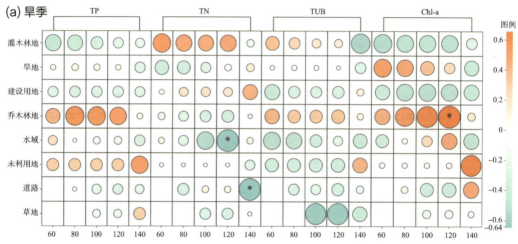

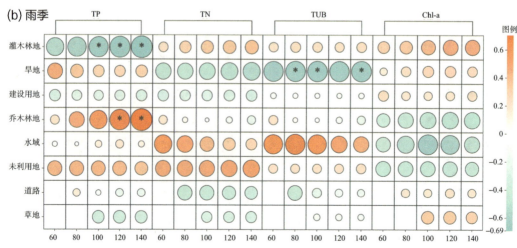

图 9-9 永庄水库景观类型与水质参数的相关性分析

注：*、**、*** 分别表示在 0.05、0.01、0.001 的水平上显著相关。

9.2.2.2 景观格局与水质参数的相关关系

旱、雨两季永庄水库各景观格局与水质的相关性分析如图 9-10 所示，旱季不同缓冲区半径内 TP 和 TUB 浓度与各景观格局指数均无显著相关性；在 80～140 m 缓冲区内，TN 浓度与 LPI 和 PD 具有正相关关系，Chl-a 浓度与 LPI 具有显著负相关；在 120～140 m 缓冲区内，TN 浓度与 AI、DIVISION 和 SHDI 具有相关性，Chl-a 浓度与 AI 具有显著正相关；在 80～100 m 缓冲区内，TN 浓度与 CONTAG 具有正相关关系；在 140 m 缓冲区，TN 浓度与 LSI 具有负相关关系，Chl-a 浓度与 DIVISION、LSI 和 SHDI 具有相关性；Chl-a 浓度在 100 m 和 140 m 缓冲区内与 PD 具有负相关关系。雨季不同缓冲区半径内 TP、TN 和 Chl-a 浓度与各景观格局指数均无显著相关性，仅有 TUB 浓度与 SHEI 在 120 m 缓冲区具有负相关关系，显著性概率小于 0.05。

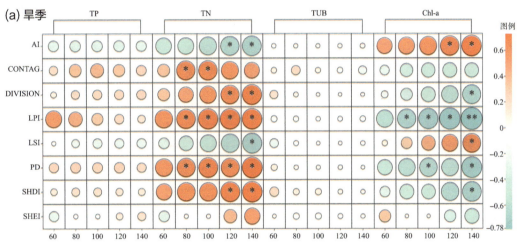

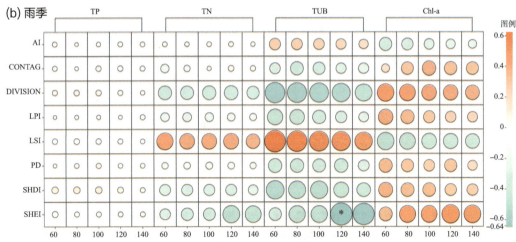

图 9-10　永庄水库景观格局与水质参数的相关性分析

注：*、**、*** 分别表示在 0.05、0.01、0.001 的水平上显著相关。

9.2.3 长钦湖水质与景观格局相关性分析

9.2.3.1 景观类型与水质参数的相关关系

旱、雨两季长钦湖不同景观类型与水质的相关性分析如图 9-11 所示，旱季 TP 浓度与建设用地在 80～140 m 缓冲区内具有正相关关系；60 m 缓冲区内 TN、TUB 和 Chl-a 浓度与旱地具有相关性，TUB 浓度与建设用地具有负相关关系。雨季 TP 和 TUB 浓度与各景观类型无显著相关性，TN 浓度仅在 120 m 缓冲区内与道路具有显著正相关，Chl-a 浓度与建设用地在 80～140 m 缓冲区内具有正相关关系，显著性概率小于 0.05。

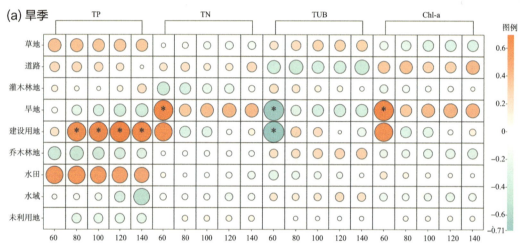

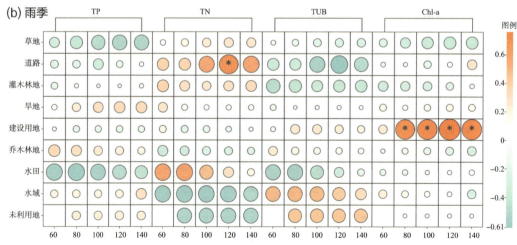

图 9-11　长钦湖景观类型与水质参数的相关性分析

注：*、**、*** 分别表示在 0.05、0.01、0.001 的水平上显著相关。

9.2.3.2 景观格局与水质参数的相关关系

旱、雨两季长钦湖各景观格局与水质的相关性分析如图9-12所示，旱季长钦湖不同缓冲区半径内 TN、TUB 和 Chl-a 浓度与各景观格局指数均无显著相关性；在 60～100 m 缓冲区尺度内，TP 浓度与 LPI 存在正相关关系；120 m 缓冲区尺度 TP 浓度与 SHDI 存在正相关关系，显著性概率小于 0.05。雨季长钦湖不同缓冲区半径内 TP、TUB 和 Chl-a 浓度与各景观格局指数均无显著相关性，仅在 60 m 缓冲区 TN 浓度与 PD 和 SHDI 具有正相关关系。

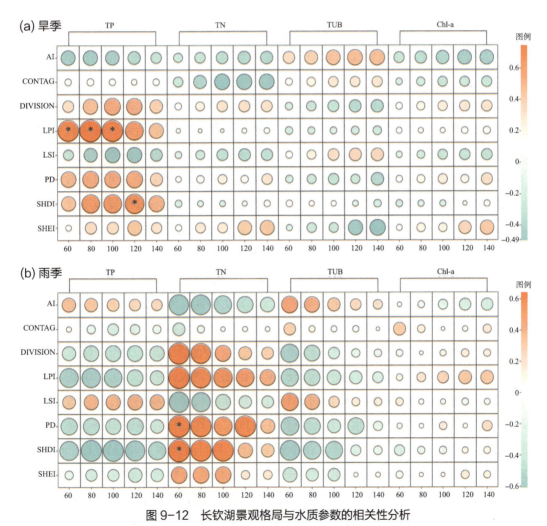

图 9-12　长钦湖景观格局与水质参数的相关性分析

注：*、**、*** 分别表示在 0.05、0.01、0.001 的水平上显著相关。

9.3 湿地水质保护建议

水作为湿地生态环境的基本要素，是维持湿地持续存在的必备条件和湿地生物赖以生存的宝贵资源。要使湿地生态系统服务功能得到充分发挥，保证湿地水环境安全是重要关键。了解景观格局与水质的相关性对于发达城市地区的地表水环境管理及可持续发展具有重要意义，本章研究结果可为海口市湿地水质治理提供一些基于实证的对策和建议。

本章基于皮尔逊相关性分析发现，旱地、乔木林地、灌木林地和建设用地是影响湿地水质最明显的景观类型。就景观类型组成而言，湿地周边林地作为主要的优势类型，在不同尺度上对水质改善起到积极作用，而建设用地、旱地则呈现一定的消极效应，为主要的"源"景观。林地可以改善土壤性质，在产流过程中调控产流时间及径流流量，在地表径流驱动沉积物和污染物运移过程中，起到控制污染物类型和减少污染量的作用（张鹏等，2023）。旱地内化肥和农药的流失、土壤侵蚀及水量调控过程对受纳水体中氮、磷等营养指标浓度具有重要影响，此外受到降雨影响，在雨季表现得尤为明显。建设用地承载了人类高强度的活动，其不仅作为湿地内水体污染物的主要输出源，同时区域内不透水面的增加也为污染物提供了有效的迁移途径。因此，通过适当的土地利用类型及结构的优化配置，可以有效降低湿地水体富营养化的污染输入风险。加强研究区水质净化能力不仅仅要改变土地覆盖的空间布局，更重要的是调整各地类的相对数量。可以在严守耕地红线的基础上，通过城市规划和政策调整适当增加林地、草地等景观的面积比例。同时坚持节约用地制度，在管控范围之内大力挖掘现有农业用地的潜力，遏制耕地"非农化"，严格管控"非粮化"，构建科学发展的景观格局（李洪庆等，2018；王晨茜等，2022）。

景观空间结构与湿地水质具有较强的相关性，人类活动干扰强度越大，景观类型越丰富，景观也越破碎，水体污染的风险也随之增大。因此，可以考虑在湿地周边适当增加生态植被用地，降低耕地和城镇用地的优势度及完整性，以改善水质服务功能。城市景观格局的水环境效应存在时间尺度性，即在夏季雨季和冬季旱季对水体污染的影响程度存在差异，在本研究中，不同湿地水质与 AI、LSI、LPI、CONTAG、DIVISION、PD、SHDI、SHEI 等景观格局指数的关系，在旱季和雨季差异较大甚至相反，表明降水和径流等水文过程的关键性作用，而景观格局对地表水质的影响在很大程度上是通过对径流的空间再分配等水文过程作用于地表水环境。因此，针对湿地水质污染防治需要结合湿地两侧景观格局，因地制宜，通过格局优化和空间配置，强化城市景观对污染物的消减和拦截等功能。

9.4 本章小结

本章内容以乾坤湖、永庄水库、长钦湖3处海口市典型湿地水体为研究区，分别以30个水样点为中心，按照20 m的间距，计算其60～140 m的5个缓冲区的景观类型组成和8种景观格局指数，并与水体TP、TN、TUB、Chl-a进行相关性分析，识别景观格局对地表水质影响的特征尺度。主要结论有如下几点。

（1）乾坤湖各缓冲区内景观类型主要由水域、乔木林地和建设用地组成。随着空间尺度的增大，AI和LPI值逐渐增大；而CONTAG、DIVISION、PD、SHDI、SHEI值逐渐减小；LSI呈现先减后增趋势，最后继续减小的动态变化，表明乾坤湖受人类活动影响程度随缓冲区增大而不断降低，干扰强度和频率不断减少，景观异质性显著降低。旱季乾坤湖TP、TN和Chl-a浓度与各景观类型和景观格局指数均无相关性，仅有TUB浓度在140 m缓冲区内与旱地具有显著正相关；雨季在特定的缓冲区尺度内，水质参数与乔木林地、旱地、AI、LSI、DIVISION、LPI、PD、SHDI具有相关性。

（2）永庄水库各缓冲区内景观类型主要由水域、乔木林地和灌木林地组成。随着缓冲区扩大，采样点缓冲区的景观格局指数变化呈现出聚集度增加和破碎度减小的趋势，越靠近水体采样点的区域，景观类型组成就越复杂，且多为细小的斑块，破碎化严重。旱季永庄水库TP和TUB浓度与各景观类型和景观格局指数均无相关性，在特定尺度内TN浓度与水域、道路、LPI、LSI、PD、AI、CONTAG、DIVISION、SHDI具有相关性，Chl-a浓度与乔木林地、LPI、LSI、PD、AI、DIVISION、SHDI具有相关性；雨季TN和Chl-a浓度与各景观类型和景观格局指数均无显著相关性；在特定尺度内，TP浓度与灌木林地、乔木林地具有相关性，TUB浓度与旱地、SHEI具有负相关关系。

（3）长钦湖各缓冲区尺度内景观类型主要由水域、水田和乔木林地组成。随着缓冲区扩大，AI和LPI的值逐渐增加，CONTAG、SHDI和SHEI值逐渐减小，DIVISION、PD、LSI呈现先减后增变化趋势，120 m是出现景观变化的重要节点，120 m缓冲区尺度后，长钦湖景观异质性和破碎化程度随着缓冲区半径的增大而增大。旱季长钦湖在特定尺度内水质参数与建设用地、旱地、LPI、SHDI具有相关性。雨季TP和TUB浓度与各景观类型和景观格局指数均无相关性，在特定尺度内TN浓度与道路、PD和SHDI具有显著正相关，Chl-a浓度与建设用地具有正相关关系。

第10章
结论与展望

10.1 结论

本研究以美舍河国家湿地公园的乾坤湖、五源河国家湿地公园的永庄水库、潭丰洋省级湿地公园的长钦湖等重要湿地水体为研究对象,利用无人机搭载多光谱传感器,获取水体光谱反射数据。基于研究区域实测水质参数及同步获取的多光谱影像光谱反射率数据,根据经验方法构建了16个光谱参数,并与实测水质参数进行了相关性分析。基于相关性分析结果,选择光谱组合与对应的水质实测数据建立线性回归模型、指数函数模型、幂函数模型及多项式模型,分别构建旱、雨两季TP、TN、TUB、Chl-a 4种水质参数反演最优模型,并开展水质状况空间评价与分析,用于快速监测重要湿地水质状况的变化,为相关部门迅速采取湿地水质管控措施提供科学的决策参考。主要结论有以下几点。

(1) 乾坤湖湿地旱季分别选择多项式函数 PL_{TP14}、PL_{TN15}、PL_{TUB9}、PL_{CHL14} 作为 TP、TN、TUB、Chl-a 的反演模型,雨季选择多项式函数 PL_{TP15}、PL_{TN6}、PL_{TUB5}、指数函数 E_{CHL3} 作为 TP、TN、TUB、Chl-a 的反演模型。将 TP、TN、TUB、Chl-a 的最优反演模型分别应用于乾坤湖的多光谱图像,得到旱、雨两季 TP、TN、TUB、Chl-a 的空间分布图,发现乾坤湖旱季河道入口及其对岸处的水质参数浓度较高,其余两侧浓度较低;雨季河道入口处水质参数的浓度最高,然后随入湖距离的延伸而呈现出浓度递减趋势。整体而言,旱季 TP、TN、TUB 的浓度均高于雨季,但 Chl-a 的浓度显著低于雨季,根据水质评价结果与时空变化特征建议对乾坤湖水质实行分区管理,上游地区可优先对农业化肥施用采取管控措施,削减氮磷含量。

(2) 永庄水库旱季分别选择多项式函数 PL_{TP6}、PL_{TN16}、PL_{TUB11}、PL_{CHL9} 作为 TP、TN、TUB 和 Chl-a 的反演模型;雨季选择多项式函数 PL_{TP2}、PL_{TN11}、PL_{TUB15}、PL_{CHL1} 作为 TP、TN、TUB 和 Chl-a 的反演模型。将 TP、TN、TUB、Chl-a 的最

优反演模型分别应用于永庄水库的多光谱图像，得到旱、雨两季 TP、TN、TUB、Chl-a 的空间分布图，结果表明永庄水库旱季和雨季 4 种水质参数在空间分布上有较大差异，总体上旱季水库西侧水质状况较好，东侧水质状况较差；雨季水库东侧水质状况较好，往西呈现水质状况变差的趋势；建议在水库东侧城乡结合部加强截污管道建设，减少输入性污染源直排入库；水库西侧设置生态缓冲区域，截流农业面源污染，降低水体富营养化风险。

（3）长钦湖湿地旱季分别选择多项式函数 PL_{TP1}、线性回归模型 U_{TN8}、多项式函数 PL_{TUB14} 和 PL_{CHL14} 作为 TP、TN、TUB、Chl-a 的反演模型，雨季选择多项式函数 PL_{TP15} 和 PL_{TN4}、幂函数 P_{TUB5}、多项式函数 PL_{CHL9} 作为 TP、TN、TUB、Chl-a 的反演模型。将 TP、TN、TUB、Chl-a 的最优反演模型分别应用于长钦湖的多光谱图像，得到旱、雨两季 TP、TN、TUB、Chl-a 的空间分布图，结果表明，长钦湖水质污染程度较轻、水质状况较好。根据水质评价结果与时空变化特征建议加快落实湿地公园周边畜牧业的管控，对畜禽粪便进行集中化处理，加强对长钦湖内农业污染的管控。

（4）对 3 处湿地水质空间分析，整体上看，旱季乾坤湖、永庄水库、长钦湖综合水质状况空间差异较小，长钦湖水质状况最好，其次是永庄水库，乾坤湖水质状况最差，且长钦湖以点源污染为主，而乾坤湖和永庄水库以面源污染为主。雨季 3 处湿地空间差异较为明显，乾坤湖水质状况最差，其次是永庄水库，长钦湖水质状况最好。

（5）景观格局通过改变不同空间尺度上的景观比例、空间配置从而对水质产生影响，通过本研究发现，旱季乾坤湖水质参数与旱地具有显著正相关，雨季水质参数与乔木林地、旱地、AI、LSI、LPI、CONTAG、DIVISION、PD、SHDI 具有相关性；旱季永庄水库水质参数与乔木林地、水域、道路、AI、LSI、LPI、CONTAG、DIVISION、PD、SHDI 具有相关性，雨季与灌木林地、旱地、乔木林地、SHEI 具有相关性；旱季长钦湖水质参数与旱地、建设用地、LPI、SHDI 具有相关性，雨季与建设用地、道路、PD、SHDI 具有相关性。建议通过适当的土地利用类型管控及格局优化来有效降低湿地水体富营养化的污染输入风险。

10.2　不足之处

（1）反演模型的季节和空间适用性

在空间上，遥感水质模型一般是根据光谱反射率与原位水质参数之间的关系，代表局部水体污染、天空背景和天气条件，针对某些区域水体建立遥感水质模型。

由于这种空间依赖性，使利用有限的实测水质数据来建立的模型只适用于采样的湿地和周围具有相同或相似特征的水体条件地区，研究湿地的变化会导致模型的参数发生根本变化，使结果不具备通用性。在时间上，基于遥感的水质模型在时间适用性方面受到限制，因为大多数模型是通过使用短期内收集的现场数据设计的。由于气象变化，同一水域的水质成分在不同季节存在差异。Sayers等（2019）指出，遥感水质反演算法会因模型光学参数与实际属性位于不同的时间段和位置而导致误差。例如，浮游生物、水体富营养化程度、悬浮物、水温等在很大程度上影响到叶绿素a的浓度，导致其遥感反射率发生变化，这些因素的共同作用影响了遥感水质模型的迁移。因此，除了研究水体组分的光学特性外，还需要优化反演算法，有必要研究一种不受季节和区域制约，适用于不同水体的通用算法，构建可迁移的反演。

（2）外在因素干扰

一方面是水生植物的干扰，排除水生植物的干扰是提高湿地水质遥感模型精度的重要问题。水生植物对遥感影像辐亮度的影响会造成实测和估测之间的误差，例如，浅水草型湿地的水体光谱中夹杂混合着水生植物的光谱信息，而且蓝藻水华在近红外抬升光谱，造成与岸边植被难以区分的现象，影响水质监测的准确度。另一方面湿地受到水动力环境和外部环境条件的影响，比如，风力的干扰、船体的扰动、阳光、云量和鱼群的活动，水底底泥在风浪的扰动下会使悬浮物含量较高（田伟等，2020），造成湿地水体污染加剧。此外，气象条件对遥感影像影响很大，季风季节云雾污染尤为明显。而大多数水质数据都是基于实测采样点获取的，遥感反演的模型是实测采样结果得到的，因此数据同步性不能保证，会给湿地水质反演模型引入较大的误差，导致模型的可靠性下降。因此，需要进一步深入研究各干扰因素和湿地水质参数的关系，实现准确监测湿地水质（王思梦和秦伯强，2023）。

（3）尺度匹配问题

实测数据和遥感数据之间存在时间不匹配和空间上像元大小的差异。时间尺度上，传统的观测多是基于日和月的观测，具有较大的不确定性，需要更精细的水质过程观测数据，捕捉到水质的快速变化；空间尺度上，实地采样点的尺度较小，而遥感数据的空间分辨率较低，大多数卫星数据，如MODIS、MERIS、GOCI等都适用于海洋水色遥感水质反演（Yang et al.，2022），对于内陆水域，尤其是小型湿地或狭窄河流，同时获取具有精细光谱、空间和时间分辨率的遥感数据存在重大挑战。一些空间分辨率高的遥感数据由于时间分辨率低，不能提供长序列和动态监测，而一些时间分辨率高的数据由于空间分辨率较粗，不能支持详细调查，这使采样点和遥感数据的空间尺度不匹配。此外，不论是哪一个反演模型都需要大量的实测采样数据来验证，因此，需要尽可能地增加地面观测点的数量，但是获取符合要求的地面实时实测数据具有一定难度，仍然具有挑战性，因此需要另辟蹊径，发展对实测数据依赖性低的模型算法，建立合适的湿地水质反演的尺度模型。

10.3 展望

随着城市建设的高速发展和城市人口的急剧增加，城市地区水体环境日益复杂，传统的水环境监测模式已经不能满足当前社会经济的发展（岩腊等，2020）。卫星遥感的空间分辨率有限，只能识别出海洋、湖泊等大型水域的水质（刘彦君等，2019），类似于本研究关注的乾坤湖、永庄水库、长钦湖等城市小微湿地水域则难以适用，且无法同步采集水样进行参数反演研究，使对重要水域的水质监测存在诸多局限。本研究利用无人机遥感技术的灵活性，在低空、小尺度范围内实时提取高分辨率水面多光谱数据，并用于不同季节水质参数的反演，最终获取湿地水体厘米级分辨率的水质空间分布图，为城市湿地水环境监测提供更准确、更精细化的技术方法。然而，当前无人机遥感水质反演的研究还处于探索阶段，在实际研究中还存在大量需要克服的问题和挑战，如受季节和空间约束，不同水体表面的光学特性存在差异，使基于有限实测数据构建的反演模型缺乏可移植性（王波等，2022；王思梦和秦伯强，2023），再加上光谱间的相互作用是影响反演模型适用性的关键因素之一，这种相互作用可能导致一种算法难以在复杂的环境中得到精准的水质反演结果。之后可以结合其他模型来优化反演算法，例如，水文模型、水动力模型和水质模型，可以模拟入湖的悬浮物和径流量、污染源的影响范围、模拟湿地水环境过程以及构建栖息地指数模型，构建一种不受季节和区域限制，适用于不同水体、可迁移的通用反演模型，以满足水质参数反演在时间分辨率、时空连续性和精度等方面的需求，提高水资源高精度、高效率的监测能力。

由于湿地水体本身光学性质的复杂性，未来有必要进一步深入研究水体中各组分的光学特性，理解水质参数的属性特征和波谱特征，探究不同水质参数之间的影响，充分挖掘地表水质信息，结合源数据，综合各遥感传感器的优势，实现资源信息互补，提升湿地水质遥感反演的效果，打破模型地域局限，推广适用性更高的水质遥感模型。此外，本研究中选择的均是天气晴朗、水面风速较低情况获取待测水样的光谱图像，没有考虑气候环境对反演模型的影响，然而在现实生活中，湿地水质变化时常受到其他因子影响，如气象、水文等。因此，在以后的研究中可以在模型中加入水温、降雨、风速、流速等因子，建立更丰富的数据集，构建具有普适度的水质反演模型，以实现更高精度、更快速度的实时室外水体水质反演（王思梦和秦伯强，2023）。

当前，有效、合理地使用大数据和云技术能为湿地水质监测的研究提供辅助，建议在今后的研究工作中，构建水质动态监测体系，利用5G、物联网、区块链等技术，对水质污染进行天地基联合实时监控，实现水污染监控告警及溯源分析。针对现有固定模型的水质反演技术精度低的问题，研究自主学习的智能算法和迁移学习算法，构建高精度、可迁移性智能水质反演模型。不局限于利用无人机进行水质反演，可以进一步对多源融合的遥感数据协同处理，联合地表水样实测数据、水面实测光谱数据、卫星/无人机遥感影像数据，通过多源遥感数据空间精准匹配和空间光谱信息高效融合，实现多平台观测信息互补。实现遥感水质监测的体系化和业务化是大势所趋，逐步实现天地基一体化监测，以实现准确、客观、动态、快速的湿地水质监测和发展趋势预测，推进海南省重要湿地水体污染的监测预警事业的发展。

主要参考文献

曹彬才,朱述龙,邱振戈,等,2017. 南海区域卫星多光谱影像太阳耀斑消除方法 [J]. 测绘科学技术学报,34(2): 187-192.

曹晓峰,2012. 基于 HJ-1A/1B 影像的滇池水质遥感监测研究 [D]. 西安:西安科技大学.

曹引,冶运涛,赵红莉,等,2017. 内陆水体水质参数遥感反演集合建模方法 [J]. 中国环境科学,37(10): 3940-3951.

晁明灿,赵强,杨铁利,等,2021. 基于 GF-1 影像的巢湖浊度遥感监测及时空变化研究 [J]. 大气与环境光学学报,16(2): 149-157.

陈搏涛,2022. 基于无人机遥感的南淝河典型河段水质参数反演及时空变化分析 [D]. 合肥:安徽大学.

陈方方,王强,宋开山,等,2023. 基于 Sentinel-3OLCI 的查干湖水质参数定量反演 [J]. 中国环境科学,43(5): 2450-2459.

陈晓东,蒋雪中,2016. 用波段比值参数提升水体悬浮颗粒物浓度反演模型稳健性的分析 [J]. 红外,37(4): 38-43.

陈永根,刘伟龙,韩红娟,等,2007. 太湖水体叶绿素 a 含量与氮磷浓度的关系 [J]. 生态学杂志 (12): 2062-2068.

崔爱红,董广军,周亚文,等,2016. 水质关键因素光谱遥感监测技术分析 [J]. 测绘科学,41(11): 61-65,141.

代前程,谢勇,陶醉,等,2022. 南漪湖叶绿素 a 浓度荧光反演算法研究 [J]. 光谱学与光谱分析,42(12): 3941-3947.

邓实权,田礼乔,李建,等,2018. 面向 GF-5 卫星高光谱传感器的浑浊水体叶绿素 a 浓度反演算法研究——以鄱阳湖为例 [J]. 华中师范大学学报:自然科学版,52(3): 409-415.

董舜丹,何宏昌,付波霖,等,2021. 基于 Landsat-8 陆地成像仪与 Sentinel-2 多光谱成像仪传感器的香港近海海域叶绿素 a 浓度遥感反演 [J]. 科学技术与工程,21(20): 8702-8712.

杜成功,李云梅,王桥,等,2016. 面向 GOCI 数据的太湖总磷浓度反演及其日内变化研究 [J]. 环境科学,37(3): 862-872.

樊邦奎,张瑞雨,2017. 无人机系统与人工智能 [J]. 武汉大学学报:信息科学版,42(11): 1523-1529.

范雅双,于婉晴,张婧,等,2021. 太湖上游水源区河流水质对景观格局变化的响应关系——以东苕溪上游为例 [J]. 湖泊科学,33(5): 1478-1489.

冯奇,程学军,沈欣,等,2017. 利用 Landsat 8 OLI 进行汉江下游水体浊度反演 [J]. 武汉大学学报:信息科学版,42(5): 643-647.

冯天时,庞治国,江威,等,2021. 高光谱遥感技术及其水利应用进展 [J]. 地球信息科学学报,23(9): 1646-1661.

高湘,李妍,何怡,2015. 湖泊底泥磷释放及磷形态变化 [J]. 环境工程学报,9(7): 3350-3354.

龚绍琦,黄家柱,李云梅,等. 水体氮磷高光谱遥感实验研究初探 [J]. 光谱学与光谱分析,2008,28(4): 839-842.

关荣浩,马保国,黄志僖,等,2020. 冀南地区农田氮磷流失模拟降雨试验研究 [J]. 农业环境科学学报,39(3): 581-589.

海口市统计局,2019,国家统计局海口调查队. 海口统计年鉴 [M]. 北京:中国统计出版社.

何莉飞,肖鸿,罗志,等,2015. 用 MODIS-250m 影像分析渤海湾强降雨对叶绿素 a 的影响规律 [J]. 中国科技论文,10(21): 2534-2538,2549.

胡震天,周源,2020. 基于低空多光谱遥感的城市水质监测方法研究 [J]. 地理空间信息,18(7): 4-8,141.

黄国金, 2010. 鄱阳湖水质参数遥感反演及营养状况评价[D]. 南昌: 南昌大学.

黄华, 李茂亿, 陈吟晖, 等, 2021. 基于PLSR的珠江口城市河流水质高光谱反演[J]. 水资源保护, 37(5): 36-42.

黄昕晰, 应晗婷, 夏凯, 等, 2020. 基于无人机多光谱影像和OPT-MPP算法的水质参数反演[J]. 环境科学, 2020, 41(8): 3591-3600.

黄彦歌, 2017. 基于实测光谱与Landsat 8 OLI影像的珠江口内伶仃洋水质参数遥感反演[D]. 广州: 广州大学.

姜倩, 曹引, 赵红莉, 等, 2020. 基于航空高光谱的囫囵淖尔水体浊度反演建模[J]. 南水北调与水利科技(中英文), 18(6): 101-109.

蒋昕桐, 刘东, 钟朴, 等, 2022. 利用CDOM吸收系数估算博斯腾湖水体表层DOC浓度[J]. 中国环境科学, 42(12): 5824-5835.

黄宇, 陈兴海, 刘业林, 等, 2020. 基于无人机高光谱成像技术的河湖水质参数反演[J]. 人民长江, 51(3): 205-212.

乐成峰, 李云梅, 孙德勇, 等, 2007. 基于季节分异的太湖叶绿素浓度反演模型研究[J]. 遥感学报(4): 473-480.

李爱民, 范猛, 秦光铎, 等, 2023. 卷积神经网络模型的遥感反演水质参数COD[J]. 光谱学与光谱分析, 43(2): 651-656.

李恩, 2020. 基于无人机高光谱的氮磷含量反演方法研究[D]. 大连: 大连海事大学.

李洪庆, 刘黎明, 郑菲, 等, 2018. 基于水环境质量控制的高集约化农业景观格局优化研究[J]. 资源科学, 40(1): 44-52.

刘静, 况润元, 李建新, 等, 2020. 基于实测数据的鄱阳湖总氮、总磷遥感反演模型研究[J]. 西南农业学报, 33(9): 2088-2094.

李军, 刘丛强, 王仕禄, 等, 2005. 太湖水体溶解营养盐(N、P、Si)的冬、夏二季变化特征及其与富营养化的关系[J]. 地球与环境(1): 63-67.

李盈盈, 2022. 辽河口浊度遥感反演及时空变化分析[D]. 大连: 大连理工大学.

梁坚, 2009. 支持向量机在水质评价及预测中的应用研究[D]. 杭州: 浙江工业大学.

梁永春, 尹芳, 赵英芬, 等, 2021. 基于Landsat 8影像的太湖生化需氧量遥感反演[J]. 生态环境学报, 30(7): 1492-1502.

刘朝相, 2014. 内陆水体叶绿素a浓度的遥感反演模型研究[D]. 北京: 首都师范大学.

刘可暄, 王冬梅, 常国梁, 等, 2022. 多空间尺度景观格局与地表水质响应关系研究[J]. 环境科学学报, 42(2): 23-31.

刘文耀, 2022. 基于BP神经网络和哨兵二号遥感影像的乌梁素海叶绿素a浓度反演[D]. 呼和浩特: 内蒙古农业大学.

刘轩, 赵同谦, 蔡太义, 等, 2021,. 丹江口水库总氮、氨氮遥感反演及时空变化研究[J]. 农业资源与环境学报 38(5): 829-838.

刘彦君, 2018. 基于无人机多光谱影像的小微水域水质要素反演[D]. 杭州: 浙江农林大学.

刘彦君, 夏凯, 冯海林, 等, 2019. 基于无人机多光谱影像的小微水域水质要素反演[J]. 环境科学学报, 39(4): 1241-1249.

刘瑶, 江辉, 2013. 鄱阳湖表层水体总磷含量遥感反演及其时空特征分析[J]. 自然资源学报, 28(12): 2169-2177.

刘智琦, 潘保柱, 韩谞, 等, 2022. 青藏高原湖泊水环境特征及水质评价[J]. 环境科学, 43(11): 5073-5083.

罗亚飞, 陈炤光, 李志强, 等, 2022. 秋季环雷州半岛海域浊度空间分布特征[J]. 广东海洋大学学报, 42(3): 53-61.

庞吉玉, 张安兵, 王贺封, 等, 2023. 基于无人机多光谱影像和 XGBoost 模型的城市河流水质参数反演 [J]. 中国农村水利水电, 485(3): 111-119.

秦伯强, 宋玉芝, 高光, 2006. 附着生物在浅水富营养化湖泊藻——草型生态系统转化过程中的作用 [J]. 中国科学 C 辑：生命科学 (3): 283-288.

屈耀红, 2006. 小型无人机航迹规划及组合导航关键技术研究 [D]. 西安：西北工业大学.

史锐, 张红, 岳荣, 等, 2017. 基于小波理论的干旱区内陆湖泊叶绿素 a 的 TM 影像遥感反演 [J]. 生态学报, 37(3): 1043-1053.

孙刚, 黄文江, 陈鹏飞, 等, 2018. 轻小型无人机多光谱遥感技术应用进展 [J]. 农业机械学报, 49(3): 1-17.

宋继鹏, 2022. 景观格局与河流水质的关系研究 [D]. 重庆：西南大学.

田伟, 杨周生, 邵克强, 等, 2020. 城市湖泊水环境整治对改善水质的影响：以蠡湖近 30 年水质变化为例 [J]. 环境科学, 41(1): 183-193.

田野, 郭子琪, 乔彦超, 等, 2015. 基于遥感的官厅水库水质监测研究 [J]. 生态学报, 35(7): 2217-2226.

童庆禧, 孟庆岩, 杨杭, 2018. 遥感技术发展历程与未来展望 [J]. 城市与减灾, 123(6): 2-11.

王波, 黄津辉, 郭宏伟, 等, 2022. 基于遥感的内陆水体水质监测研究进展 [J]. 水资源保护, 38(3): 117-124.

王晨茜, 张琼锐, 张若琪, 等, 2022. 广东省珠江流域景观格局对水质净化服务的影响 [J]. 生态环境学报, 31(7): 1425-1433.

王建平, 程声通, 贾海峰, 等, 2003. 用 TM 影像进行湖泊水色反演研究的人工神经网络模型 [J]. 环境科学, 24(2): 73-76.

王恺, 陈世平, 曾湧, 2015. 一种遥感影像同名点密集匹配方法 [J]. 测绘科学, 40(4): 141-146.

王林, 白洪伟, 2013. 基于遥感技术的湖泊水质参数反演研究综述 [J]. 全球定位系统, 38(1): 57-61, 72.

王林, 孟庆辉, 马玉娟, 等, 2023. 基于 Sentinel-2 MSI 影像的秦皇岛海域叶绿素 a 浓度遥感反演 [J]. 海洋环境科学, 42(2): 309-314.

王思梦, 秦伯强, 2023. 湖泊水质参数遥感监测研究进展 [J]. 环境科学, 44(3): 1228-1243.

王晓岚, 2021. 基于无人机高光谱数据的水质反演方法研究及应用 [D]. 大连：大连海事大学.

王旭楠, 陈圣波, 吕航, 等, 2007. 遥感监测水质参数的方法概述 [J]. 吉林大学学报：地球科学版 (S1): 189-193.

王雅萍, 陈宜金, 谢东海, 等, 2014. 面向无人机水域影像的自动拼接方法 [J]. 长江科学院院报, 31(5): 92-96.

王亚平, 黄廷林, 周子振, 等, 2017. 金盆水库表层沉积物中营养盐分布特征与污染评价 [J]. 环境化学, 36(3): 659-665.

邬建国, 2007. 景观生态学——格局、过程、尺度与等级 [M]. 2 版. 北京：高等教育出版社.

吴欢欢, 国巧真, 臧金龙, 等, 2021. 基于 Landsat 8 与实测数据的水质参数反演研究 [J]. 遥感技术与应用, 36(4): 898-907.

吴绍渊, 吴永森, 张士魁, 2013. 黄、东海海洋黄色物质的卫星反演 [J]. 海洋与湖沼, 44(5): 1223-1228.

吴永森, 张士魁, 张绪琴, 等, 2002. 海水黄色物质光吸收特性实验研究 [J]. 海洋与湖沼 (4): 402-406.

夏玉宝, 王华, 何新辰, 等, 2021. 太湖流域典型滨湖河网水动力与水质时空异质性 [J]. 湖泊科学, 33(4): 1100-1111.

徐慧娟, 2007. 基于遥感数据的水质评价指标研究 [D]. 武汉：华中科技大学.

徐良将, 黄昌春, 李云梅, 等, 2013. 基于高光谱遥感反射率的总氮总磷的反演 [J]. 遥感技术与应用, 28(4): 681-688.

徐雯佳, 杨斌, 田力, 等, 2012. 应用 MODIS 数据反演河北省海域叶绿素 a 浓度 [J]. 国土资源遥感 (4): 152-156.

徐宗宝, 2020. 基于混合优化 BP 神经网络的水质预测系统的研究与实现 [D]. 北京：北京工业大学.

孙菲,袁鹏,李晓洁,等,2022. 湖州大钱港(溇港)河流生态缓冲带的划定与构建 [J]. 环境工程学报, 16(1): 56-64.

孙惠玲,廖泽波,段立曾,等,2017. 基于空间插值算法的阳宗海夏季水质参数空间分布规律研究 [J]. 长江科学院院报, 34(3): 30-34.

解启蒙,林茂森,杨国范,等,2017. 清河水库水体高锰酸盐指数遥感反演模型研究 [J]. 中国农村水利水电, 420(10): 57-61.

岩腊,龙笛,白亮亮,等,2020. 基于多源信息的水资源立体监测研究综述 [J]. 遥感学报, 24(7): 787-803.

晏磊,廖小罕,周成虎,等,2019. 中国无人机遥感技术突破与产业发展综述 [J]. 地球信息科学学报, 21(4): 476-495.

杨红艳,杜健民,阮培英,等,2021. 基于无人机遥感与随机森林的荒漠草原植被分类方法 [J]. 农业机械学报, 52(6): 186-194.

杨蜀秦,王鹏飞,王帅,等,2022. 基于 MHSA+DeepLab v3+ 的无人机遥感影像小麦倒伏检测 [J]. 农业机械学报, 53(8): 213-219, 239.

杨振,卢小平,武永斌,等,2020. 无人机高光谱遥感的水质参数反演与模型构建 [J]. 测绘科学, 45(9): 60-64, 95.

杨志岩,李畅游,张生,等,2009. 内蒙古乌梁素海叶绿素 a 浓度时空分布及其与氮、磷浓度关系 [J]. 湖泊科学, 21(3): 429-433.

殷子瑶,李俊生,范海生,等,2021. 珠海一号高光谱卫星的于桥水库水质参数反演初步研究 [J]. 光谱学与光谱分析, 41(2): 494-498.

应晗婷,夏凯,2021. 基于无人机多光谱遥感的水质年际变化 [J]. 浙江农业科学, 62(8): 1633-1637, 1646.

袁欣智,2016. 闽江干流叶绿素 a、浊度遥感监测与分析 [D]. 福州:福州大学.

泽尔,2021. 基于 Landsat 多光谱影像的水质参数估算 [D]. 长春:东北师范大学.

张海威,张飞,李哲,等,2017. 艾比湖流域地表水水体悬浮物、总氮与总磷光谱诊断及空间分布特征 [J]. 生态环境学报, 26(6): 1042-1050.

张丽华,戴学芳,包玉海,等,2015. 基于 TM 影像的乌梁素海叶绿素 a 浓度反演 [J]. 环境工程, 33(6): 133-138.

张丽华,武捷春,包玉海,等,2016. 基于 MODIS 数据的乌梁素海水体遥感监测 [J]. 环境工程, 34(3): 161-165.

张鹏,郭正鑫,刘振军,2022. 高光谱卫星影像水质遥感反演 [J]. 测绘通报 (S2): 206-211.

张鹏,刘慧,王为木,等,2023. 东南山丘区水库流域多空间尺度景观格局对水质的影响 [J]. 水生态学杂志, 44(3): 17-25.

张圣照,王国祥,濮培民,1998. 太湖藻型富营养化对水生高等植物的影响及植被的恢复 [J]. 植物资源与环境 (4): 53-58.

张婷婷,赵峰,王思凯,等,2017. 美国切萨比克湾生态修复进展综述及其对长江河口海湾渔业生态修复的启示 [J]. 海洋渔业, 39(6): 713-722.

张伟燕,马龙,吉力力·阿不都外力,等,2019. 博尔塔拉河地表水重金属来源分析及其污染评价 [J]. 干旱区资源与环境, 33(7): 100-106.

张运林,冯胜,马荣华,等,2008. 太湖秋季光学活性物质空间分布及其遥感估算模型研究 [J]. 武汉大学学报:信息科学版 (9): 967-972.

章佩丽,宋亮楚,王昱,等,2022. 基于无人机多光谱的城市水体典型河道水质参数反演模型构建 [J]. 环境污染与防治, 44(10): 1351-1356.

赵慈,沈鹏,李倩,等,2021. 基于 GF-1 WFV 影像和随机森林算法的总氮反演研究 [J]. 环境科学与技术,

44(9): 23-30.

赵晋陵, 金玉, 叶回春, 等, 2020. 基于无人机多光谱影像的槟榔黄化病遥感监测 [J]. 农业工程学报, 36(8): 54-61.

赵力, 卢修元, 谭海, 等, 2021. 利用高分一号卫星与 XGBoost 模型的水体总氮和总磷监测技术 [J]. 遥感信息, 36(2): 96-103.

赵旭阳, 刘征, 贺军亮, 等, 2007. 黄壁庄水库水质参数遥感反演研究 [J]. 地理与地理信息科学, 23(6): 46-49.

周荣攀, 2016. 基于多源遥感的博斯腾湖水质参数反演模型研究 [D]. 乌鲁木齐: 新疆大学.

周媛, 郝艳玲, 刘东伟, 等, 2018. 基于 Landsat 8 影像的黄河口悬浮物质量浓度遥感反演 [J]. 海洋学研究 (1): 35-45.

周正, 万茜婷, 2014. MODIS 数据东湖叶绿素 a 遥感反演研究 [J]. 测绘通报, 451(10): 82-85.

朱云芳, 朱利, 李家国, 等, 2017. 基于 GF-1 WFV 影像和 BP 神经网络的太湖叶绿素 a 反演 [J]. 环境科学学报, 37(1): 130-137.

祝令亚, 2006. 湖泊水质遥感监测与评价方法研究 [D]. 北京: 中国科学院研究生院（遥感应用研究所）.

邹宇博, 2022. 水质高光谱遥感反演模型建立及优化研究 [D]. 长春: 中国科学院大学（中国科学院长春光学精密机械与物理研究所）.

ABAYAZID H O, EL-ADAWY A. Assessment of a non-optical water quality property using space-based imagery in Egyptian coastal lake[J]. International Journal of Advanced Network, Monitoring and Controls, 2019, 4(3): 53-64.

BABAN S M J, 1993. Detecting water quality parameters in the Norfolk Broads, U K, using Landsat imagery[J]. International Journal of Remote Sensing, 14(7): 1247-1267.

BEAN T P, GREENWOOD N, BECKETT R, et al., 2017. A review of the tools used for marine monitoring in the UK: combining historic and contemporary methods with modeling and socioeconomics to fulfill legislative needs and scientific ambitions[J]. Frontiers in Marine Science, 4: 263.

BOUCHER J, WEATHERS K C, NOROUZI H, et al., 2018. Assessing the effectiveness of Landsat 8 chlorophyll a retrieval algorithms for regional freshwater monitoring[J]. Ecological applications, 28(4): 1044-1054.

BRIVIO P A, GIARDINO C, ZILIOLI E, 2001. Validation of satellite data for quality assurance in lake monitoring applications[J]. Science of the Total Environment, 268(1): 3-18.

CHEN B, MU X, CHEN P, et al., 2021. Machine learning-based inversion of water quality parameters in typical reach of the urban river by UAV multispectral data[J]. Ecological Indicators, 133: 108434.

CHOE E Y, LEE J W, LEE J K., 2011. Estimation of chlorophyll-a concentrations in the Nakdong River using high-resolution satellite image[J]. Korean journal of remote sensing, 27(5): 613-623.

DEKKER A G, MALTHUS T J, SEYHAN E, 1991. Quantitative modeling of inland water quality for high-resolution MSS systems[J]. IEEE Transactions on Geoscience & Remote Sensing, 29(1): 89-95.

DEKKER A G, PETERS S W M, 1993. The Use of the Thematic Mapper for the Analysis of Eutrophic Lakes: A Case Study in The Netherlands[J]. International Journal of Remote Sensing, 14(5): 799-821.

D'SA E J, MILLER R L, 2003. Bio-optical properties in waters influenced by the Mississippi River during low flow conditions[J]. Remote sensing of environment, 84(4): 538-549.

GITELSON A, 1992. The peak near 700 nm on radiance spectra of algae and water: relationships of its magnitude and position with Chlorophyll concentration[J]. International Journal of Remote Sensing, 13(17): 3367-3373.

GITELSON A A, DALL'OLMO G, MOSES W, et al., 2008. A simple semi-analytical model for remote estimation of Chlorophyll- a, in turbid waters: Validation[J]. Remote Sensing of Environment, 112(9): 3582-3593.

GUO Y, DENG R, LI J, et al., 2022. Remote Sensing Retrieval of Total Nitrogen in the Pearl River Delta Based on Landsat8[J]. Water, 14(22): 3710.

HAFEEZ S, WONG M S, HO H C, et al., 2019. Comparison of machine learning algorithms for retrieval of water quality indicators in case-II waters: A case study of Hong Kong[J]. Remote sensing, 11(6): 617.

HOOGENBOOM H J, DEKKER A G, ALTHUIS I A, 1998. Simulation of AVIRIS Sensitivity for Detecting Chlorophyll over Coastal and Inland Waters[J]. Remote Sensing of Environment, 65(3): 333-340.

ISENSTEIN E M, PARK M H, 2014. Assessment of nutrient distributions in Lake Champlain using satellite remote sensing[J]. Journal of Environmental Sciences, 26(9): 1831-1836.

KALLIO K, KUTSER T, HANNONEN T, et al., 2001. Retrieval of water quality from airborne imaging spectrometry of various lake types in different seasons[J]. Science of the Total Environment, 268(1-3): 59-77.

LIM J, CHOI M, 2015. Assessment of water quality based on Landsat 8 operational land imager associated with human activities in Korea[J]. Environmental Monitoring & Assessment, 187(6): 384.

LIU Y, WANG D, GAO J, et al., 2005. Land use/cover changes, the environment and water resources in northeast China[J]. Environmental Management, 36(5): 691.

KUTSER T, PAAVEL B, VERPOORTER C, et al., 2016. Remote sensing of black lakes and using 810 nm reflectance peak for retrieving water quality parameters of optically complex waters[J]. Remote Sensing, 8(6): 497.

MATHEWS A J, 2015. A Practical UAV Remote Sensing Methodology to Generate Multispectral Orthophotosfor Vineyards: Estimation of Spectral Reflectance Using Compact Digital Cameras[M]. IGI Global.

ODERMATT D, GITELSON A, BRANDO V E, et al., 2012. Review of constituent retrieval in optically deep and complex waters from satellite imagery[J]. Remote sensing of environment, 118: 116-126.

PEPE M, GIARDINO C, BORSANI G, et al., 2001. Relationship between apparent optical properties and photosynthetic pigments in the sub-alpine Lake Iseo[J]. Science of the total environment, 268(1-3): 31-45.

SAYERS M J, BOSSE K R, SHUCHMAN R A, et al., 2019. Spatial and temporal variability of inherent and apparent optical properties in western Lake Erie: Implications for water quality remote sensing[J]. Journal of Great Lakes Research, 45(3): 490-507.

SHANG S, LEE Z, LIN G, et al., 2017. Sensing an intense phytoplankton bloom in the western Taiwan Strait from radiometric measurements on a UAV[J]. Remote Sensing of Environment, 198: 85-94.

SHI K, ZHANG Y, ZHU G, et al., 2015. Long-term remote monitoring of total suspended matter concentration in Lake Taihu using 250 m MODIS-Aquadata[J]. Remote Sensing of Environment, 164: 43-56.

SHI P, ZHANG Y, LI Z, et al., 2017. Influence of land use and land cover patterns on seasonal water quality at multi-spatial scales[J]. Catena, 151: 182-190.

YANG B, LIU Y, OU F, et al., 2011. Temporal and spatial analysis of COD concentration in East Dongting Lake by using of remotely sensed data[J]. Procedia Environmental Sciences, 10: 2703-2708.

YANG H, KONG J, HU H, et al., 2022. A review of remote sensing for Water Quality Retrieval: Progress and challenges[J]. Remote Sensing, 14(8): 1770.

ZHANG J, LI S, DONG R, et al., 2019. Influences of land use metrics at multi-spatial scales on seasonal water quality: A case study of river systems in the Three Gorges Reservoir Area, China[J]. Journal of Cleaner Production, 206: 76-85.

ZHANG Y L, LIU M L, QIN B Q, et al., 2009. Modeling remote-sensing reflectance and retrieving Chlorophyll — A concentration in extremely turbid case-2 waters (Lake Taihu, China) [J]. IEEE Transactions on Geoscience & Remote Sensing, 47(7): 1937-1948.

本书主要词汇中英文对照表

红外成像光谱仪	Advanced Visible Infra Red Imaging Spectrometer (AVIRIS)
聚集度指数	Aggregation Index (AI)
机载高光谱成像光谱仪	Airborne lmaging Spectrometer for Applications (AISA)
氨氮	Ammonia Nitrogen (NH3N)
层次分析法	Analytic Hierarchy Process (AHP)
误差反向传播神经网络	Backpropagation Neural Network (BP 神经网络)
生物化学需氧量	Biochemical Oxygen Demand (BOD)
化学需氧量	Chemical Oxygen Demand (COD)
叶绿素 a	Chlorophy-a (Chl-a)
有色可溶性有机物	Colored Dissolved Organic Matter (CDOM)
轻便机载光谱成像仪	Compact Airborne Spectrographic Imager (CASI)
蔓延度指数	Contagion Index (CONTAG)
溶解氧	Dissolved Oxygen (DO)
地球观测一号卫星	Earth Observing-1 (EO-1)
分布式梯度增强库	Extreme Gradient Boosting (XGBoost)
基于地貌特征的分布式流域非点源污染模型	Geomorphology-Based Nonpoint Source Pollution Model(GBNP)
静止水色成像仪	Geostationary Ocean Color Imager (GOCI)
Hα 成像光谱仪	Hα Imaging Spectrograph (HIS)
高分辨率遥感器	High Resolution Visible imagine System (HRV)
生态系统服务和权衡综合评估模型	Integrated Valuation of Ecosystem Services and Trade-offs (InVEST)
反距离加权插值	Inverse Distance Weighted (IDO)
景观分裂指数	Landscape Division Index (DIVISION)
景观形状指数	Landscape Shape Index (LSI)
最大斑块指数	Largest Patch Index (LPI)
最小二乘支持向量机	Least Squares Support Vector Machine (LS-SVM)
质谱成像	Mass Spectrometry Imaging (MSI)
中分辨率成像光谱仪	Medium Resolution Imaging Spectrometer Instrument (MERIS)
中分辨率成像光谱仪	Moderate Resolution Imaging Spectroradiometer (MODIS)
海陆色度仪	Ocean and Land Colour Instrument (OLCI)
陆地成像仪	Operational Land Imager (OLI)
实用型模块化成像光谱仪	Operational Modular Imaging Spectrometer (OMIS)

斑块密度	Patch Density (PD)
皮尔逊相关系数	Pearson Correlation Coefficient (PCC)
高锰酸盐指数	Permanganate Index (CODMn)
像素密度	PixelPer Inch by diagonal (PPI)
推帚式超光谱成像仪	Pushbroom Hyperspectral Imager (PHI)
感兴趣区域	Region of Interest (ROI)
遥感	Remote Sensing (RS)
遥感反射率	Remote Sensing Reflectance (Rsr)
均方根误差	Root Mean Square Error (RMSE)
哨兵 2 号	Sentinel-2
哨兵 3 号	Sentinel-3
香农多样性指数	Shannon's Diversity Index (SHDI)
香农均匀度指数	Shannon's Evenness Index (SHEI)
短波红外光谱仪	Shortwave Infrared Spectrometer (SASI)
土壤和水评估工具	Soil and Water Assessment Tool (SWAT)
支持向量机	Support Vector Machine(SVM)
浮颗粒物浓度	Suspended Particulate Materials(SPM)
地球观测系统	Systeme Probatoire d' Observation de la Terre (SPOT)
专题绘图仪	Thematic Mapper (TM)
总氮	Total Nitrogen (TN)
总磷	Total Phosphorus (TP)
总悬浮固体	Total Suspended Solid (TSS)
浊度	Turbidity (TUB)
无人机	Unmanned Aerial Vehicle (UAV)